U0186675

国家社科基金艺术学一般项目

项目批准号：14BG079

项目名称：作为空间叙事文本的中国传统园林艺术

楼山和鸣的空间叙事艺术

中国传统造园新诠

方晓风 著

江苏凤凰美术出版社

图书在版编目（CIP）数据

楼山和鸣的空间叙事艺术：中国传统造园新诠 / 方
晓风著. -- 南京 ：江苏凤凰美术出版社，2023.10
ISBN 978-7-5580-9399-9

Ⅰ. ①楼… Ⅱ. ①方… Ⅲ. ①园林艺术-研究-中国
Ⅳ. ①TU986.62

中国国家版本馆CIP数据核字（2023）第162462号

选 题 策 划　方立松
责 任 编 辑　王左佐　孙剑博
责任设计编辑　韩　冰
设 计 指 导　赵　健
装 帧 设 计　关慈伊
责 任 校 对　唐　凡
责 任 监 印　唐　虎

书　　　名　楼山和鸣的空间叙事艺术：中国传统造园新诠
著　　　者　方晓风
出 版 发 行　江苏凤凰美术出版社（南京市湖南路1号　邮编：210009）
制　　　版　南京新华丰制版有限公司
印　　　刷　天津图文方嘉印刷有限公司
开　　　本　787mm×1092mm　1/16
印　　　张　22.5
字　　　数　350千
版　　　次　2023年10月第1版 2023年10月第1次印刷
标 准 书 号　ISBN 978-7-5580-9399-9
定　　　价　148.00元

营销部电话　025-68155675　营销部地址　南京市湖南路1号
江苏凤凰美术出版社图书凡印装错误可向承印厂调换

目录

第 1 章 绪论

第 2 章 空间叙事与文学叙事的相似性

第 3 章　中国传统园林空间叙事理论的构建

第 4 章　中国传统园林空间叙事理论的验证

第5章　中国传统园林空间叙事理论归纳

第 6 章　中国传统园林空间叙事理论的当代应用

第 7 章　结语

插图索引

表格索引

参考文献

第一章 绪论

1.1 选题背景与意义

1.1.1 研究缘起

（1）现有研究的偏颇

国内学界对于中国传统园林在现代意义上的研究始于 20 世纪 30 年代，在此后的数十年内形成一股经久不息的浪潮，吸引了不同学科的众多学者注目，大多来自建筑学、历史学、风景园林学、文化学四大领域。其中来自建筑学领域的研究成果最丰。自 20 世纪 50 年代西方空间概念引入后，空间分析的研究方法渐成主流。但就研究内容而言，往往或工于技巧分析，或限于历史考据，实存与文献相割裂，理论并不能很好地指导实践；而且缺少综合的跨学科视野和文化系统性的基本学术立场；同时问题意识较为薄弱，描述现象者多，探究原理者少，更有前辈学者言造园"既无理性逻辑，也无规则"[1]。

中国传统园林的存世历史文献以园记和散文为主，往往"聚焦于具体的实例，并在很长的一段时间内都相当排斥以普遍性原则为本位的著书立说"[2]。作为仅存的造园专著，《园冶》长期被湮没在历史的尘埃中，直至 20 世纪二三十年代才得以重见天日。但即便就《园冶》而言，也多流于经验层面，更不用提《长物志》《闲情偶寄》等文人赏玩类著述。总体而言，中国园林缺少能够将其与绘画、工艺（如叠山、理水、建筑）区别开来的理论话语，历史文献中的叙述核心没有将具体的特性升华为抽象的归纳。对古人而言，园林意境的营造、气韵的生成似是"尽在不言中"，故无赘述。今人所见的中国园林概念和原则往往源于现代学术研究，而其中不乏偏颇与缺憾之处。

①被忽视的园林现象

既有研究常对一些看似明显、富有个性的园林现象视而不见，缺乏问题意识和有效解读。譬如谐趣园宫门左右不对称，屋顶南侧为硬山、北侧为歇山，两间值房紧靠在南侧硬山墙上，北侧有一悬山抱厦紧插在歇山檐口，东侧亦有悬山抱厦。皇家园林的殿堂门厅谨遵左右对称，唯此为异，前人对此异形的宫门组合仅作描述，无人究其设计缘由。又如东莞可园，前人研究只谈园内有邀山阁其楼，却不提登楼路径的不连贯，以及外墙的叠涩内收和楼梯的外挂悬挑，更枉论其原因。园林管理也常封闭部分建筑二层以上空间，不向公众开放，此举对游人通过视点变化来感受景观丰富性多有限制。如狮子林卧云室欲造"何时卧云身，团茅遂疏懒"³之境，自二楼观之，叠石如层云，居于楼上宛若卧于云端。今二楼封闭，"卧云"之意无从感知。

②无法解读或被误读的园林现象

研究的偏颇造成了许多园林现象要么无法用现有的知识结构来解读评价，要么照搬西方现代空间分析手法强行解读，误读的情况时有发生。基于直觉和人云亦云的园林评价也比比皆是，难有推陈出新和思辨批判，缺乏园林评价的大氛围。以退思园为例，前辈学者将其视作"贴水园之特例"⁴，实为对现象的直觉感受。后继学者多沿袭了这一说法，评价中流露出对该园掇山理水的游移矛盾⁵。但据笔者分析：首先，基于中国传统的二元思维模式，"山水"是一个对偶的二元概念，有山必有水，无水不成山，如明王穉登言"匪山，泉曷出乎？山乃兼之矣"⁶，单纯的"水园"似不符合古人的文化心理；其次，通过比对耕乐堂与退思园的二层连廊，得出二者在游线组织方式上的相似之处，将戛然而止的空廊和外露的硬山墙等建筑视为山的异化（图1-1），以此营造完整的山水关系，从而修正了退思园不善掇山的固有观念；再者，退思园水面尺度不大，并非以建筑紧贴水面来营造"园如浮水上"的静态之感⁷，反而通过挑入水面的船厅等建筑赋予了水面乃至整个空间以动感。

③忽视和误解的山水精神

前人研究虽多言山水，但真正以山水为核心，能够认识到山水不仅是表象的山与水，更是一种精神文化，并将山水精神视作园林设计的底层逻辑

者寥寥，更有甚者唯建筑而论园林。在如此文化认知下，不乏扭曲古人造园精神，对园林遗迹进行简单粗暴的修复者。如当代设计院对可园的修复便只注重对建筑的修缮，对于山水关系和整体环境配置并无充分认知，修复后的园林一片坦途，几无高差变化，毫无"形势"可言；又如东莞余荫山房北侧扩建园区，在池边置大假山，将公厕藏于假山之内，似巧实拙，虽作山水，但将山水意境破坏殆尽，对山水的敬畏之心荡然无存，言之文化断层毫不为过。

（2）中国传统园林与文学的亲缘关系

中国传统园林与山水画的承续关系已成公论，就既有现象而言，中国传统园林与传统文学也有着非常直观的亲缘关系，文学性一直被公认为是中国园林的重要特性之一。二者的亲缘关系首先表现在造园主体上。《园冶》中云造园"三分匠、七分主人"[8]，此处"主人"有言园主，也有言为主导设计者。早期园主普遍为文人，公卿名士们"各竭其才智，竞造胜境"[9]；明弘治以降，园主类型趋于多样，但也不出其时复杂化的文人群体[10]，造景立意布局即使自己无法承担，也多依赖与文人士大夫的合作，更有文人成为职业造园家或叠山师，以此为生。西泠印社便是典型的文人园，由艺术家群体设计、出资修建和使用。因自明始，书、画、印逐渐合为一气，该园的设计语言也处处体现出文人喜好的金石味。

其次则是文学元素对园林的介入，园记景名、楹联匾额、碑刻诗文是最常见的形式，或立意抒怀，或点景暗示，以文字来塑造意境，并借助主客间的诗文酬答应和追加传递下去。对园林而言，文字的表达与景观的表现同样重要。

此外还有造园对文学典故的取材和文学思想的借鉴，这与文人是营园主体不无关系。文学典故往往成为园林空间环境、景观建筑、装饰艺术的源泉，如明徐子容在规划薜荔园后园的游园线路和景致变化时，以《桃花源记》中所叙路线为蓝本，以此达成"仙居世外，烟霞之与徒"[11]的主题。进而言之，造园之"法"不仅指具体的营建技术，还包括对诗法和画理的借鉴，如清代钱泳所言"造园如作诗文"[12]，都需要构思主题，选择合适的语言符号。《文心雕龙》中言"为情而造文"，同样为情亦造景。

就今人研究而言，来自文学方向的园林解读并不少见，但往往囿于局部，重于文献分析，并未与空间实体结合为一个有机的系统，亟待寻求新视角，建立新范式。

（3）以空间叙事为切入点

基于以上种种，笔者立足于文化的整体性原则，试图以园林的文学性为契机，将文学中的重要概念——"叙事"引入园林研究。叙事性的空间审美并非近代以来的外来之物，虽无理论性归纳，但已在中国传统文化中根深蒂固。通过时间、空间和人的贯穿交织，空间被赋予了多样的情节，塑造出多种可能，最终沉淀出场所精神。

中国传统园林并非一个脸谱化的概念，所谓园如其人，主人的心性与品格融汇其中，造园依"立意"展开，不同园林有着不同的性格，虽无"空间叙事"之识，却实有托物言志的叙事之意。在历史进程中，园主更迭频繁，但后续者大多承续了原有的主题立意，依照相似的造园逻辑进行改造。钱泳《履园丛话》中言"园既成矣，而又要主人之相配……方称名园"[13]，足见园主身份对园林的重要影响。皇家园林、寺观园林、文人园林、商人园林依其园主身份地位的不同也各有千秋。造园活动还有极强的地域性，如除了广受关注的江南园林和北地园林，岭南园林也因地制宜发展出高度建筑化和竖向垂直化的特质，自成一体。因此，在研究中应极力避免文化成分的简单化和趋同化。

　　笔者从文学叙事与空间叙事的比对入手，以空间叙事为着眼点进行研究，以冀将设计思维引入园林研究，提供一种看待中国传统园林的新视角。通过空间叙事的角度，也确实能够对一些用既有知识经验无法解读的园林现象进行诠释。仍以谐趣园宫门为例，该园始建于乾隆十六年（1751），初名惠山园，位于清漪园内，是写仿无锡寄畅园的园中之园。初期园林格局舒朗，依山抱水，建筑分散且多开敞小巧，虽"一沼　亭皆曲肖"又"不舍己之所长"[14]。后被英法联军烧毁，于光绪十八年（1892）依嘉庆朝旧式重修，建筑比重大大增加，由前期山水间点缀建筑转为建筑间偶露山水，新增宫门值房、环湖游廊和知春亭、引镜一路，即成今人所见不对称宫门的全貌。（图 1-2）

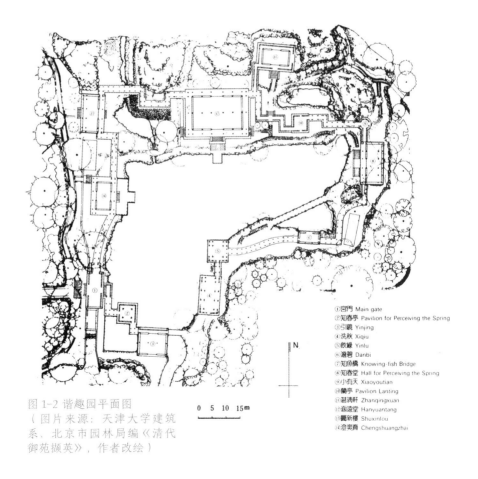

①宫门 Main gate
②知春亭 Pavilion for Perceiving the Spring
③引镜 Yinjing
④洗秋 Xiqiu
⑤饮绿 Yinlu
⑥湛碧 Danbi
⑦知鱼桥 Knowing-fish Bridge
⑧知春堂 Hall for Perceiving the Spring
⑨小有天 Xiaoyoutian
⑩兰亭 Pavilion Lanting
⑪湛清轩 Zhanqingxuan
⑫涵远堂 Hanyuantang
⑬霁新楼 Shuxinlou
⑭澄爽斋 Chengshuangzhai

图 1-2 谐趣园平面图
（图片来源：天津大学建筑系、北京市园林局编《清代御苑撷英》，作者改绘）

0　5　10　15m

N

笔者对其立意及设计策略的分析如下：

① 以建筑组合促成"门"的意象转换

谐趣园宫门正对大片水面且近水，门内侧空间局促，不合常规。中国传统风水观念讲究导气和聚气，气不能从门长驱直入，故而建筑多置照壁，园林亦有类似考量。如被写仿的寄畅园有东北边门近水通透，便在门与水之间作一墙，上开月洞门并在门内置石，以肖照壁，防止气贯门而出。谐趣园则采取了更巧妙的手法，在宫门内侧和北侧各加一悬山抱厦，南侧接以硬山值房，大门正、反两面的形象气质落差极大，正观为体量单纯的宫门，反观则成为复合体量的景观建筑。从门到景观建筑的意象转换，保证了宫门不被一眼看穿，倘若加上门前的山，反观时会给人以整个园林边界不止于此，仿佛置身于一个更大园林之内的错觉，这也恰恰呼应了谐趣园作为颐和园内园的事实。此外，复合体量的建筑组合亦形成从门外山地到宫门、抱厦，最后到水面的层层下沉空间，人的视线随着行进过程不断下压，平视的视线在水面处戛然而止，通过空间序列的控制也有效防止了进门的一览无余。

② 以多样的屋顶形态适应环境关系

宫门本身北侧为歇山结构，南侧为硬山结构，又南接一硬山值房，东、北各出一悬山抱厦，以多种屋顶形式构成丰富的层次。（图1-3）宫门屋顶应为歇山或硬山，但若为硬山，抱厦就无法以更低一级的屋顶与其形成主次等级关系，因此作歇山抱二悬山；主屋顶不对称一是因为外挑的歇山顶会影响值房的高度，二是以硬山顶来避免与紧随其后的知春亭攒尖顶产生重复和繁复感。简而言之，建筑的环境关系影响了屋顶形式的选择。

③ 以空间控制游览路线

进门后，东侧抱厦形成的层层下落的空间序列使人将注意力集中在水面上，亲水性使然，大多便会选择直走入其中，沿右侧短廊进入湖上知春亭、引镜一路，从而形成一条由环境因素所控制的主流线。（图1-4）整个宫门空间紧凑精巧，于方寸间轻描淡写地化解数对矛盾，可谓匠心巧妙。

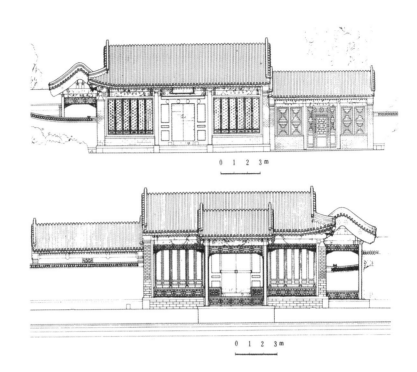

图1-3 谐趣园宫门立面
上：西立面 下：东立面
（图片来源：天津大学建筑系、北京市园林局编《清代御苑撷英》）

图1-4 谐趣园流线

1.1.2 研究目的与意义

如前文所言，中国园林历史文献多重经验而少道理，缺乏对设计逻辑和思维的解释与归纳；前辈学者研究的偏颇导致今人对园林的理解存在误区，在此之上的设计实践更是多不能得山水之精髓。面对此间种种，笔者立足于设计学科实用性为上的原则，以现有园林遗存为对象，将其视作一种整体文化现象，以逆向还原的逻辑进行解读；寻找传统园林空间叙事和古人营园时所追求立意的对应关系，从而揭示传统园林设计思维中普适性的原则，力求以实证研究指导设计实践，同时构建中国传统园林空间叙事理论，推动本土设计理论的现代化。

（1）更新园林认知

本研究不满足于对园林现象的描述，而是通过对园林现象的解读，探求传统造园的设计逻辑，并试图进行理解和归纳。前辈学者称"中国造园首先从属于绘画艺术……例如弯曲的径、廊和桥，除具有绘画美以外，没有什么别的解释"[15]，笔者看来却不尽然。中国传统园林虽有"立体的山水画"[16]之称，讲求道法自然，与工于技、视为"器"的一般建筑不同，但也蕴含一定的叙事逻辑，如山水为核、对偶美学、纹理互文、隐含轴线、以楼代山等，"中正"的审美概念和"模件化"的营造体系也多有体现，并非无迹可循。试问若无内在逻辑，如何形成具有共性的古典园林的光辉成就？如将兴奋点放在建筑等元素表象之上，则不能格物致知、追根究底。

同时，本研究关注历史进程中园林的复杂现象和具体变化，避免流于印象的泛泛之谈，以期更新今人的园林认知。建筑"异化为山"观念的引入，使得以往无法解读或往往被人忽视的园林现象豁然开朗，通过对可园和余荫山房"以楼代山"来经营山水格局的分析，建构起对岭南园林的新认识。勾勒了以山水关系为底层逻辑，传统园林从平地造园到以楼代山的演变过程。当我们回溯晚清园林，"山的异化"似乎比比皆是，"山"的意象最终被以路径和高度建筑化的方式呈现，以建筑关系模拟山水关系，"以楼代山"的营园技巧臻至化境。这一认知也提供了一种看待晚清园林的崭新视角，对以往进化论的线性史观主导下对晚清园林的批判提出商榷。此外，指明对偶美学作为一种文化心理和审美范式的重要地位，以此眼光观照园林，许多难以解释的现象便能够迎刃而解。

（2）本土理论创新与指导实践

空间叙事理论的介入提供了一种看待中国传统园林的新视角，对构建中国传统园林空间叙事理论体系的尝试，也有助于实现中国传统空间营造理论现代化的目标。长期以来，我们都在借用来自西方的现代专业体系进行设计教育和专业研究，在取得一系列成果的同时，也始终有所缺憾，在一些领域或针对某些现象时无从下手；而中国传统文化理论体系又往往大而化之，无法进入精细研究的阶段。这是文化不适应的必然反映。因此，借助西方理论研究的成果来实现本土设计理论的现代化始终是学界奋斗的重要目标。在中国传统园林的研究上，上述两种不足都有所体现。本课题以空间叙事理论的介入来探索一条可行的研究路径，为难以落地的外来理论提供思考的佐证，使我们对于传统文化的研究进入更为精细可控的境地。

此外，对全球化导致的空间趋同现象的反思使地域性成为建筑景观设计的热点，这首先表现在文化的价值取向上，即传统文化的现代转译。作为中国传统文化综合载体的园林自然也就成为"关于空间处理的设计手法的宝库"[17]。本研究基于设计学的立场、从设计的角度出发，在对古代造园艺术和技术的全面理解和掌握基础上，形成在空间设计领域通用的原理性的设计思维成果，以求使中国传统园林中丰富的空间手法和文化隐喻兼容于当代语境，对中国当下空间设计实践也不无启发。

（3）端正对历史和传统的态度

园林是文化语境中理想环境的表达，是文化的综合载体，故而不同国家的园林面貌差别极大，如日本园林一目了然的人工感、法式园林的几何感与壮丽的轴线、英国自然风致园的浪漫如画、伊斯兰园林对水的精确控制……从中可以感受到迥异的文化背景和价值取向。笔者希望以本课题的研究推进研究者对中国传统文化的理解，延伸国人（尤其是设计领域人员）对历史和传统的认知。纵观国内历史建筑的更新过程，将改造视作形式上的机会、对历史信息进行破坏者并不少见，在设计中对历史文化符号简单生硬的挪用拼

贴也比比皆是，这些无不体现出设计未解历史和文化传统其中之意。在笔者
看来，中国传统艺术和审美特征本身便具有一定抽象性，因此文化的表达不
应流于符号表象，而是重在符号系统生成的情境与意义；尊重和延续历史不
是对历史的重复，而是以抽象关系来实现一种更高层级的传承，现代形式语
言的使用也未尝不可。

1.2 研究现状与文献综述

日本学者首先开启了对中国传统园林的系统性研究，20世纪一二十年
代，在所谓"重新发现"中国的过程中，一些日本学者将目光投向中国传统
园林，陆续发表了一些文章[18]。现代意义上的中国园林本土研究始于20世纪
20年代末[19]，至今成果颇丰。早年对中国传统园林的关注主要来自建筑学领
域，研究方法从传统的文献学转变为西方现代科学思想和学术体系；后学科
发展，跨学科研究逐渐增多，园林研究的视野也有了极大拓展，各学科研究
特点鲜明又相互渗透。就研究内容与方法而言，可粗略分为建筑学、历史学、
风景园林学、文化学四大学科类型。就时间而言，大致可分为20世纪30年
代、20世纪50年代至60年代中期、20世纪70年代末以后三个历史阶段。
就其主题而言，大致有二："一是'史'，它关心历史上有关造园的史事、
实存、遗迹以及人物，其目的是揭示园林建造和园林生活在中国历史上的社
会和文化意义；二是'学'，它关心有关园林的设计理念和审美欣赏，最终
目标是揭示园林创作在艺术上的美学意义。"[20]

1.2.1 建筑学领域的园林研究

从建筑学领域切入的中国传统园林研究起始最早、成果最丰。就其内
容而言，大致可以分为技巧手法、艺术美学和比较研究三大类，涵盖了园林

设计手法，造园要素（叠山、理水、建筑、植被、景名等），园林谈丛，造园思想，审美方式，保护修复，园林之间及其与诗画音乐等门类比较，既有早期的测绘资料型研究，也有在此基础上的图解分析和理论归纳，类别之间往往相互渗透，仅有侧重点不同，并无明确界限。

（1）中国传统园林系统研究之始

现代意义上的中国园林系统调查研究始于童寯[21]，早在1931年，他便展开了对江南园林的独立考察和研究，"独自手摹步测，数载惨淡经营，于1937年写成了《江南园林志》这部划时代的著作"[22]。后几经周折，直到1963年才得以出版。该书以图版和文字两部分内容介绍了苏、杭、沪、宁的传统园林，虽是图文并茂，但"书中图相，往往不予剖析"[23]，文主图辅，并未一一对应。文字分造园、假山、沿革、现况、杂识五篇，结构排布看似缺乏严密的系统性，却自有其逻辑。文本组织呈松散的累加式，反映出中国传统知识类型认识方式的延续[24]，对中国传统造园的特色、技巧、原则、沿革着墨较多，现状描述简省，发论虽未成体系，但精辟新颖，更有跨文化比较的视角的引入，整体而言更侧重于记录和诠释。图版有版画、图画、照片、平面图等共340余帧，首次在园林研究中引入了摄影和现代测绘方法。作为建筑师，童寯是现代主义建筑的积极践行者，但该书却"无论从体例还是从风格上却更接近中国传统文人的笔记、丛谈和杂录而不是严格西方经院传统的论文或论著"[25]，是中国传统文人精神的承续，同时又有着与时俱进的开创性。此外，因实地调研测绘的年代早，该书对于今已废弃、破败或经现代整修面目全非的园林尤具历史价值。20世纪70年代末，童寯又着手写作《东南园墅》。该书有感于当时中西文化碰撞背景下西方对中国造园艺术的错误认识，以英文行文，延续了跨文化比较的视野，旨在将中国园林艺术推向世界。

（2）中国传统园林研究的现代空间转向

1949年后直至"文革"之前，大量的学术研究、园林修复和公园营建工作陆续展开。这些工作往往由各大学的建筑院系推动，研究成果的传播情况不甚理想，多呈现为内部文件和技术报告形式。

刘敦桢对中国园林的系统研究始于1952年[26]，适逢西方现代主义建筑空间概念引入国内，正交制图、空间分析和摄影术等西方技术促成了建筑学界研究的现代视角，刘敦桢成为园林研究领域的第一批践行人。经过在南京工学院（现东南大学）的数载带队调研，1956 年 10 月，他在论文《苏州的园林》的报告中首次使用"空间"概念，将中国传统园林视作山池、木石与房屋的"空间组合"。在此基础上经充分研究、补充和整理，《苏州古典园林》成书（1956—1963 年成稿，1979 年出版），获得国内外学界的一致高度赞誉，该书也成为其中国园林研究的最重要代表作。全书分"总论"和"实例"两大部分，是先理论后案例的严整结构。"总论"又作绪论、布局、理水、叠山、建筑、花木六部，"实例"列经典案例 15 处；图版内容占全书八成以上，尤以测绘图水平为高，成为后人研究中国古典园林引用率最高的底本。顾凯对该书的特色有颇为精辟的总结："一是在结构与分类上，体现出知识的系统性。二是在研究过程及成果表达上，体现出精准的严谨性。三是在理论基础及观念创新上，体现出现代主义的空间认知。四是在内容取舍及标准阐述上体现出鲜明的设计意识。"[27] 刘敦桢的研究体现出强烈的实践倾向，他"完全以一位现代学者的方式，将园林纳入建筑学的范畴之内，通过西方的学术视角与分析方法，对传统中国园林进行客观冷静的剖析总结与极为严谨的表达呈现"[28]。在这样"西学东渐"的背景下，空间问题从 20 世纪 60 年代起逐渐成为中国传统园林研究的核心问题之一。

陈从周对中国园林进行研究的时间较刘敦桢稍迟。1956 年 5 月，他率领同济大学团队前往苏州测绘，当年便完成《苏州园林》一书的书稿及出版。相较刘敦桢的严谨耐心，陈从周这一研究较为仓促：研究文本仅 12 页，近 300 页的篇幅大多是照片图录和测绘图，文字分析和测绘图稍显粗浅；唯图录颇具特色，每幅照片都以诗词相配，以图文并置和诗词比兴重新开启了图像的思辨性，以词藻带来的主观情感消解照片的客观记录，将个人感情投射至研究对象，更加贴近中国传统审美方式，生成一种模糊而丰富的感性理解[29]。

这一时期的园林研究大量运用现代主义空间理论，仅以留园为例，在 1963 年的《建筑学报》上便有潘谷西、彭一刚、郭黛姮与张锦秋等学者撰文对其空间构图原理和处理手法进行讨论[30]。无论是单个园林还是"造园艺术"的整体概念，都以园林经验为关注核心，以实用性为主旨，它们"预设了一个深层的现代主义的空间计划……将空间理论作为中国园林的一个暗喻……它们的首要目标是解释园林经验如何通过造园的意匠和技巧进行规划和设计。这一目标在相当程度上符合当时强调'古为今用'的历史条件"[31]。

1978 年以后，沉寂多年的中国园林研究焕发了新生，对园林经验的关注也持续升温。这既是源于特定历史时期对民族建筑性格的重新追寻，也深受当时流行的后现代主义的影响[32]。贝聿铭的香山饭店（1979—1982）便是一个典型，他对地域文化的关注，对兼顾强烈民族风格和普遍意义的建筑形式的追寻，在现代功能和形式中对园林复杂的空间手法、环境观念和文化隐喻的运用与表达，都大大鼓舞了国内的建筑师们。实践热度持续高涨，理论研究也有了大量产出。

杨鸿勋的《江南园林论》初稿完成于"文革"期间，后因照片资料的使用纠纷，辗转至 1994 年才得以出版。该书从挖掘中国传统园林存在的基本理念入手，深入系统地阐述了其艺术理论及创作理论，自成系统、观点完备、论证充分。其中"园林创作论"一章尤为精彩，将园林研究由感性鉴赏升华为理性分析。相较之下，品评案例虽多，但内容稍显单薄。潘谷西是以现代主义空间概念进行园林研究的坚定拥趸，早在 20 世纪 60 年代，他便认为观赏点和观赏路线对于园林的布局有着极为重要的影响[33]："由于我学的是建筑学专业，接受的是西方现代建筑的熏陶，所以刚接触苏州古典园林时，在审美感情上是错位的，直到对它进行了较深入的体察和分析，才发现现代建筑所推崇的空间理论，在苏州园林中有它独特的、精湛的表现。"[34] 由此，他"将基于文化的园林经验转译为一个最适宜以图示表现的空间配置"[35]。这一观点在很长一段时间内对后续研究者产生了深刻影响，但在某种程度上忽略了园林主体的变化。潘谷西后又以空间艺术的视角，将"园林"研究拓展至"理景"研究，在《江南理景艺术》（2001）中以庭院、园林、村落、邑郊、沿江、名山六种类别来论述理景艺术，案例翔实，尤以现存实例为主，图文并重。但整体而言，该书虽涵盖面广泛，具体案例分析却稍欠深入。关于造园手法研究的专著在此时也成果显著，将着眼点放在以理论研究来指导园林实践上。彭一刚的《中国古典园林分析》（1986）从空间营造手法及相关的视觉体验切入，强调以现代的分析方法研究古典园林遗产，将侧重点放在对现存实物的感受上，而不囿于历史上造园者的创作意图，具有鲜明的"从事设计工作的建筑师"的立场。抱着"只有通过对大量实例作深入细致的分析，方可从个别中窥见出一般，从而揭示出蕴藏在传统造园手法之中的带有规律性的普遍原则"[36]的目的，该书引入大量手绘场景图和分析图，力求以全面、系统的分析来指导创作实践，但案例分析相对零散，且对文化整体性的关注稍显欠缺。吴肇钊的《夺天工：中国园林理论、艺术、营造文集》（1992）集合了从园林理论、园林艺术和今人园林修复营造三个角度出发的数起个案研究成果，其中对江南古典园林的山水理法、园林中瀑布与泉流的形态进行了细致梳理。孟兆祯的《园衍》（2012）分为学科、理法、名景析要、设计实践四篇，重在以理论梳理来指导科学创新，不失为中国传统园林理论与实践相结合的经典著作。此外，还有一批专攻园林建筑设计的著作，如杜汝俭的《园林建筑设计》（1986）、冯钟平的《中国园林建筑》（1988）、王庭熙和周淑秀的《园林建筑设计图选》（1988）等，整体而言对园林建筑设计与总体氛围控制、环境配置相结合的把握较弱。

这一时期对园林的关注也有了地理范围上的延展，除了以往的江南园林和北方皇家园林，研究者开始将目光投向岭南园林、徽州园林、四川园林乃至藏式园林，虽有产出但终不成大宗，且成果相对泛泛。

（3）中国传统园林研究的文化转向

除了对园林经验一如既往地关注，美学视角和文学视角的介入使得建筑学领域的园林研究出现文化转向，园林美学得到极大发展。宗白华在1979年的长文《中国美学史中重要问题的初步探索》中以"中国园林建筑艺术所表现的美学思想"一节对园林空间的意境营造进行了论述，引起了美术史学界的强烈反响。在这样的背景下，建筑学界也重新关注起以往被忽视的非物质因素，更多地将目光投向意境美学和诗意生活，不少大家都曾论及园林意境美学。陈从周因其文学出身背景和对文学艺术的高度敏感而成为这一时期园林美学研究的代表人物。成书于1984年的《说园》收录五篇散文，谈景言情，论虚说实，从造园理论、立意、组景、动观、静观、叠山理水、建筑栽植等方面对园林这门综合艺术的构成与鉴赏进行了深入浅出的分析，文笔清丽可诵，虽因散文笔法而有欠系统和明晰，空间角度的解读较之文化分析稍显薄弱，但仍不失为其理论思想的集大成者。难能可贵的是，这一研究延续并进一步凸显出鲜明的个人特色，"以词境画意相参，探究园林技艺"[57]，将零碎的造园策略手法与动静、大小、曲直、虚实等概念结合起来，形成诗意盎然的理论叙述，"熔哲、文、美术于一炉"[58]，超越了建筑学专业的藩篱，具有更为广泛的文化意义。冯纪忠精于实践，同样对园林理论也颇有见地，也正因如此其设计才能得中国传统园林之精髓。《意境与空间——论规划与设计》（2010）中专设"论立意"一章，汇集其晚年关于意念、意动、意境的概念思考，指出意动是艺术形式对其原有功能的超越和置换，秉承古为今用、推陈出新的理念，强调文化传统要适应新时代、融入世界，具有以理论分析指导实践的意识。另有安怀起的《中国园林艺术》（1986）、刘天华的《园林美学》（1989）、"中国园林美学思想史"丛书（2015）等，对于艺术美学的研究开始由早期的谈丛杂记逐渐过渡到美学分析。

（4）中国传统园林研究的跨文化视角

跨文化比较研究在 20 世纪 90 年代后也逐渐出现，涉及中外园林艺术中造园手法、园林活动、园林历史、园林美学、园林人物等方面，如周武忠的《寻求伊甸园：中西古典园林艺术比较》（2001）、刘庭风的《中日古典园林比较》（2003）等。同时，一批具有海外背景和比较文化视野的学者加入进来，以批判性的眼光审视前辈建筑学者的研究。鲁安东在《迷失翻译间：现代话语中的中国园林》（2011）中对 20 世纪 50 年代以来现代主义空间概念影响下的中国园林研究进行了反思，辨析了"游"与"运动"、"景"与"观"、"处"与"空间"这三组基本概念，指出以往主导的实用性"翻译"存在误读，提出一种新的基于叙事形态的经验模式。冯仕达的《中国园林史的期待与指归》（2017）引入比较哲学和东亚思想史的词汇，阐明了西方图像技术和文献精读在方法论层面上的意义，同时讨论了当代园林研究中跨文化交流的契机与重要性。

在 20 世纪 60 年代早中期及 80 年代，中国传统园林研究曾经占据了建筑学领域的半壁江山，从早期的童寯到晚近的大批学者，一代代建筑学人都对园林研究投入了超乎寻常的热情。然而当我们回溯这段历史，将其与西方乃至日本园林研究的学科体系和学者背景相比较，便能发现园林研究与建筑学科的重合实际上并非一个普遍现象，中国的建筑学界对园林投射了异乎寻常的兴趣。鲁安东对此解释道："中国园林的流行，部分由于它代表着传统的在自然中诗意栖居的理想，但同样由于它与中国在 20 世纪五六十年代被引入和阐释的空间概念之间的特别关联。""它帮助建立了一种既现代又民族性的空间概念，并作为建筑实践的基础。"[59] 在很长一段时间内，中国传统园林的学术研究服从于强调"古为今用"的特定时代背景，尽管本着基于传统文化的立场，但大多预设了深层的现代主义空间计划，成为西化和现代化进程的一部分。

1.2.2 历史学领域的园林研究

历史学领域的园林研究可分为两类：其一为造园文献、图像等园林史料研究，包括对造园思想、造园家、园林本体等多方面的考据研究；其二为园林史研究，既有园林通史，也有各个历史时期的断代史及区域史研究。

（1）园林史料研究

中国传统园林史料的整理和复原并非易事。早期园林几无整存者，只得些许遗构，今人得见者也经历代修整，不复当年原貌。文字史料又相当琐碎，宋代以前只能在史籍、类书、笔记和诗文中寻得只言片语；两宋虽有《洛阳名园记》《吴兴园林记》等著作，但所记甚少且语焉不详；至明清资料虽多，然专著较少，多散落在笔记、文集中，亟待整理。

明代计成著有《园冶》三卷，被今人奉为造园思想和技术水准的最高经典，既体现出高度成熟的江南造园技巧，也反映出浓烈的文人气息，从中可见园林艺术与哲学、文学、书画、戏曲的紧密结合。但也大概因其专攻造园，不融于文人赏玩，且多用骈文，故在当时并无太大影响，几不见于古籍记载，仅有清《闲情偶寄》一书提及，至民国初期仍不为人知。1931 年，营造学社创始人朱启钤访得北京图书馆《园冶》残卷，与家中所蓄影写本对照校勘，历经波折，同年由中国营造学社出版。有着日本东京帝国大学留学背景的陈植是国内早期园林史研究的代表人物，20 世纪 30 年代初便有一些研究著述问世[40]。1956 年，陈植将营造学社版《园冶》重刊出版，因原版文体骈俪且掺杂苏州方言，今人视之晦涩难解，故又对其详加注释，于1981年出版为《园冶注释》，以求古为今用，发扬光大。后又有《中国历代名园记选注》（1983）和《长物志校释》（1984）付梓。如前文所言，《园冶》其书工于技法、不重归纳，文风骈俪、读之不易，故校注之外，解读分析也成为热门。其中冯仕达独树一帜，通过借鉴建筑理论、景观理论和比较哲学的研究成果，以跨文化的视角展现了《园冶》研究的新可能[41]。陈从周和蒋启霆亦选编有《园综》（2004）一书，选录了西晋至清末有关园林艺术的216位作家的322篇作品，以空间分布为序进行编排，几乎涵盖了现今所能搜集的全部园记，大体勾勒出中国传统园林的发展轮廓。

除了为数不多的造园专著和园记，更多的园林史料散落在文论、画论、山水游记和诗词中，更有山水画、园景图、别号图、台阁画等图像资料，甚至有晚、近期照片可为佐证。曹汛继承了陈垣的史源学治学方法，讲求严谨的文史考证，《中国造园艺术》（2019）一书收录其从1980年至2007年的12篇文章，对一些园林个案和造园名家作出扎实的历史考辨。高居翰与黄晓、刘珊珊合著的《不朽的林泉》（2012）以图证史，以明张宏的《止园图》册为引，将园林作为落实点，对中国传统绘画作为视学记录和美学再创造的功能进行研究。该书重史料考据和图像分析，贵在对资料（尤其是一些不易得的材料）的梳理和娓娓道来，以及跨文化交流视角的引入。亦有相对微观细致的对特定历史时期特定对象的考证，如杨宗荣的《拙政园沿革与拙政园图册》（1957）、罗哲文的《一幅宋代宫苑建筑写实画——金明池争标赐宴图》（1960）、张寿祺的《从白居易诗文看唐代园林植物的栽培和护理》（1983）、鲁安东的《隐匿的转变：对20世纪留园变迁的空间分析》（2016）、顾凯的《拟入画中行——晚明江南造园对山水游观体验的空间经营与画意追求》（2016）和《明末清初太仓乐郊园示意平面复原探析》（2017）、黄晓和刘珊珊的《乾隆惠山园写仿无锡寄畅园新探》（2018）等，为数众多，故不枚举。

（2）园林史研究

中国古代以"史"为名的园林著述屈指可数，晚明陈继儒有《园史序》，但此"史"并非今人所谓的历史叙述，未将园林作为一个独立的类别置于朝代更迭的历史脉络中进行论述。现代意义上的园林史研究可上溯至20世纪

30 年代初，从日本学成归来的陈植写成《中国造园之史的发展》（1931），另有乐嘉藻的《中国苑囿园林考》（1931）、吴世昌的《魏晋风流与私家园林》（1934）、冉昭德的《汉上林苑宫观考》（1944）等一系列论文。后陈植萌生出撰写《中国造园史》的想法，但囿于多方限制，直到 1983 年才得以实行，这部遗著于 2006 年终得付梓。值得注意的是，陈植并非建筑学系统出身，在日本进修的是农学系造园学，而这样相对特殊的学科背景也在他的研究中多有体现。《中国造园史》一书贯通古今，范畴广泛，梳理了苑囿、庭园、陵园三大造园类型的历史发展，又逐一研究宗教园、天然公园和城市绿地，对历史上的造园名家及著述也有所涉及，更是专辟一章论述盆景艺术。

陈植穷其一生都在强调"造园"与"园林"不同，言其既是综合性学科又是综合性艺术，不能单纯隶属于某一门学科之下，而须成独立的"造园学"体系[42]。继陈植之后，有较大学术影响力的园林通史著述有潘谷西的《我国古代园林发展概观》（1980）、刘策的《中国古代苑囿》（1983）、罗哲文的《中国造园简史提纲》（1984）、张家骥的《中国造园史》（1987）、周维权的《中国古典园林史》（1990）、安怀起的《中国园林史》（1991）、陈薇的《中国私家园林流变》（1999）、汪菊渊的《中国古代园林史》（2006）、汉宝德的《物象与心境：中国的园林》（2014）、成玉宁的《中国园林史（20世纪以前）》（2018）等。除了个案考据，曹汛对中国园林通史也颇有涉猎，提出中国传统园林的三个三段论，即园林发展的三个阶段、造园叠山的三个阶段和造园艺术受"诗情画意"影响的三个阶段。

冯纪忠的长文《人与自然——从比较园林史看建筑发展趋势》（1990）立论精辟，虽欲观照建筑发展趋势，却以山水为脉展开历史梳理，将中国园林分为形、情、理、神、意五个时期，从客到主、从粗到细、从浅到深、从抽象到具体，在研究时以"削尽冗繁"为原则，立足人和自然共生的问题，将园林描述和园林发展区别开来。同时进行跨文化比较，通过与日本园林的对比认识到中国园林是本土原生文化，呈自然循序渐进的发展态势，而日本园林的程式化倾向和中国园林的似是而非的模糊性则导致了欧美在现代主义理性时代发现了日本，在后现代时期发现中国；通过与英国园林的对比，指出后者仅停留在自然主义层面，未到"意"的层面，也指出欧美的理性主义传统欠缺对自然的"情"的表达，即便是后现代主义"结构"和"解构"的丰富元素中也基本不含有"自然"元素，整体对本研究颇有启发。

王毅的《园林与中国文化》（1990）再版时更名为《中国园林文化史》，虽以"史"为名，却与前述通史著述大为不同，从文化史的视角，"致力于'道''器'结合""契入到士大夫阶层的人格、心理和思维方式"[43]，资料翔实，挥洒自如，对隐逸文化和"中和"原则进行了深入探讨。这固然与作者中文系出身的知识背景有关，也符合当时从他者旁观到还原古人思维、从关注物质因素转为非物质文化的学界新思潮。然而本书也存在明显的争议与局限，比如以预设的历史决定论将园林史与政治史捆绑在一起，作为中国传统文化自盛唐以来渐趋没落的呈堂证供[44]，对明清园林多有不客观的贬斥。正因为如此，本书在2004年的新版中删除了最后一章。

断代史和区域史的研究也成果颇丰，如朱江的《扬州园林品赏录》（1990）、张恩荫的《圆明园变迁史探微》（1993）、李浩的《唐代园林别业考论》（1996）、魏嘉瓒的《苏州历代园林录》（1992）和《苏州古典园林史》（2005）、贾珺的《北京私家园林志》（2009）、顾凯的《明代江南园林研究》（2010）、郭明友的《明代苏州园林史》（2013）、李敏和何志榕的《闽南传统园林营造史研究》（2014）、张薇的《明代宫廷园林史》（2015）、李临淮的《北京古典园林史》（2016）、鲍沁星的《南宋园林史》（2017）、傅晶的《魏晋南北朝园林史探析》（2018）等。

值得注意的是，从历史学角度切入进行园林研究的学者也大多有着建筑学的学科背景。总而言之，从历史学角度进行的研究往往以历史文献、图像和考古遗存为基础，考证工作扎实严谨，但对于今人所见之园林实存稍有忽视，对当下实践的指导意义也稍显薄弱，且多以材料描述和分析为主，对整体文化的关注度稍弱。这固然是由研究视角、目的和学科立场所决定的，却也为我们开拓新的研究视角提供了空间。此外还需注意的是，园林史研究（尤其是通史）往往以一种进化论的线性历史观将园林史简化为历史发展规律的注解，以整体化、静态化、简单化的认识方式来概述纷繁复杂的动态历史变化[45]，如此便将中国传统园林的发展简单归纳为萌芽、成熟、巅峰、衰落等几个阶段，将晚清园林视作衰颓者。但据笔者研究，在客观社会、政治和经济条件制约下，晚清营园技巧实际上已臻化境，甚至因地制宜地出现了"以楼代山"的手法，在遵循山水底层逻辑的基础上，将"山的异化"发挥至极致。此类争议需要我们深入园林实存中，对具有代表性的个案做出细致的考察，关注历史进程中的复杂现象和具体变化，避免流于印象的泛泛而谈。

1.2.3 风景园林学领域的园林研究

中国风景园林的学科建设开始较晚，1951 年由北京农业大学园艺系汪菊渊和清华大学营建系梁思成、吴良镛共同筹划成立，其时名为造园专业（即今风景园林规划与设计专业）[46]。中国传统园林以叠山、理水、建筑和花木为四要素，来自风景园林学领域的园林研究多注重对营园技法的研究，尤以植物配置技巧为甚，关注其造型、大小环境中的关系，对园林意境氛围的烘托作用，并由此进一步延展，关注园林植物的栽培历史与技巧和园林植物文化。如余树勋的《中国古代苑囿的园林植物》（1980）、程兆熊的《论中国庭园花木》（1985）、陈俊愉等的《梅花与园林》（1988）、徐德嘉和周武忠的《植物景观意匠》（2002）等都是从园林植物学视角进行的研究，还有诸如朱钧珍的《园林理水艺术》（1998）、邵忠的《江南园林假山》（2002）等。

除了对园林要素技法的研究，风景园林学领域还关注风景园林的设计、经营、保护与管理。陈植旅日留学时主修农学系造园学，后有《造园要义》（1927）、《观赏树木》（1928）、《都市与公园论》（1928）、《造园学概论》（1935）和《造林学原论》（1949）等一系列著作。孙筱祥的《园林艺术及园林设计》（1981）和孟兆祯的《园林工程》（1981）都是园林学专业的基础性教材文本，在对中国传统园林及国外园林有着广泛涉猎的基础上，对园林（及公园）的布局、造景、种植技艺进行集中阐释，以量化和规律性的实训准则为主，并不求对园林空间和文化语境的深入解读，后者更侧重对园林兴建的一般工程程序的解读与说明。孟兆祯另有文集《孟兆祯文集：风景园林理论与实践》（2011），集合 1979 年以来陆续发表的文章，除讨论掇山、理水、栽植等工程之法，亦谈及园林艺术与传统哲理，并将传统园林艺术拓展至当代城市景观和城市生态的层面。

整体而言，风景园林学领域的研究实践性极强，与建筑学领域的研究相比，更多将着眼点放在景观环境的营造上，并重视从传统园林和国外园林中吸取经验，指导新时期各种公共性园林的建设。

1.2.4 文化社会学领域的园林研究

文化社会学领域的研究极大地拓展了园林研究的外延，更多人文学科领域的学者加入进来，从物质构成要素出发，探讨传统园林的文化基因及折射出的社会心理、思维模式、价值观念、审美意趣、伦理道德、生活方式等深层文化内涵，从物态文化深入心态文化。

从20世纪90年代起，中国园林研究开始寻求"从旁观走进心态和人"[47]，试图摆脱既有的以旁观者的立场和今人的思维、观念来理解古人营园。由此，文化社会学的视角与方法被引入园林研究，以贴近古人的生活与心态，如前述王毅的《园林与中国文化》便以文化史取代建筑史的视角，另辟蹊径来梳理中国园林的发展脉络。

（1）园林物态文化研究

中国园林与文学突出而独特的亲缘关系使得文学品题成为园林物态文化研究的重要领域。曹林娣是从文学领域进行园林研究的代表学者，其《苏州园林匾额楹联鉴赏》（1991）一书基础资料扎实，汇集了苏州主要园林中的匾额楹联，并依其文化渊源和用典进行解读，有助于把握造景意图和园林立意。

（2）园林心态文化研究

在传统园林心态文化研究中，文化基因与思想源泉是重要的一支。早期作为公论的道家思想影响说逐渐受到质疑，学者们开始注意到儒家思想以及禅宗思想的巨大影响力，如任晓红的《禅与中国园林》（1994）、刘彤彤的《中国古典园林的儒学基因》（2015）皆是由此而述。同样作为文化源头，山水文化、神仙思想、隐逸思想与传统园林之间的关系也得到了学界的关注，研究成果纷至沓来。专题研究有陶济的《山水美与建筑园林》（1993）、吴欣的《山水之境：中国文化中的风景园林》（2015）等，更多的研究成果则散落在对审美和文化的讨论中，如夏咸淳的《明代山水审美》（2009）以有明一代的山水审美思想及创造为研究对象，其中对园林多有涉及，并能将园林与其他艺术形式有机关联起来。

园林美学与文化也成为关注点，有金学智的《中国园林美学》（2000）、王铎的《中国古代苑园与文化》（2003）、曹林娣的《中国园林文化》（2005）、余开智的《六朝园林美学》（2007）等著作。与建筑学领域对空间和技法的重视相比，来自人文学科领域的研究更关注深层的审美意识和文化心理。跨文化视野的中外园林比较研究也从建筑学领域拓展至文化学领域，如曹林娣、许金生的《中日古典园林文化比较》（2004）在比较中日园林历史轨迹的基础上，从园主、物质建构、精神建构等方面对中日园林的"异质"之处进行分析，最后从文化基因、政治环境、价值取向、审美心理等层面对"异质"之缘进行探究。

笔者曾言，中国建筑史学研究历时不久且多重技术，这本无可厚非。但若置于更广阔的学术视野而论，建筑史学的研究跨向文化史和生活史领域也属自然趋势，建筑本身就不仅仅关乎技术，见物见人才是建筑学研究的目标[48]。从人文学科领域切入的园林研究，固然因专业知识的缺失，对园林中建筑技巧和设计意图等把握稍欠，但也丰富了研究成果，提示了新的研究转向。不仅仅是建筑学科，从设计学立场出发的研究也不应剥离对象的主体活动和文化属性。

1.2.5 小结

总而言之，现有园林研究涉猎面广、成果丰硕，前人研究的积累为我们打下了坚实的基础，研究的视角转向坚定了我们将园林作为整体文化现象的信心。但它也存在相对明显的缺陷，如学科之间的融合相对薄弱，偏重于各自学科立场之下的技术层面的分析；又如问题意识薄弱，不能格物致知；再如流于表象，没有文化系统性的意识；还如忽视本土文化立场，对外来理论生硬套用等。如此种种，都导致人们对园林的理解失之片面。

伴随着中国传统园林研究的开启，建筑界开始师法园林研究，从中取经。无论是在中国建筑的民族化浪潮还是在现代化演进过程中，传统园林都是经久不衰的创作源泉，直至当代，仍有大批从业者在积极探索，以求从园林中获得对设计的启示。但因研究和认知的偏颇，今人大多未能真正掌握传统园林设计的语言体系，因此设计也往往沦为对一些经典园林局部的生拼硬凑以及符号的剪贴，可谓只得其形而不得其神，更有甚者，形似也不能尽如人意。譬如，传统园林边界处理的技巧丰富，就水面而论，会严格控制人的近水区域，只设寥寥亲水点，以距离感营造心理空间，小中见大，而今人理水则常用边界开放的整片水面，意趣全无。又如各种博物馆、园林博览会只取建筑的一部分进行复制，纽约大都会艺术博物馆的明轩（The Astor Court）便是照搬了网师园殿春簃院落的前庭，却又无视原有的完整山水格局，虽有受制于馆内空间限制之情，但对山水关系的轻视仍可见一斑。如此乱象引人反思，对古人园林设计意匠的重新思考和解读迫在眉睫，以恰当的理论研究和理解范式来指导当下设计实践的意义非同小可。

1.3 基本立场与研究策略

1.3.1 基本立场

（1）作为文化现象的园林

笔者之所以对中国传统园林的空间叙事作专题研究，是源自对园林设计应具有完整立意的强调，所谓"纲举目张"，园林的设计策略便依此展开。园林研究应当立足于此，将其视作一个整体文化现象来进行解读。需知文化不是流于表象，而是一套具有约束力的价值系统和软性制度。园林的文化系统性决定了以空间叙事的逻辑将各元素按照一定关系组织起来，以设计结果呈现立意的可能。席勒有言："心灵用语言表达出来时，已不是心灵的言语了。"冯纪忠对此解释道："不从整体把握心灵，分解组合后就已是心灵的变相了。"[49] 文化亦是同理，由于学科立场的不同，来自各个领域的研究固然应有其侧重点，但文化的整体性和系统性始终应成为研究的基本法则。如若不然，便很容易或流于表面技巧的分析，或沉于故纸堆不能自拔，不得窥一斑而知全豹。

（2）超越形式的设计思维

基于自身设计学的学科立场，笔者强调"环境审美"的意识，秉持"超越形式"的设计思维，注意将形式置于具体的空间语境中，这些恰在中国传统园林中有所体现。譬如园林掇山讲求以形态和要素的丰富性营造出"可游"的体验，讲求人在其中的活动和体验，而非扁平的视觉效果。这种超越图像的思维方式恰与当今"读图时代"图像化的审美趋势相悖。在信息化时代背景下，快餐式的网络传播使今人造景往往囿于形式，注重静态视觉效果的呈现，既缺乏整体的环境意识，也忽略主体在其中的参与和感受，如此便诞生出诸多网红设计，甚至连大师贝聿铭的苏州博物馆片石假山也不能免俗。种种对直观视觉的依赖，无疑抹杀了背后隐含的"情"与"境"，反思和批判今人的设计思维和审美意趣之余，中国传统园林为我们提供了鲜活可学的优秀样本。

（3）以山水精神为核心

笔者将"山水精神"视作中国传统园林的核心，同时是园林空间叙事的底层逻辑。中国传统思维模式呈现出二元思维的特质，"山水"正是这样的一个双元词。又因中国传统园林介于具象与抽象之间、似与不似之间，"山水"便不局限于目之所见的实体山水，而是以小见大，象征着天地万物各种具有张力的二元组合，以及其中的调合互动。在此，"山水"早已超越人的尺度，时空概念和人的体验被纳入其中，空间格局、景观元素、装饰纹理等皆可以山水观念来经营，以对偶、互文等修辞手法形成同构关系，促成完整的山水格局。而看似显著的建筑实则为山水的附着之物，园林将自然抽象化，浓缩于方寸之间，使得本在自然山林间的建筑体量凸显出来；以建筑关系来模拟山水关系，则是抽象化的更进一步，最终触及主体——人的生动，以路径模拟登山活动，形成高度成熟的"以楼代山"，不可不谓巧用人智，妙取山川。

1.3.2 研究策略

本书的研究以现有园林遗存为对象，用空间叙事的思维逆向还原其设计逻辑，以构建具有方法论层面意义的中国传统园林空间叙事理论。

（1）研究对象的选择

《大学》中有言"格物致知"，朱熹又言"即物而穷其理"，以即物穷理来启发心中固有之理，通过对物象的思考、观察来获得真知，进而塑造人的内在道德修养。可见，中国人在传统上有着"格物"的认识论，重视从物象切入的认知。

本研究亦是立足于实物，不以文献考据为主要研究方法，虽无可避免会涉及相应的历史文献资料，但并非历史性或考辨型的研究。笔者立足于现有的园林遗存，以后世公认的优秀园林成果和前人考据较为充分者为标准进行筛选，样本求精不求全，侧重基于传统文化的案例分析和逻辑推论。现有遗存大多晚于实际创建年代，但这些晚期营造的园林遗构仍然相当遵循传统，沿袭了传统造园手法，因此对园林遗存进行分析和推论，以领悟归纳古人园林设计思维不失为一条可行之路。

需要说明的是，本研究选取的对象主要为私家园林，对皇家园林不作过多讨论。皇家园林与私家园林区别较大，大多占地广阔、不计成本，且有一些垄断性的特殊建筑形制和表达内容，如宗教建筑的介入、对神仙境界的描摹、一池三山的定式等。文学与园林的亲缘关系是本研究的缘起之一，故而多考量文人参与造园的私家园林，此种园林也是后世公认技艺匠心最高的一类，皇家园林也不乏对文人私园的写仿，足见其优秀。前辈学者已有对北方皇家园林的系统研究，仅以颐和园为例，便有清华大学和天津大学建筑系的详细测绘与调研，著作有王道成的《颐和园历史考辨》（1980）、张钧成和夏成钢的《颐和园楹联浅释》（1982）、张锦秋的《颐和园风景点分析之一——龙王庙》（1983）、周维权的《清漪园史略》（1984）、清华大学建筑学院编著的《颐和园》（2000）、颐和园管理处所编的《颐和园建园250周年纪念文集：1750—2000》等，涵盖领域广，成果斐然。

（2）逆向还原的研究方法

在选取园林遗存为研究对象的基础上，本研究采取逆向还原的研究方法，以问题意识为先导，由现象见其技法，再从技法究其成因与动机，从而推导可能的设计思维与设计逻辑，进而通过若干样本的深入剖析，归纳出园林设计方法论层面的规律，由"分"到"析"，将"格物"推进到"致知"层面。

20世纪50年代，在建筑学界现代主义思潮的催动下，传统园林研究非但没有衰退，还走上了一条引入现代主义空间概念和理性分析方法的道路。本着实用主义和古为今用的宗旨，前辈学人在测绘制图的基础上，对造园意匠和技巧进行解读和归纳。进入20世纪80年代后，历史学、解释学等多种理论方式介入园林研究，讲求细致的考据和谨慎的解读。比起20世纪50年代所生发的"explanation"，后续研究更像是一种"interpretation"，前者虽显简单轻率，但以勇于尝试的精神带来了更多的可能。中国传统园林的设计思维往往不立文字，难以在文献中寻得端倪，囿于历史考据的研究自有其重要意义，但对于指导园林设计实践便显得有些如同隔靴搔痒。在笔者看来，我们并非去复原古物，而是将其中的逻辑思维和精神内涵提炼出来，投射在新的范式和载体之上，因此需要大胆地"就现状而论现状"，这从历史研究的角度看也许浅薄轻率，但对于指导设计实践有着重要意义。

值得注意的是，相比前辈学人以西方现代主义空间概念来解读造园技法，本研究更注重将园林视作一种文化现象。传统园林不应只是纯粹的技法之"器"，更应成为载"道"的精神中介。因此，本研究通过分析不同园林的立意如何通过空间叙事来变成最终的设计结果，从中提炼出普适的设计思维。需知设计思维首先基于精准的文化定位，优秀的设计离不开对文化的理解和把握，反之也应先是对文化的准确表达，再是策略的选择，最后才落实到以具体的设计技巧来解决矛盾冲突上来。

在逆向还原时，笔者强调科学实证的研究态度，注意发挥设计学科的特点，将对空间的剖析以分析图和模型的形式表现出来，注重对设计思维的分步骤呈现。中国传统思维方式相对感性，重整体感觉与经验，具有细节模糊的特征，故园林著述中多有"图像缺席"的现象，也常语焉不详。伴随着西方现代空间概念的引入，照片和测绘分析图逐渐成为园林空间研究的重要手段。这些理性的分析方法实际上是西方近代科学的产物，强调形式的完整与精确，重视定量，与传统园林的设计思维并非同出一脉。受西方现代文化影响，现代汉语语境较古代而言，背后的思维逻辑已发生巨大变化。因此，在以现代分析方法解读传统造园意匠时，需要避免对西方建筑和空间理论的生搬硬套，如构图原理、时间—空间理论等都应基于中国传统文化语境作深入细致的讨论，对于园林设计的核心观念、法式有无也应有重新思考。

（3）空间叙事理论的引入

①西方现代空间叙事理论

与现代主义空间概念相似，叙事学也是西学东渐的产物。西方叙事学源自结构主义，再究其源头，则可溯至索绪尔的现代语言学。显而易见，此"叙事"为语言叙事或者说文学性叙事，重在故事性。20世纪七八十年代，叙事被引入城市科学领域，出现了空间转向。空间叙事理论实际上诞生于西方后现代语境下，是针对现代主义思潮下单调扁平化和剥离文化的设计结果进行的反思。在理论层面上，早期法国社会学家米歇尔·德赛都（Michel de Certeau）的研究具有代表性，其著作《日常生活的实践》阐述了作为"都市生活实践"的"空间故事"观，探索了物质空间和隐喻符号的结合。

叙事的空间实践则始于20世纪70年代伦敦AA建筑学院的教学训练。20世纪60年代末情境国际主义（situationist international）运动兴起，反对资本主义景观设计和消费主义诱导下人的异化与被动，强调以日常生活和作为主体的人的活动来建构情境。受其影响，伯纳德·屈米（Bernard Tschumi）在教学中尝试将电影艺术、文学理论与建筑和城市空间相结合，或揭示空间秩序与结构之间的既有联系，或以建构具有特色的空间语言系统来创造空间与事件的新联系。其后的《电影剧本》（1977）和《曼哈顿手稿》（1981）等作品则是该阶段教学的总结。在此，屈米对建筑的本质作出颠覆性的诠释："建筑不只是简单地关于空间和形式，也是关于事件、活动和空间中发生的一切。"[50]作为奠定其建筑理论家地位的重要作品，《曼哈顿手稿》初步生成了空间叙事的理论观点，即建筑是一种叙事。这是一场受到蒙太奇理论影响的电影式纸上建筑实践，屈米将建筑视作空间、活动和事件三个系统（或称元素）的叠加，通过三者的分裂来激发碎片间多样化的新关联，把建筑表现从传统形式里解放出来，即"发掘建筑的空间、行为和使用功能等来取代关于形式或系统分类的研究"[51]。

作为叙事学的来源，结构主义强调语言符号如何生成意义，符号自身并无意义，真正使符号产生意义的是"关系"，即作为语音和语象的"能指"与生成意义的"所指"之间的关系。语言的模糊性决定了能指与所指之间并不是——对应的固定关系，从符号到意义的转化存在不确定性。于是，在后现代对不确定性进行肯定的语境之下，建筑设计界开始追求对结构主义更深入的解读，解构主义设计便应运而生，其特征是关注地方化、多样化的"小叙事"，而非整体宏大的"元叙事"。作为对此的呼应，屈米的设计研究否定了建筑中空间的主体地位，而将其视作一种"诱发事件"，促使事件在空间内自我组织，形成一种叙事性的氛围，同时强调建筑形式与发生在其中的事件没有固定联系。拉·维莱特公园（1983）是屈米首次将空间叙事的理论应用于工程实践。他延续了在电影理论中寻找灵感的方法，以苏联导演库尔雪夫的"吸引力蒙太奇"——一种无序性、分离性的叙述手法为其灵感来源，还借鉴了康定斯基的点线面理论和埃森曼的坎纳瑞吉奥（Cannaregio）规划。公园以点、线、面三个独立的系统随机叠合出整体结构，名为 folie 的亮红色装置及其场地不仅能承办一系列城市节庆活动，还能给使用者提供多种创造性活动的可能性，使建筑的责任从提供功能空间转向组织社会活动。如此，使用者被引导着自发革命性地使用空间，建筑成为传递信息、沟通交流及表达文化意义的"情景构造物"。

我们可对以屈米为代表的现代空间叙事理论作一归纳：空间叙事具有一套由概念、句法和语义组成的空间语言系统，有着逻辑性和丰富度，已超越视觉符号和形式，不仅仅引导着空间体验和日常活动，更重要的是蕴含了特定的文化意义。

②理论引入的合理性与契合点

前文有言，园林是园主咏怀表志的媒介，造园匠三主七，园主人既是设计者，也是使用者，同时还是空间的叙述者，不同园林所叙主题不尽相同，似有千园千面。唐代贺知章在《题袁氏别业》中云"主人不相识，偶坐为林泉"，北宋司马光有园虽名"独乐"却定期对公众开放，中国传统私家园林的公共性由来已久[52]；至明清，园林所具有的功能更加复杂化，由此带来的主题立意和文化属性也趋于多样化，用作社交雅集的厅堂与自得其乐的书房各有千秋，还有精舍祠堂等信仰孝义场所。即使是同一园林内部，在宏观立意和场所精神的纲举目张之下，各个局部空间的表达手法也因其功能和叙事主题的不同而有所差异。园林的叙事主题不仅体现在共时性的空间语言中，而且在历时性的时间维度中也有所延续。历史上园林主人通常更迭频繁，但后继园主多基于原有的山水关系，依照相似的造园逻辑进行改造，在很大限度上继承和呼应前代主题，久而久之，便以所叙之事积淀出场所精神和文化意义。以留园为例，五峰仙馆完成于光绪初年盛康（旭人）扩建之时，其设计意匠恰与将"刘园"更名为"留园"相映成趣。以盛氏财力，对园林进行大规模改造也并非难事，但这座体量最大、用材最好的建筑却消隐为"看不见的厅堂"，可见其在扩建时不希望以此颠覆西路院落原有厅堂的空间格局。以"留"为名，既取前任刘氏之园的谐音，又有太平天国战后阊门外唯留此园之意，也未免没有表达留存承续之态。

中国传统园林具有多样化、承续性的主题立意和文化属性，这使得单一学科领域的专业化思维和现代空间分析手段明显力不从心，无法全面阐释或解析传统园林的成就，亟须新的学术视角和研究方法的介入。由于与文学的亲缘关系，笔者关注到"叙事"的概念，进而又将这一概念转向空间领域，思考中国传统园林叙事的可能性以及西方现代空间叙事理论的可借鉴程度。因此，本研究引入空间叙事作为理论工具，以帮助启发对传统园林设计思维的逆向还原。

西方现代空间叙事和中国传统园林空间叙事显然不是两个共时性的概念，但在本研究中出现这种时间倒错是合理的。首先，二者在方法和目的上具有高度一致性，都以空间语言来表达意义；其次，基于结构主义的现代空间叙事理论是西方的创造，在中国缺乏共识性的对应，而传统园林深受文学影响，特别是与明清章回体叙事小说多有共通之处，其空间中蕴含的叙事思想可谓是真正中国原生的空间叙事理论。

之所以引用现代空间叙事的概念，是源自两个程度上的契合。其一，造园立意为先。中国传统园林营造虽无叙事之识，却实有叙事之意，蕴含着一套文化意义生成的空间语言系统。对其设计思维的讨论中，不得不涉及这一系统如何生效的问题，因此要参考空间叙事理论，观照空间设计的文化背景和文化意义如何体现。其二，无论是立意还是技法，中国传统园林都以丰富性见长，不囿于表面的形式主义。至于形成丰富性的原因为何，同样反思形式主义的现代空间叙事理论在某种程度上也提供了意义和参考价值。

③本土文化立场

需要点明的是，本研究在方法论层面上对西方现代空间叙事理论进行借鉴和参考，而非生搬硬套。前辈学者在借鉴和利用西方现代理论与技术时，虽有意识避免照搬，但往往不能尽如人意。"中国园林史知识生产的现代化和西化并不是本质性的终点，也不是在过去某个时刻已经完成，并产生了一种简单而糟糕的变异"[53]，这也提醒笔者立足中国传统文化立场，以跨文化的视野进行研究。中国传统园林空间叙事并非如文学叙事般真正"讲故事"，也并非"如画"般风致，而是通过强调行为、认知心理与场景的契合来达到叙事目的；其叙事符号系统生成的路径与西方现代空间叙事存在差别，往往基于中国人既有的自然观和比德思想，而非设计师自定义的符号语言，同时更强调语境（context），即狭义的周边环境和广义的社会文化语境。这使得我们需要仔细辨析文学叙事与空间叙事、西方现代空间叙事与中国传统园林叙事之间的差异，重新看待外来理论，探究本土设计理论的现代化。

1.4 内容框架

　　本研究正文分为五个篇章，以从文学叙事到空间叙事——中国传统园林空间叙事系统——中国传统园林空间叙事案例分析——中国传统园林空间叙事理论归纳——中国传统园林空间叙事理论的应用实践这一逻辑展开，从理论到实例，再由实例归纳出理论模型，最终由应用实践来印证其在当代景观设计中的可行性，环环相扣。

　　第1章为绪论。第2章从中国传统园林与文学的亲缘关系出发，引入"叙事"的概念，以文化整体性为基础，通过与文学叙事在宏观结构、纹理、修辞等方面相似性的挖掘，将目光投向叙事的空间转向。第3章首先通过与文学叙事的差异性比对，指明中国传统园林重在意境的营造，造园有明确的主题立意；随后引入西方现代空间叙事理论，认识到以空间语言符号系统达成叙事的手段；接着观照分析中国传统园林自身的叙事符号体系；在此基础上认识到中国传统园林空间叙事与西方现代空间叙事符号系统生成的路径存在极大差异，进而探究中国原生的以山水为底层逻辑的空间叙事系统，初步建立起中国传统园林空间叙事的理论框架。第4章从篇章和景点两个层级对一些经典园林案例进行逆向还原，分析如何通过设计策略来塑造意境、表达立意。第5章在案例分析的基础上，对传统园林空间叙事进行观念和技巧等层面上的归纳，其中尤以"对偶美学"和"以楼代山"独具见地，完成中国传统园林空间叙事的理论构建。第6章列举运用传统园林空间叙事理论的设计实践，作为以理论指导实践可行性的明证。

▍注释

1　童寯．童寯文集（中英文本）第 1 卷 [M]．北京：中国建筑工业出版社，2000：65.

2　冯仕达．中国园林史的期待与指归 [J]．建筑遗产，慕晓东，译．2017（2）：39-47.

3　出自（金）元好问《题张左丞家范宽秋山横幅》.

4　陈从周．园林谈丛 [M]．上海：上海人民出版社，2016：49.

5　如顾凯言："亭廊轩阁削弱了山水主题，有喧宾夺主之嫌，掇山不佳，又言水景突出。"
　　见顾凯．江南私家园林 [M]．北京：清华大学出版社，2013：134.

6　引自（明）王稚登《寄畅园记》，陈从周，蒋启霆．园综（上）[M].
　　上海：同济大学出版社，2011：132.

7　陈从周．园林谈丛 [M]．上海：上海人民出版社，2016：49.

8　（明）计成．园冶注释 [M]．陈植，注释．北京：中国建筑工业出版社，1981：41.

9　陈寅恪．元白诗笺证稿 [M]．上海：上海古籍出版社，1978：9.

10　明王世贞曾将文徵明交游文人分为十类，足见其时文人群体构成之复杂，文学家与
　　画家身份的重合在当时也是常见现象。

11　（明）陆深．俨山集 [M]．上海：上海古籍出版社，1993：347.

12　（清）钱泳．履园丛话 [M]．北京：中华书局，1979：545.

13　（清）钱泳．履园丛话 [M]．北京：中华书局，1979：545.

14　见乾隆《惠山园八景诗序》。

15　童寯．童寯文集（中英文本）第 1 卷 [M]．北京：中国建筑工业出版社，2000：65.

16　方晓风．中国园林艺术 [M]．北京：中国青年出版社，2009：10.

17　鲁安东．迷失翻译间：现代话语中的中国园林 // (英)卡森斯．建筑研究01词语、建筑物、
　　图 [M]．陈薇，译．北京：中国建筑工业出版社，2011：39.

18　如日本史学家伊东忠太、龙居松之助、旅行作家后藤朝太郎等在日本园艺学会期刊
　　《庭园与风景》上发表的若干关于中国园林的文章。详见：田中淡，李树华．中国
　　造园史研究的现状与课题（上）[J]．中国园林，1998（1）：10-12. 田中淡，李树华．中
　　国造园史研究的现状与课题（下）[J]．中国园林，1998（2）：24-26.

19　1928 年中华造园学会成立。

20　赖德霖 .20 世纪中国园林美学思想的发展与陈从周的贡献试探 [J].

　　建筑师，2018（5）：15-22.

21　赖德霖指出："如果说在 20 世纪 30 年代以梁刘为代表的中国营造学社研究者们首

　　先关注到的是以宫殿和寺庙为代表的官式建筑和它们所体现的中国古代建筑法式，

　　那么童寯则在中国现代建筑家中最先发现了古典园林所体现的中国文人建筑的美学

　　追求。"参见：赖德霖 .童寯的职业认知、自我认同和现代性追求 [J].

　　建筑师，2012（1）：41.

22　童寯 .东南园墅 [M].北京：中国建筑工业出版社，1997：序 .

23　刘敦桢 .江南园林志序 // 童寯 .江南园林志 [M].2 版 .

　　北京：中国建筑工业出版社，1984：2.

24　见顾凯 .童寯与刘敦桢的中国园林研究比较 [J].建筑师，2015（1）：92-105.

25　赖德霖 .童寯的职业认知、自我认同和现代性追求 [J].

　　建筑师，2012（1）：41.

26　刘敦桢曾于 1936 年对苏州古建筑进行调查，写成《苏州古建筑调查记》一文，刊于

　　同年《中国营造学社汇刊》中。

27　顾凯 .童寯与刘敦桢的中国园林研究比较 [J].建筑师，2015（1）：92-105.

28　顾凯 .童寯与刘敦桢的中国园林研究比较 [J].建筑师，2015（1）：92-105.

29　冯仕达 .中国园林史的期待与指归 [J].建筑遗产，慕晓东，译 .2017（2）：39-47.

　　顾凯，陈从周 .中国园林研究的学术史情境初探：与刘敦桢、童寯的关联与比较 [J].

　　建筑师，2019（1）：66-72.

30　潘谷西 .苏州园林的观赏点和观赏路线 [J].建筑学报，1963（6）：14-18. 彭一刚 .庭

　　园建筑艺术处理手法分析 [J].建筑学报，1963（3）：15-18. 郭黛姮，张锦秋 .苏州留

　　园的建筑空间 [J].建筑学报，1963（3）：19-23.

31　鲁安东 .迷失翻译间：现代话语中的中国园林 //（英）卡森斯 .建筑研究 01 词语、建筑物、

　　图 [M].陈薇，译 .北京：中国建筑工业出版社，2011：57.

32　鲁安东 .迷失翻译间：现代话语中的中国园林 //（英）卡森斯 .建筑研究 01 词语、建筑物、

图 [M]. 陈薇，译. 北京：中国建筑工业出版社，2011: 59.

33 潘谷西. 苏州园林的观赏点和观赏路线 [J]. 建筑学报，1963（6）：14-18.

34 潘谷西. 江南理景艺术 [M]. 南京：东南大学出版社，2001: 前言.

35 鲁安东. 迷失翻译间：现代话语中的中国园林 //（英）卡森斯. 建筑研究01词语、建筑物、图 [M]. 陈薇，译. 北京：中国建筑工业出版社，2011: 55.

36 彭一刚. 中国古典园林分析 [M]. 北京：中国建筑工业出版社，1986: 3.

37 赖德霖.20世纪中国园林美学思想的发展与陈从周的贡献试探 [J]. 建筑师，2018（5）：15-22.

38 叶圣陶. 关于《说园》的一封信 // 陈从周. 文博大家园林谈丛 [M]. 上海：上海人民出版社，2016: 13.

39 鲁安东. 迷失翻译间：现代话语中的中国园林 //（英）卡森斯. 建筑研究01词语、建筑物、图 [M]. 陈薇，译. 北京：中国建筑工业出版社，2011: 51，79.

40 陈植. 中国造园之史的发展 [J]. 安徽建设月刊，1931（5）. 陈植. 中国造园家考 [J]. 江苏研究，1936（1）.

41 如《〈园冶〉中的"体"与"宜"》（*Body and Appropriateness in Yuan ye*），《自我、景致与行为：〈园冶〉借景篇》（*Self, Scene and Action—the Final Chapter of Yuan ye*），《〈园冶〉的跨学科前景》（*The Interdisciplinary Prospects of Yuan ye*）.

42 陈植. 中国造园史 [M]. 北京：中国建筑工业出版社，2006: 1.

43 陈薇. 天籁疑难辨，历史谁可分——90年代中国建筑史研究谈 //《建筑师》编辑部. 建筑师69[M]. 北京：中国建筑工业出版社，1996: 81.

44 顾凯. 明代江南园林研究 [M]. 南京：东南大学出版社，2010: 5.

45 顾凯. 明代江南园林研究 [M]. 南京：东南大学出版社，2010: 6.

46 孟兆祯. 孟兆祯文集：风景园林理论与实践 [M]. 天津：天津大学出版社，2011: 自序.

47 陈薇. 天籁疑难辨，历史谁可分——90年代中国建筑史研究谈 //《建筑师》编辑部. 建筑师69[M]. 北京：中国建筑工业出版社，1996: 80.

48 方晓风. 园林史中的生活史——评《北京私家园林志》[J]. 装饰，2012（12）：56-57.

49　冯纪忠 . 人与自然——从比较园林史看建筑发展趋势 [J].
　　建筑学报，1990（5）：39-46.

50　大师系列丛书编辑部 . 伯纳德·屈米的作品与思想 [M].
　　北京：中国电力出版社，2006：37.

51　大师系列丛书编辑部 . 伯纳德·屈米的作品与思想 [M].
　　北京：中国电力出版社，2006：25.

52　宋代野宴之风盛行不衰，邵伯温《邵氏闻见录》卷十七载："洛中风俗尚名教……
　　三月牡丹开。于花盛处作园圃，四方伎艺举集，都人士女载酒争出，择园亭胜地，
　　上下池台间引满歌呼，不复问其主人。"

53　冯仕达 . 中国园林史的期待与指归 [J]. 建筑遗产，慕晓东，译 .2017（02）：39-47.

*　本章图片杜心恬、黄子舰参与拍摄绘制。

第二章
空间叙事与文学叙事的相似性

2.1 文化整体性视角下的文学、绘画与园林

　　文化是相对于经济、政治而言的人类全部精神活动及其成果。人类的文化成果门类繁杂，气象万千，但若考虑时代、地域和人群因素对其进行考察，则会发现不同门类的艺术形式体现出某种共同的文化心理结构，因而在深层结构上它们往往会具有某种"同构性"特征[1]。研究任何一类文化现象，文化整体性和系统性都可以作为一条"公理"，以此为基础可以探寻文化系统内部诸多门类之间的相关性和共同性，从中揭示具有普适意义的规律。作为文化系统组成部分的文学、绘画和园林，是人的思想认识和价值观念在不同领域的投射，三者之间的"同构性"特征一直以来都是园林研究的重要关注点。

　　园林艺术不是一种孤立的文化现象，不论是西方园林还是东方园林，都在特定的自然、经济、政治和文化的相互作用和影响下产生和发展。不同文化背景下的园林很不相同，每个园林都表现出独特的文化内涵和价值取向。西班牙的阿尔汉布拉宫作为伊斯兰古典园林的代表，重视对水景的巧妙设计，营造出妩媚灵动的风格，反映了来自北非大漠的摩尔人与生俱来的对水的崇拜[2]。法国的凡尔赛宫苑以几何化的空间布局和壮丽的轴线表达了自称为"太阳王"的路易十四征服自然的乐趣。宫苑由建筑师、园林师、雕塑家、画家等不同职业的人通力合作完成设计，是一次绘画、建筑、文学和园林的宏大实践。英国的自然风景式园林受到18世纪浪漫主义文学与艺术的影响，诗歌与绘画给造园家以巨大的创作灵感，例如弥尔顿在《失乐园》中描绘的伊甸园成为海格利园和斯图海德园最初的造园蓝本[3]。（图2-1）

　　中国园林与中国传统文化之间的关系更为密不可分，很多时候园林、绘画和文学是作为一个文化整体来讨论的。中国园林、绘画和文学不仅拥有相近的思想内核、叙事特征和创作方法，而且常常拥有相同的作者。中国古

图 2-1 西班牙阿尔汉布拉宫（左）、法国凡尔赛宫苑（中）、英国的斯图海德风景园（右）
（图片来源：［美］伊丽莎白·巴格·罗杰斯《世界景观设计——文化与建筑的历史》）

代造园家集多种才能于一身，正如钱伯斯在《东方园林研究》中所言："中国的造园家不仅仅是植物学家，还是画家和哲学家，他们懂得关于人类意识的深邃知识，懂得那些激发人的热情好的艺术品……在中国，造园是一项特殊的职业，需要有广博的学识，少有人能臻其化境。造园家因而必须具备高超的将自然环境中优秀素材组织在一起的能力，这种能力得自于学习、旅行和长时间的实践，只有具备了这些条件的人才允许进入这一行业。"[4]

2.1.1 中国文学与园林

在中国传统文化的博大体系中，文学与园林在内容、形式、创作方法上一直都有着不可分割的联系。内容层面，先秦老庄"道法自然"的哲学思想深深影响着中国人的美学观念，"智者乐山，仁者乐水"构成了中国古代文人的最高道德标准和美学追求，并在文学和园林中发展成为一种特有的创作题材。山水诗在中国古代文学中占有极为重要的地位，山水格局的营造也成为园林设计的核心内容。形式层面，文学中的结构和修辞也在园林设计中得到广泛运用，从骈体文和律诗的对偶到明清小说的章回体结构，在园林中皆可找到类比之处。创作方法层面，文学创作与园林设计常有异曲同工之妙，古人常将二者相提并论。正如清代张潮在《幽梦影》中所言："文章是案头之山水，山水是地上之文章。"[5]

陈从周对文学与园林关系的论述颇为深刻，他认为"园之筑出于文思，园之存，赖文以传，相辅相成，互为促进，园实文，文实园，两者无二致也"[6]。陈从周在《中国诗文与中国园林》一文中用"得体"二字来描述文学与园林的相通之处，认为"文体不能混杂，诗词歌赋各据不同情感而成之，决不能以小令引慢为长歌，何种感情，何种内容，成何种文体，皆有其独立性。故郊园、市园、平地园、山麓园，各有其体，亭台楼阁，安排布局，皆须恰如其分"[7]。

中国古代文学作品中对园林的描写难以计数，尤以明清小说为胜。文学作品中之园林当是作者对自己现实生活环境的一种再现，或是对理想生活环境的一种向往，其中《金瓶梅》和《红楼梦》中对园林的描写最为详尽。明清之际曾出现专论虚构园林的短文，缘于许多寒素文士无力购园，又心存慕想，只得"纸上谈园"，用文字构建属于自己的"画里溪山""墨庄幻影"，其中以晚明刘士龙的《乌有园记》、明末遗民黄星周的《将就园记》和张岱的《琅嬛福地》等最具代表性[8]。

另一方面，园林中亦离不开文学的介入，文学成为园林中不可或缺的环境要素，这一点从园林的景点命名和楹联匾额中可见一斑。《红楼梦》第十七回"大观园试才题对额，荣国府归省庆元宵"为我们呈现了达官显贵为私家园林景点命名和楹联题记的场景，园林中每一处题记都为贾政及其家臣提供了附庸风雅、展示才学的机会。但古代造园未必如小说中那样先造园后题记，更多时候是意在笔先，各处诗赋题名多在营造伊始已然成熟于造园者心中。园林景点命名多取自诗词歌赋：拙政园西部的"归田园居"是陶渊明《归园田居》的物化；留园西部的"小桃坞"是陶渊明《桃花源记》的理想再现；狮子林的"见山楼"则取"悠然见南山"之意[9]。

匾额题名之目的，一是表达园主意趣，二是概括景区特色，多以三五字成文，故要求极为练达，颇显文人功力。拙政园绣绮亭是中部水池南边唯一的山巅亭台，东、南、西、北四个方向分别是海棠春坞、枇杷小园、远香堂和荷花池，山下湖石花坛中种植牡丹，登亭四望，红花绿叶，烂漫如锦，故亭名取杜甫诗"绮绣相展转，琳琅愈青荧"之句中"绮绣"二字概括景区特色。亭内悬行楷匾额，题"晓丹晚翠"四字，准确生动地概括了园中早晚不同时刻的景致特征，时间与色彩完美对应。（图2-2）而拙政园"与谁同

图 2-2 绣绮亭匾额与楹联

坐轩"，以隶书题于扇形匾额之上，取意于苏轼《点绛唇·闪倚胡床》词中
"闲倚胡床，庾公楼外峰千朵，与谁同坐? 明月清风我"之句，一语道破了
园主人的寂寥孤傲之情。

2.1.2 中国绘画与园林

造园与绘画是中国古代文人追求理想生活的两条途径。封建士大夫面
对"君亲之心两隆"的现世生活和"泉石啸傲、渔樵隐逸"的理想人生之间
的矛盾，欲在山水田园和书林画卷之中求得精神上的平衡，绘画和造园便帮
助他们找到一种两全其美的办法，现实社会的诸多不遂人意都可以通过绘画
和造园来弥补。北宋郭熙的《林泉高致》点明山水画的目的在于"不下堂筵，
坐穷泉壑"[10]，这与几亩之地营造山水的园林设计有殊途同归之妙。历史上
常有文人、画家直接参与园林规划设计，如唐代的王维、白居易，宋代的赵
佶、司马光，明代的米万钟，清代的叶洮等人，他们不仅精通绘画，同时是
园林设计的专家[11]。最可称道的是文徵明，他不仅参与了拙政园的规划设计，
还在园子建成后，将园内 31 处景点绘制成图，为每幅图赋诗一首，是为《拙
政园图咏》，并撰写《王氏拙政园记》。

在造园主题方面，山水作为自然世界的象征契合了文人的隐逸思想，因此中国古代绘画与园林都选择了山水作为叙事内容。正如汤姆·特纳所言："在中国有一个古老的信念——画家、诗人和园林设计师应当从山、水和自然的其他方面获得灵感。"[12] 在造园理论和技法方面，园林与绘画具有相同的理论基础和营造方法。古代的画论画诀可以说是汗牛充栋，而完整的园林理论却少得可怜，其中主要原因是园林艺术的一些基本理论和布局造景原则可以直接借用山水画论[13]。郭熙在《林泉高致》中提出山水画应当具有"可望可居可游"的表现能力，"可居可游"赋予山水画独特的观赏方式。中国艺术从此形成了不同于西方的独特的视觉文化传统，前者以散点透视为主，后者以一点透视为主。这一形成于画论的视觉文化传统深刻影响着园林设计。

在《林泉高致》中，郭熙提出了"三远"理论："自山下而仰山巅，谓之'高远'；自山前而窥山后，谓之'深远'；自近山而望远山，谓之'平远'。"[14]"三远"概括了中国绘画"散点透视"的视觉呈现方式，解决了山水画空间处理的原理，对山水画创作具有深远的意义。同时"三远"也成了园林造景的一条惯用法则，用来指导设计实践。例如，"三远"的手法在怡园中得到了充分的发挥，造园者在有限的空间中通过控制观景点和景物的距离，营造了三个层次的意境：从藕香榭隔水远望北面假山和小沧浪，属于"平远"；从面壁亭仰视对面假山，是为"高远"；画舫斋处于群山环抱之中，形成"深远"之意向。

中国画的散点透视和"三远"的策略构建了一种基于运动和体验的视觉机制，正如宗白华所言："画家的眼睛不是从固定角度集中于一个透视的焦点，而是流动着飘瞥上下四方，一目千里，把握全景的阴阳开阖、高下起伏的节奏。"[15] 不同于一点透视只关注所见的真实性，散点透视需要我们在视觉游移中充分调动想象，最终获得超越视觉之外的意向。基于运动和体验的视觉机制在园林设计中得到了充分运用。中国园林很少按照强烈的轴线和秩序设置景点，而是通过散点的方式看似随意地布置一个个"画面"，观者在自由游走过程中"意外"拾取各个"画面"，通过汲取山水画的动态连续性置于园林营造之中，从而获得空间连续性体验[16]，并借此领悟"画面"之外的意境。正如《园冶》中所描述的："兴适清偏，怡情丘壑，顿开尘外想，拟入画中行。"[17]

中国文学、绘画与园林在题材、技法诸多方面的相似性，是文化整体性和系统性的具体体现。园林、绘画、文学，乃至建筑、器物等不同门类的文化在本质层面显示出了同一价值观和思维模式下的相关性，这为我们解读中国古典园林提供了广阔的视角。本书正是基于文化的整体性和系统性这一点，从文学叙事的角度切入，在中国传统文化的形成机制这一大的学科视域下，探讨文学与园林的诸多相似性和差异性。

2.2 中国文学叙事的总体特征——空间化叙事

法国当代文论家罗兰·巴特认为，叙述是在人类开蒙、发明语言之后才出现的一种超越历史、超越文化的古老现象，哪里有人，哪里就有叙述[18]。文学与叙事相生相伴，但真正将叙事作为一门学问来研究，则是近百年的事了。20 世纪 60 年代法国著名结构主义符号学家、文艺理论家茨维坦·托多罗夫在结构主义基础上发展了对叙事文本的研究理论，也即叙事学。自 20 世纪 80 年代中期开始，叙事学理论被逐步介绍到中国，特别是美国著名汉学家浦安迪教授在北京大学的演讲，带动了中国叙事学的繁荣。

浦安迪运用叙事学理论，从结构、修辞、寓意等方面对明清奇书《水浒传》《三国演义》《西游记》《金瓶梅》和《红楼梦》进行了剖析，其《中国叙事学》一书树立了叙事学研究的一个很高的起点。之后，很多学者投入叙事学研究之中，并将叙事学理论运用到绘画、电影、建筑、园林等其他领域，拓宽了叙事学研究的视野。

浦安迪的《中国叙事学》从考察文学起源——神话这一叙事文本开始，对比东西方文学在各自的"原型"（archetype）阶段的叙事方式，揭示了中国叙事传统从其源头开始即表现出与西方叙事不同的特征：西方神话是"叙事性"的，而中国神话是"非叙事性"的[19]。这里的"非叙事性"是基于西方叙事学概念而对中国神话给出的权宜性质的概括。中国神话的"非叙事性"与其说不具有叙事特征，不如说是具有不同的叙事逻辑。因为从概念上讲，在抒情诗（lyric）、戏剧（drama）和叙事文（narrative）这三种文学体裁中，叙事文侧重于表现时间流中的人生经验，或者说侧重在时间流中展现人生的履历[20]。西方神话的叙事——不论是《荷马史诗》还是《圣经》——都乐于按照时间顺序以事件发展的逻辑来展开故事情节；而中国神话却以极其简略概括的静态画面来进行叙事，缺少明显的时间逻辑。

具体而言，西方神话的叙事特点包括：强调时间性（temporal）构架，重视事件发展的过程；注重细节的描述；呈现"头、身、尾"或"起、中、结"的故事结构；将事件（event）作为时间化的实体来看待，以此作为叙事的单元。而中国神话的叙事善于建立空间化（spatial）构架；热衷于"画图案"；善于搭建骨架和营造神韵，而不拟于细节；善于罗列事件；对关系和状态（宇宙的顺序和方位）的关注胜过对事件作为时间化实体的关注；关注事与事的交叠处（the overlapping of events）、事隙（the interstitial space between events）或无事之事（non-events）[21]。

从神话这一源头开始，古代地中海从荷马史诗（epic）到中世纪罗曼史（romance），再到十八九世纪长篇小说（novel）的叙事发展过程，基本保持了以时间化叙事为主的叙事方法。而中国从神话到六朝志怪、唐人传奇，最后到明清奇书，一直延续着空间化叙事的叙事逻辑，即浦安迪所说的"'言'重于'事'、空间感优于时间感"[22]。

在浦安迪之后，很多学者开始用空间化叙事的理论来解读中国文学作品，不断深化其研究深度，拓展研究边界。例如张世君先生的《〈红楼梦〉的空间叙事》，用数据统计论证了《红楼梦》空间叙事的普遍性：《红楼梦》整部小说的回目中标明时间因素的回目仅有7回，在模糊的时序中，回目突出的是空间意向，有27回共计41条回目直接以建筑房舍表现空间意向特征[23]。

浦安迪在《中国叙事学》一书中对中国叙事总体特征的概括最为深刻，从哲学层面溯源了中国叙事的本质特征。他认为，中国叙事文学的基本结构模型是中国传统思想中阴阳五行基本模型的变相，具体包括"二元补衬"（complementary bipolarity）和"多项周旋"（multiple periodicity）[24]。"二元补衬"源于中国文化里阴阳二元论的概念，在叙事中具体延伸出"动静""盈虚""涨退""悲喜""盛衰""离合"等一系列相互对立又相互包含的事件，构成了中国文学独特的叙事要素。而"多项周旋"是"二元补衬"概念在运动时呈现的状态，也是五行概念在循环往复运动中的表现，这种循环往复的运动特征在中国叙事中为我们呈现出不同于西方叙事中三段演绎的结构。在文学作品中，从春夏秋冬的时间描写到东南西北的空间设置，都可以看到一种基于反复循环而不是基于线性连贯的叙事形态。"二元补衬"和"多项周旋"这两个基本结构模型是理解中国文学叙事的基础，也是形成中国文学叙事结构形态的基本逻辑。

2.3 文学叙事与园林叙事的相似性

中国文学的空间化叙事特征仅从字面意义来看，就充满向其他学科延伸的可能性。如果进一步剖析文学中空间叙事的具体模式，将文学叙事和园林叙事在横向对照中进行深入考察，将会改变我们对于中国古典园林是"既无理性逻辑，也无规则"[25] 的认识。从宏观到微观，从结构到修辞，文学叙事和园林叙事之间都存在着精妙的对应，我们将在叙事学视野下揭示中国园林的逻辑和规则。

从文化的整体性与系统性的角度看，中国古典园林作为一种叙事文本，与其诞生时代的文化氛围，如绘画、小说等边缘文本，实际上共同构成当时社会的大文本。文人园林如同文学叙事的变体，两者被文本的"互涉"牢牢吸附在一起，成为不可分割的整体[26]。特别是将繁荣于明末清初的章回体小说与具有同时性的古典园林进行关联与对比，二者在叙事学层面的惊人的相似性便深深吸引着每一位园林研究者。

2.3.1 宏观结构的相似性

浦安迪认为，小说家在写作的时候一定要在人类经验的大流上套上一个外形（shape），这个外形就是我们所谓的最广义的结构[27]。中国文学叙事在结构上的总体特征是时间线索的空间化，空间化在形态上的表现就是产生诸多相对独立的叙事单元或叙事周期，这样的形态特征广泛存在于从先秦史书到明清小说的各类文学体裁之中。当然，中国文学叙事的空间化特征在明清小说中达到了极致。与此同时，中国古典园林的造园理念和技法也达到了顶峰，园林和小说在结构层面呈现出惊人的相似性。文人作为文学创作主体和园林设计主体，将潜意识中谋篇布局的空间图式同时投射到文学与园林两种异质的创作之中。

明清章回体小说与古典园林宏观结构的相似性可以从空间层次、结构衔接和时空布局三个方面来探讨。

（1）空间层次

章回体小说总体呈现出"百回"定型结构，然后又把"百回"的总轮廓划分为十个十回，形成"10×10"的层次阵列，小说大约每十回构成一个单元，有相对独立的人物与情节[28]。同时在每一个十回的单元内部有更微观的次结构，这些次结构构成了十回单元内部情节的起伏[29]。在更宏观的层次，"十回"结构又形成整体拼合图式，形成富有对称感的"20 + 60 + 20"的总结构图式[30]。小说的叙事从宏观到微观构成具有同构性的多级迭代，如同数学上的"分形"。

以《金瓶梅》为例，其叙事结构可划分为十个"十回"次结构。全书以西门庆家的盛衰为主线，前二十回的故事发生在西门庆私宅院墙之外，主要写西门庆纳妾；中间六十回围绕庭院内部展开故事，写西门庆的酒色财气的生活和恶贯满盈的勾当；最后二十回又转到宅院之外，讲述西门庆家庭的分崩离析、土崩瓦解。[31]每十回叙述了一个相对完整的故事，而每一个十回小单元中的第九、十或第五回都发挥着重大的转折作用（图 2-3）。除《金瓶梅》之外，浦安迪对《水浒传》《三国演义》《西游记》和《红楼梦》都进行了结构上的剖析。当然每一部小说在结构上都各有其"不合套路"的地方，特别是在十回单元内部次结构的设置上每部小说都不尽相同，但是总体的叙事结构还是表现出十分类似的规律性。

与文学叙事的空间层次设置相对应，中国古典园林有异曲同工之妙。龙迪勇在《空间叙事学》一书中提到，无论是中国古代建筑还是明清章回体

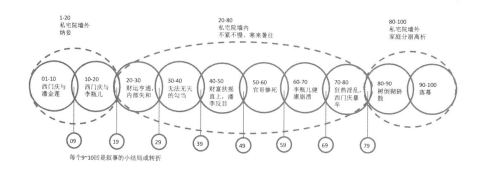

图 2-3《金瓶梅》叙事结构图

小说，其实都是利用一定的结构单元进行多重组合的艺术。这里龙迪勇只谈到了建筑，事实上对于园林同样适用。中国古代建筑的院落式结构与明清章回体小说的组合结构具有非常明显的相似之处[32]。中国古典园林每一个完整的园，多是由一个个作为单元的更小的园组成的，园林的规模取决于作为单元的园的数量、尺度和层级。

作为最小单元的"园"可对应和类比章回体小说的"回"，所不同的是，"园"要比"回"更加复杂多样，作为单元的"园"的大小、数量和组合方式远远超过了"回"的复杂性，因而园林叙事的层级结构比文学叙事更加丰富细腻，而且这种丰富性是基于人的知觉体验形成的。作为结构层次的"园"的组合关系最为复杂多样，不同的园林由于叙事的主题不同，受到不同环境的制约，会采用不同的空间结构。例如，同样是三个园子组成的园林，拥翠山庄由于台地的标高变化采用了顺序化的"三段式"空间结构，艺圃则通过高墙的切割和建筑的围合营造出大、中、小三个同构性的空间。（图 2-4）更为精妙的是，多数园林采用"园中套园"的拓扑结构，正如明代钟伯敬在《梅花墅记》中谈游园感受："身处园中，不知其为园，园之中，各有园，而后知其为园，此人情也，予游三吴，无日不行园中，园中之园，未暇遍问也。"[33] 园林的空间结构的复杂性一方面基于空间叙事的需要而产生，另一方面也是适应资源有限的境况对空间有效利用的一种策略，"园林营造中的不断迭代的复杂模型以及非线性的叙事系统，为高效地利用有限的城市土地资源并创造出高品质的'诗意栖居'人居空间提供了一种非常有价值的方略。"[34]

图 2-4 拥翠山庄空间结构图（左）、艺圃空间结构图（右）

（2）结构衔接

章回体小说善于使用"互涵"（interrelated）与"交迭"（overlapping）的手法来将相对独立的叙事单元连接起来。《水浒传》利用一百零八座魔星下凡作为连贯首尾的母题，《红楼梦》以"石头"的故事与真假机缘作为贯穿全书的情节[35]。除了这种贯穿全篇的线索之外，小说中人物出场的安排、场景的描写都可形成各个叙事单元之间衔接的重要环节。如《水浒传》前半部分以重要人物为单元进行叙事，不同单元之间通过人物连带式的介绍进行叙事的衔接，写鲁智深告一段落引出了林冲，写林冲告一段落引出了杨志，写杨志告一段落引出了晁盖、吴用、公孙胜和阮氏兄弟，通过人物之间的相互索引，使得故事切换自然流畅，从而保证了叙事的整体性和统一性。对于"缀段式"的文学叙事，"互涵"与"交迭"是形成叙事整体性和统一性最高效的手段，"相对独立的叙事周期使得作者可以以更大的深度和更高的完整性叙述和刻画重要人物，而穿梭交织于不同叙事周期之间的人物和事件以及叙述者的互见指引则维系着作为叙事整体所必需的整一性和连贯性"[36]。

　　章回体小说的叙事联结策略在古典园林设计中被巧妙运用，形成中国
园林特有的空间转换机制。园林空间中作为线索的叙事要素或由叠石承担，
或由水系延续，或由植物点缀，叙事线索贯穿整个园子，让我们在游园时通
过不断出现的索引物构建出空间叙事的完整感知。此外，园林空间转换最妙
之处是利用借景进行空间的渗透和索引，墙上的一扇花窗、水中的一片倒影、
曲径上的一方凉亭皆可把下一个空间的景致提前带到游者的视野之中；抑或
未见其景先闻其声、未看其木先闻其香，调动多种知觉为游者搭建空间转换
的桥梁，实现空间之间的"互涵"与"交迭"，将园林中各个原本分散的叙
事单元有机连贯成一个整体。典型的案例如狮子林宗祠与园林之间的小方亭，
亭子形状规矩，界面通透，像漏斗一样将四周风景提前引入视野，但如此漏
景只是一道伏笔，待游者在兴致驱使下走完整个园子后，狮子林的完整印象
也自然形成。

图 2-5 个园 "春夏秋冬" 四季假山营造了岁月轮回的时间意向

（3）时空布局

"中国明清文人小说醉心于以季节为框架的时间性结构"[37]，将中国传统哲学中轮回不断的时间观念演绎为四季变化，构成章回体小说的基本时间模式。以《金瓶梅》为例："主体故事的时间跨度在十年之内，而作者对于一年四季的时令变换的处理极具匠心，作者不厌其烦地描写四季节令，超出了介绍故事背景和按年月顺序叙述事件的范围，可以说已达到了把季节描写看成一种特殊的结构原则的地步。"[38] 而对于时间的微观描写则通过时间指示语来模糊界定，诸如"一日""忽一日""那日""近日""一住三年""不知过了几世几劫""话说""当月无事"[39]等，成为小说中常用的时间标记。文学叙事中这种不甚精确的时间指代似乎刻意回避现实意义上的时间逻辑，与描述春、夏、秋、冬四季轮回的时间概念构成了一种循环往复的时间设定。

四季轮回的时间概念在园林叙事中时常作为空间布局的逻辑。最为典型的是扬州的个园，以"春夏秋冬"的概念作为空间叙事的策略，以不同类型的叠石作为叙事语言，石笋营造的春山、湖石营造的夏山、黄石营造的秋山、雪石营造的冬山，不同季节的特征通过空间的象征性得以实现。季节的衔接则更为精妙，"冬"与"春"之间通过漏窗互相借景，从而实现冬去春来的时间循环概念的表达。另外秋山上住秋阁的对联"秋从夏雨声中入，春在寒梅蕊上寻"，则借助诗词进一步阐释了四季循环的时间观。（图2-5）

至于空间概念，章回体小说同样善用回环往复的环状形态，最典型的是《水浒传》和《三国演义》。《水浒传》以环形结构构建了水泊梁山的地理特征，并在后期"北方征辽—西北平田虎—西南平王庆—东南征方腊"的叙事中运用了逆时针环形布局[40]。（图2-6）《三国演义》的叙事顺序同样具有明显的环形布局特征，以"中原京畿—江南东吴—西南蜀汉—中原京畿"的地理顺序作为空间叙事的形式逻辑。

环形的空间布局和叙事策略也常为园林设计所采用。以网师园为例，围绕园子中心的水塘，游园路径沿着"网师小筑—小山丛桂之轩—濯缨水阁—爬山廊—月到风来亭—折桥—射鸭廊—集虚斋—假山—引静桥"呈环形展开，同时由于建筑单体、假山、植物与水体等环境要素之间的错动关系，循环往复的空间呈现出极大的丰富性，并通过游线的微妙起伏和空间的虚实变化形成了无往不复的观景体验。此外，网师园将时间循环渗透到空间循环之中，

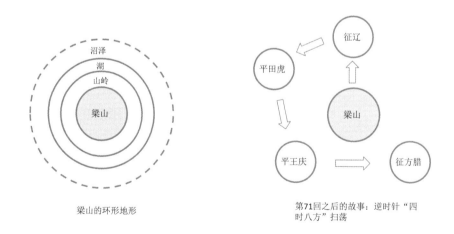

梁山的环形地形　　　　　　　　第71回之后的故事：逆时针"四时八方"扫荡

图2-6《水浒传》的空间布局

"四周之建筑严格按照五行方位设置：东，五行属木，为春，有射鸭廊，植物也都为春天花木，如梅花、紫藤花廊（狮形假山代花廊）、木香花；南，五行属火，为夏，濯缨水阁凌水而筑，犹如降温的天然空调；西，五行属金，为秋，有月到风来亭赏秋月；北，五行属水，为冬，看松读画轩退列松柏之后。"[41]（图 2-7）

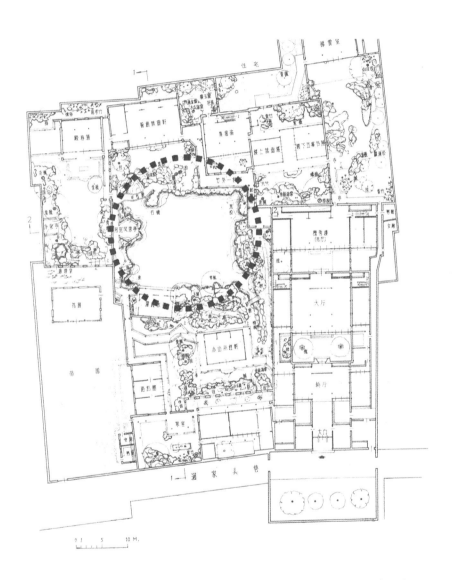

图 2-7 网师园环形空间布局（底图来源：刘敦桢《苏州古典园林》）

2.3.2 纹理的相似性

中国文学叙事除了宏观层面的"结构"（structure）之外，微观层面的"纹理"（texture）也是一个值得探讨的话题。浦安迪在《中国叙事学》一书中对纹理的定义是"文章段落间的细结构"，纹理处理的是细部的肌理，无涉于事关全局的叙事构造，具体包括回目内在的结构设计、象征性的细节运用以及形象选用手法[42]。如果说缀段式的结构构建了明清奇书文体的叙事框架，那么纹理的作用一方面为故事的展开铺垫了背景氛围，另一方面通过不同层级的铺陈增加了叙事的丰富性，同时以"接榫"的技巧保证了叙事转折和衔接的流畅。叙事文学的连贯性便源于"结构"与"纹理"并重的模式[43]。

叙事的主题决定着纹理的选择，纹理构成了故事的背景和底色。《金瓶梅》以"偷情闹事、家庭争吵、弹唱玩笑、失物复得"等事件作为纹理，通过对这些不厌其烦的家常琐事的描述营造了一派市井气息。《水浒传》将"打斗杀人、喝酒吃肉、买刀卖刀、入狱出狱"作为纹理，从中我们能感受到浓烈的江湖味道。而《三国演义》通过对"诡计谋略、宫廷议政、唇枪舌剑、攻城夺寨"等事件的反复描述，成了国家层面波澜壮阔的乱世背景。同时，纹理层面的细节叙事更能衬托故事情节的起伏变化，增加了叙事的层次感。

与文学叙事相类似，运用纹理进行叙事在中国古典园林中极为普遍，纹理是中国园林空间叙事的一大特色。园林中的纹理包括两个层次的内容：一是界面层次的纹理；二是空间层次的纹理。纹理作为一种微观叙事策略，既有结构层面的意义，也有主题表达作用。首先，纹理通过造景元素的重复，将园林中各个独立分离的景区连接起来，形成空间结构的连续性；其次，纹理增加了空间的层级，使得空间关系更加丰富多样，充满变化；最后，纹理铺陈了园林空间的底色和背景，通过重复呈现营造特定的氛围，完成叙事的功能。

园林中界面层次的纹理最为直观、有效，特别是建筑的界面常常作为园林的纹理。事实上，相较于西方建筑对"体"的表达，中国传统建筑强调"面"的呈现。界面纹理的丰富性是中国传统建筑的一大特色，同时建筑界面作为园林的视觉要素之一，形成了园林空间重要的叙事语言。园林中的建筑，不论是室内还是室外，窗、墙面、屋顶的设计都颇费苦心，形成独特的界面纹理。丰富多彩的砖石铺装、复杂多样的门窗雕镂、色彩绚丽的雕梁彩绘、错落有致的屋瓦做法，构成了园林丰富的纹理语言。例如，余荫山房的花罩和满洲窗分别形成了空间立面的一种特殊纹理，不断重复的花罩以特有的装饰语言表达了吉祥幸福的主题，而满洲窗则通过彩色玻璃形成了丰富多彩的视觉媒介，并彰显了园主人的意趣。（图 2-8）

纹理在空间层次的呈现，主要是景观要素的重复铺陈和空间形态在细节上的复杂多样。及至明清，园林中的景观要素已成稳定模式，墙、石、亭、竹、桥、树、泉、山、屋、圃等形成了园林空间的基本内容。明代陈继儒在《小窗幽记》中为我们描绘了一个园林的标准配置：

> 门内有径，径欲曲；径转有屏，屏欲小；屏进有阶，阶欲平；阶畔有花，花欲鲜；花外有墙，墙欲低；墙内有松，松欲古；松底有石，石欲怪；石面有亭，亭欲朴；亭后有竹，竹欲疏；竹尽有室，室欲幽；室旁有路，路欲分；路合有桥，桥欲危；桥边有树，树欲高；树阴有草，草欲青；草上有渠，渠欲细；渠引有泉，泉欲瀑；泉去有山，山欲深；山下有屋，屋欲方；屋角有圃，圃欲宽；圃中有鹤，鹤欲舞；鹤报有客，客不俗；客至有酒，酒欲不却；酒行有醉，醉欲不归。[44]

对于一座园子，某些元素会以类似的形态在空间中反复呈现，例如园林营造常将湖石从假山堆叠延伸到路径、水池、亭台等不同空间，甚至微缩

图 2-8 余荫山房的花罩与满洲窗

到盆景、浮雕、屏风之中，频繁出现的湖石形成一种纹理，将山水的意向从宏观层面落实到微观层面，将叙事的主题渗透到空间的每一个角落。

此外，有限空间内标高的微小变化亦可形成纹理，人在空间游走的过程中感知地形的起伏，在方寸之间形成丰富而微妙的山水意向。例如，拙政园远香堂周边的开阔空间朝向四个方向地形皆不相同，且每一块地形中标高又存在微小变化，形成丰富的纹理。

2.3.3 修辞的相似性

文学中的修辞（rhetoric），狭义上指文字的修饰技巧，广义上包括文章的谋篇布局和遣词造句的全过程。在西方各类语言中，"rhetoric"含有美学上的创造意义，是叙事的核心功能之一[45]。中国文学中常见的修辞手法有比喻、排比、夸张、借代、对偶、衬托、用典、互文、双关等，修辞可以增加语言的表现力，提高叙事的效率和效果。具体到文学叙事和空间叙事的比较，对偶最能反映二者的相似性。

对偶来源于中国古代的"二元论"哲学思想，渗透到文学创作的原理中，形成了源远流长的"对偶美学"。从诗词歌赋到戏曲小说，对偶无处不在，成为中国文学一个极其显著的特色[46]。文学中的对偶有形式上的对偶，也有内容上的对偶，还有寓意上的对偶。形式上的对偶如诗词和骈体文，最为典型的莫过于对联，章回体小说回目的文字多采用对联式的对偶表达。内容上的对偶多是小说和戏剧中场景和故事情节的对比与呼应，如汤显祖《牡丹亭》以第十四出《写真》强烈的抒情性对比第十五出《虏谍》暴乱的蛮族生活，两种深奥的价值观"情"与"理"形成一个大整体内互补的两面[47]。又如《红楼梦》第二十七回"滴翠亭杨妃戏彩蝶，埋香冢飞燕泣残红"，以轻快的游戏对应善感的泣饮，暗应着形容两位女主角的两个文学典故。寓意层面的对偶最为深刻，最能显示作者在篇章文字基础上对深层哲理的辩证概括，《红楼梦》的"真"与"假"、《西游记》的"色"与"空"、《金瓶梅》的"盈"与"亏"分别用对偶的模式揭示了小说最终要表达的人生哲理。

与文学类似，园林营造也将对偶作为空间叙事的重要修辞手段。除对偶以文学的形式（楹联匾额）在园林中直接呈现之外，园林中还常常采用成对的景观要素营造空间，最为典型的就是"山"与"水"这一对互为对偶的叙事语言成为中国古典园林的核心。另外，在空间营造技法方面，旷与奥、大与小、远与近、虚与实、动与静这些造园技法总是成对出现，成为一个空间整体中互补的两个方面，互相依托，缺一不可。对偶作为一种空间叙事的策略，渗透在从细节设计到空间格局的方方面面，甚至叙事主题也暗含对偶的意向。典型案例便是苏州的耦园，从总体布局到素材配置，对偶作为一种叙事策略被发挥到了极致。关于园林中对偶的研究是本课题的一项重要成果，将在"中国传统园林空间叙事理论归纳"这一章中进行专门、详细的阐述。

2.4 小结

文化的整体性为文学与园林两种本属不同文化范畴的研究对象建立了可兹比较的理论框架。我们将明清时期的奇书文体与同时期的古典园林进行对照，借用文学叙事学理论解读园林，一窥文学叙事与园林叙事在结构、纹理和修辞诸多方面的相似性，使得文学与园林在类型学意义上的隔阂被消解了，深藏在两种不同类型文化现象之后的底层逻辑逐渐清晰，园林背后的文化密码找到了解读的可能性。

但是，文学与园林毕竟属于两个截然不同的门类。就叙事而言，前者是抽象的，后者是具象的。前者凭借文字的想象，后者依赖空间的感知。从叙事主题到叙事技巧，二者之间存在着诸多的差异。只有深入研究这种差异性，我们才能将叙事从概念变成具体的策略，将本书研究推向深入。因此，相较二者在逻辑上的相似性而言，差异性显然是更值得探讨的话题，由此方可探究中国园林空间叙事的特点。

‖ 注释

1　龙迪勇 . 空间叙事学 [M]. 北京：生活·读书·新知三联书店，2015：524.

2　朱建宁 . 西方园林史——19 世纪之前 [M].2 版 . 北京：中国林业出版社，2008：203-204.

3　朱建宁 . 西方园林史——19 世纪之前 [M].2 版 . 北京：中国林业出版社，2008：162.

4　邬峻 . 第三自然——景观化城市设计理论与方法 [M].
　　南京：东南大学出版社，2015：24.

5　（清）张潮 . 幽梦影 [M]. 王峰，评注 . 北京：中华书局，2008：53.

6　陈从周 . 陈从周讲园林 [M]. 长沙：湖南大学出版社，2010：14.

7　陈从周 . 陈从周讲园林 [M]. 长沙：湖南大学出版社，2010：14.

8　张恒，李俐，朱贺 . 明清文学园林植物构景的"阴阳"结构探微 [J].
　　华侨大学学报（哲学社会科学版）.2015（4）：114.

9　曹林娣 . 景因文而构，园赖文以传——苏州园林与中国古典文学 [J].
　　苏州大学学报（哲学社会科学版）.1992（3）：66.

10　（宋）郭思 . 林泉高致 [M]. 杨无锐，编著 . 天津：天津人民出版社，2018：9.

11　周维权 . 周维权谈园林、风景、建筑 . 风景园林 [J].2006（1）：8.

12　（英）汤姆·特纳 . 世界园林史 [M]. 林箐，南楠，译 . 北京：中国林业出版社，2011：6.

13　天华 . 绘画与园林——从《林泉高致集》看古代画论对园林艺术的影响 //
　　上海市美学研究会编 . 美学文集 [M]. 上海市美学研究会，1986：175.

14　（宋）郭思 . 林泉高致 [M]. 杨无锐，编著 . 天津：天津人民出版社，2018：54.

15　宗白华 . 美学散步 [M]. 上海：上海人民出版社，2015：62.

16　顾凯 . 拟入画中行——晚明江南造园对山水游观体验的空间经营与画意追求 [J].
　　新建筑 .2016（6）：47.

17　（明）计成 . 园冶 [M]. 北京：城市建设出版社，1957：252.

18　（美）浦安迪 . 中国叙事学 [M]. 北京：北京大学出版社，1996：5.
　　详参：Roland Barthe. Introduction to the Structural Analysis of Narrative[J].Image-Music-Text，Fontana，1979：79.

19　（美）浦安迪 . 中国叙事学 [M]. 北京：北京大学出版社，1996：42.

20 （美）浦安迪 . 中国叙事学 [M]. 北京：北京大学出版社，1996：6.

21 （美）浦安迪 . 中国叙事学 [M]. 北京：北京大学出版社，1996：41-46.

22 （美）浦安迪 . 中国叙事学 [M]. 北京：北京大学出版社，1996：47.

23 张世君 .《红楼梦》的空间叙事 [M]. 北京：中国社会科学出版社，1999：11.

24 （美）浦安迪 . 中国叙事学 [M]. 北京：北京大学出版社，1996：95.

25 童寯 . 园论 [M]. 天津：百花文艺出版社，2006：4.

26 张恒，李俐 . 明清小说叙事与江南园林空间经营互文性研究 [J].
华侨大学学报（哲学社会科版），2018（2）：144.

27 （美）浦安迪 . 中国叙事学 [M]. 北京：北京大学出版社，1996：55.

28 （美）浦安迪 . 中国叙事学 [M]. 北京：北京大学出版社，1996：62.

29 （美）浦安迪 . 中国叙事学 [M]. 北京：北京大学出版社，1996：68.

30 （美）浦安迪 . 中国叙事学 [M]. 北京：北京大学出版社，1996：72.

31 （美）浦安迪 . 中国叙事学 [M]. 北京：北京大学出版社，1996：72.

32 龙迪勇 . 空间叙事学 [M]. 北京：生活·读书·新知三联书店，2015：534.

33 赵厚均，杨鉴生 . 中国历代园林图文精选·第三辑 [M].
上海：同济大学出版社，2005：162.

34 陆邵明 . 分形叙事视野下江南传统园林的空间复杂性解析——以醉白池为例 [J].
城市发展研究 .2013（6）：24.

35 （美）浦安迪 . 中国叙事学 [M]. 北京：北京大学出版社，1996：61.

36 罗怀宇 . 中西叙事诗学比较研究——以西方经典叙事学和中国明清叙事思想为对象 [M].
广州：世界图书出版广东有限公司，2016：45.

37 （美）浦安迪 . 中国叙事学 [M]. 北京：北京大学出版社，1996：85.

38 （美）浦安迪 . 中国叙事学 [M]. 北京：北京大学出版社，1996：81.

39 罗怀宇 . 中西叙事诗学比较研究——以西方经典叙事学和中国明清叙事思想为对象 [M].
广州：世界图书出版广东有限公司，2016：46.

40 （美）浦安迪 . 中国叙事学 [M]. 北京：北京大学出版社，1996：86.

41　曹林娣. 从网师园"射鸭廊""槃涧"说"境界". 苏州日报 [N]//2014-8-28.

42　（美）浦安迪. 中国叙事学 [M]. 北京：北京大学出版社，1996：88.

43　（美）浦安迪. 中国叙事学 [M]. 北京：北京大学出版社，1996：97.

44　（明）陈继儒. 小窗幽记 [M]. 上海：上海古籍出版社，2000：90.

45　（美）浦安迪. 中国叙事学 [M]. 北京：北京大学出版社，1996：98.

46　（美）浦安迪. 中国叙事学 [M]. 北京：北京大学出版社，1996：48.

47　（美）浦安迪. 中国叙事学 [M]. 北京：北京大学出版社，1996：52.

*　本章图片贾珊、郭宗平、钟巍、黄子舰、张晓婉、刘贺玮参与拍摄绘制。

第三章
中国传统园林空间叙事理论的构建

3.1 中国传统园林空间叙事与文学叙事的差异性

人们对园林空间的感知主要来自人在空间内的动态体验和视觉印象，这种体验因加入了时间因素而展现出一种具有文本阅读倾向的叙事性。园林中的叙事者——造园家通过园林中各种物质元素的组织，将特定的视觉线索纳入可以从空间角度把握的结构之中，引导人来理解其中的意蕴，期望通过物质空间表达出高于物质的精神内涵。而文学叙事受限于文字载体的抽象性，作者往往采取通过文字生成意象的方式来进行刻画描写。

3.1.1 空间叙事与文学叙事的差异

（1）叙事材料的差异

叙事的媒介不同，媒介的属性不同，会产生不同的技巧和策略。莱辛在他的著作《拉奥孔》中就曾展开类似的讨论。古希腊雕塑"拉奥孔雕像群"的人物塑造与维吉尔史诗《伊尼特》中拉奥孔父子被毒蛇咬死的情节描写有很大区别。基于此，莱辛认为在表现拉奥孔这一悲剧性主题时，作为造型艺术的雕塑（后文将其扩大至绘画）与作为语言艺术的诗对其所描绘的效果有着很大的差异。其中造型艺术是表现静态的空间艺术实体，它只能通过一个静止状态暗示另一个状态，以静表现动。它需要选择一个"最富于孕育性的那一顷刻"，使得前前后后都可以从这一顷刻中得到最清楚的理解，来获得更大的表现空间。诗则不需要像造型艺术这样的选择，它不需要孕育，只需要选择运用哪个观点能够引起人们对该物体最生动的感性想象。诗所留下的空间是无法转化为视觉形象的，一旦转化，就限制了诗的开放想象。诗文激发人们的潜意识，转换为一种幻想，使人们的情绪获得慰藉或排解。诗人把人们心中唤起的意象写得就像活的一样，使得我们在这些意象迅速涌现之时，相信自己仿佛亲眼看见了这些意象所代表的事物。而在产生这种逼真幻象呈现的一瞬间，人们就不再能意识到产生这种效果的符号或文字了。对艺术家来说，通过想象力把这段缠绕的情节用石头表达出来，比用文字表达要难得多，正如莱辛所说："诗中之画不同于画中之画，前者是'意象'，后者是'物质的图画'。"[1]

园林本身是物质性的存在，"园林是可以身临其境的空间的画幅。园林的空间性构成了它的实用性。所谓园林艺术，就是一种实用艺术。可供起居游览活动的实用性是园林存在的基础。……园林则以其空间实体提供了可行、可游、可居的现实条件"[2]。园林空间与造型艺术类似，造园者作为园林空间的叙述者，通过叠山理水、铺路飞桥等物质材料作为媒介来塑造场景。文学的基本特征是以语言为媒介，"语言是文学的材料，就像石头和铜是雕刻的材料、颜色是绘画的材料或声音是音乐的材料一样"。[3]以语言为材料和媒介来进行表达是文学的基本特征，作家表达思想感情、叙述记事或塑造形象等都需要借助、依赖于语言。文学以语言这样一种符号体系为媒介，因此它所描述的物象本身就具有了一种抽象性和模糊性。"文学形态通过语言所塑造的形象无法在明晰性和确定性上与其他艺术形态相比，但是语言的这种缺陷对于文学形态来说不是制约，而是恰恰体现出文学所特有的自由性，因为它使得文学可以摆脱感官形象的直接束缚，而生发出更为自由、更为广阔、更为深邃的表现力。"[4]文学所塑造的形象不是直接生成的，语言符号在文学叙事中充当了一个中介的作用。读者接受的只是一个间接的形象，有着充分的遐想空间，正如每个人心中对于哈姆雷特的想象都不一样。而园林叙事是以山水为基本语言的，造园转换了景物原本的语境与自然状态，它所叙的是场景，表达的是意境。人在场景中获得情景交融的审美体验，进而在这个过程中领会空间中的"意"。因此园林中的空间叙事既带有物质性，也有抽象性。

（2）叙事特征的差异

"文字是思想的直接现实"，与其他艺术形式相比较，文学更适合传达人的情感和思想。文学能够通过语言描述使那些难以言状、不可言说的感受和情绪得以直接的表现，并且保持着感性的生动和细腻。文学描述可以大量铺陈细节，文学中的形象描述可以通过多层次、多方位、变化的、动态的展开而成像。园林空间要实现这样的功能总体上来看要难得多。园林是园主人心性的表达，园林中的形象是在空间中直观展开的，它以特定的山水象征符号来构成场景，通过不同时间点中的不同空间序列，带给人具有叙事性的空间体验，强调的是空间中人的行为、认知心理与场景的契合。因此园林要通过物质空间的营造把只可意会而不可言传、带有很强抽象性的"意"传达给观者，是具有一定难度的。

（3）叙事解读的差异

在文学中，作者经历了不同时间维度与不同空间角度的体验之后，再将自己的主观体验转换成文字这种抽象符号组成的叙事文本。在文学作品的解读过程中，读者只能通过阅读作为抽象符号的文字，在意识中对故事框架进行二次建构，才能最终领会其中的叙事内涵，这种意象通过叙事语言媒介得以在读者的意识中再现。而对于园林叙事文本的解读，除视觉外，还可以调动各种感官进行叙事信息的直观收集，如触觉感知材料肌理、听觉感知风吟水流等。西湖十景里的"南屏晚钟""柳浪闻莺"，都是跟人们听觉上的体验有关的。另外，园林中水景的营造不光能给人视觉上的印象，也带给人听觉上的感受。如寄畅园的八音涧，泉水从墙根入涧后，化为上下三叠，于是无声的泉水就开始变为有声的涧流，创造出"非必丝与竹，山水有清音"的境界。再如个园中对四季景象的构建，通过对石笋、翠竹、秋叶、雪石等四时物象的运用来造景，充分调动人的视觉、听觉、触觉等各种感官，营造四季意境。

3.1.2 园林中空间叙事与文学叙事的交融

园林中空间叙事与文学叙事的相互交融与激发并不是空间与文学的简单叠加。物质空间与文学文本之所以能够合于一体，是因为它们塑造的形象具有共通之处；而二者之所以能够分体而在，则是因为它们各自的叙事特性不同。一方面，由于空间叙事与文学叙事各有特性所在，园林中的对联、匾额等文学文本与园林空间相互交融和激发，更加丰富了园林的审美性；另一方面，园林反映了园主人的心性和志趣，有时候欣赏者与园主人之间的文化背景与心境不同，在欣赏园林时便会难以参透造园者的意图，而文字的表达能够促成人与叙事场景之间"意"的对话，引导观赏者对园林的理解。与其他艺术媒介相比，语言是人们最熟识也是最带普遍性的媒介材料，文字能够传情达意，直接沟通欣赏者与造园者对于园林意境的理解和表达。

文学在园林景点的匾额、楹联上展现，是造园者诗文性情的点睛之笔，是文人性情的抒发；匾额、楹联不仅是园林中的装饰物，还具有一定的点睛或提示作用，诱导人们往一定方向去进行审美、判断。如苏州园林"沧浪亭"的命名，一方面能由文字引发人的感性想象，使得园林带有了一种较大的格局气象；另一方面，园主人苏舜钦"自号'沧浪翁'……取《楚辞·渔父》：'沧浪之水清兮，可以濯吾缨；沧浪之水浊兮，可以濯吾足'之意，表达他'迹与豺狼远，心随鱼鸟闲'的心境"[5]，因而"沧浪亭"之名点出了园林的造园立意，继而暗示了观赏者对园林的理解。曹雪芹在《红楼梦》中借贾政之口说"偌大景致，若干亭榭，无字标题，也觉寥落无趣，任有花柳山水，也断不能生色"，并称园林的匾额对联为"怡情悦性的文章"，说明好的命名和题词是园林表达感情的手段。反之，如《红楼梦》第十七回中，大观园工程告竣，贾政与众清客据景致所题对联、匾额则多显不雅：

　　说着，进入石洞。只见佳木茏葱，奇花烂熳，一带清流，从花木深处泻于石隙之下。再进数步，渐向北边，平坦宽豁，两边飞楼插空，雕甍绣槛，皆隐于山坳树杪之间。俯而视之，则清溪泻玉，石磴穿云，白石为栏，环抱池沼，石桥三港，兽面衔吐。桥上有亭。贾政与诸人到亭内坐了，因问："诸公以何题此？"诸人都道："当日欧阳公《醉翁亭记》有云：'有亭翼然'，就名'翼然'罢。"贾政笑道："'翼然'虽佳，但此亭压水而成，还须偏于水题方称。依我拙裁，欧阳公句'泻出于两峰之间'，竟用他这一个'泻'字。"有一客道："是极，是极。竟是'泻玉'二字妙。"贾政拈须寻思，因叫宝玉也拟一个来。宝玉回道："老爷方才所说已是。但如今追究了去，似乎当日欧阳公题酿泉用一'泻'字则妥，今日此泉也用'泻'字，似乎不妥。况此处既为省亲别墅，亦当依应制之体，用此等字，亦似粗陋不雅。求再拟蕴藉含蓄者。"贾政笑道: "诸公听此论何如？方才众人编新，你说不如述古；如今我们述古，你又说粗陋不妥。你且说你的。"[6]

园林中好的对联有时甚至是对景点手法的解释，如个园中住秋阁阁门的楹联"秋从夏雨声中入，春在寒梅蕊上寻"，写出了季节流动的感受；如苏州留园五峰仙馆北厅，挂有清代名臣、苏州籍状元陆润庠撰写的楹联："读书取正，读易取变，读骚取幽，读庄取达，读汉文取坚，最有味卷中岁月；与菊同野，与梅同疏，与莲同洁，与兰同芳，与海棠同韵，定自称花里神仙。"直观写出了造园的立意。文学在"虚"的方面的擅长，带动了我们对"实"的物境的欣赏，二者相辅相成。游览者赏景时通过解读匾额、楹联的艺术文化，感悟物外之境、景中之情，增强了园林"景为情设""情因景显"的空间意境。

3.1.3 造境: 中国古典园林空间叙事的特征

童寯曾撰文说"造园意图，在东方是通过林亭丘壑，模拟自然而几临幻境"[7]。园林是思想情趣与景象的统一，这种统一所产生的效果，是园林艺术的最高境界，也是中国古典园林空间叙事最为突出的特征。"意境"是近代以来中国古典美学研究中的一个重要议题和核心范畴，"意境范畴的专题研究，肇始于王国维在《人间词话》中对'境界'概念的标举……在王国维之后，以朱光潜的《诗论》和宗白华的《中国艺术意境之诞生》为代表，'意境'（境界）被标举为中国诗歌乃至整个中国艺术的核心范畴——艺术本体，'意境'研究则成为中国古典美学研究的主线"[8]。在园林研究中，先后有刘敦桢、陈从周、杨鸿勋等专家学者加入了有关园林意境的探讨。杨鸿勋在《江南园林论——中国古典造园艺术研究》中曾提道："所谓园林意境，它是比直观的园林景象更为深刻、更为高级的审美范畴。因此它是园林作品的最高品评标准。可以身临其境、耳闻目睹、娱乐其中的景象，是园林意境的基础。换言之，园林意境是依赖景象而存在的。当具体的、有限的、直接的园林景象融汇了实用的内容，融汇了诗情画意与理想、哲理的精神内容，它便升华为本质的、无限的、统一的、完美的审美对象，而给人以更为深广的美感享受。"[9]

（1）意境与山水

中国的美学思想离不开山水的概念，我们的审美围绕山水自然而进行。宗白华说："艺术家以心灵映射万象，代山川而立言，他所表现的是主观的生命情调与客观的自然景象的交融互渗，成就一个鸢飞鱼跃、活泼玲珑、渊然而深的灵境；这灵境就是构成艺术之所以为艺术的'意境'……艺术意境的创构，是使客观景物转化为主观情思的途径。人们心中情思起伏、波澜变化，不是一个固定的物象轮廓能够如实展现的，只有大自然的全幅生动的山川草木、云烟明晦，才足以表现我们胸襟里蓬勃无尽的灵感气韵。"[10]对此，肖鹰总结道："而宗白华所谓'景'（意象）指的是映射了艺术家本心灵的自然景象……意境创构的'情景交融'，并非普遍的'情趣与意象的契合'……意境的创构必须有两个前提：一方面，艺术家要在大自然的万千气象中陶冶胸襟、培植天机；另一方面，艺术家要化景物为情思，化山川草木为心灵的象征（意象）。"[11]中国传统园林汲取了中国传统文化的营养，在漫长的时间里形成了丰富的内涵。中国古典园林的叙事是在山水的历史经验、自然经验之上展开的，意境创构亦是特定的中国人的心灵与"大自然的全幅生动的山川草木"融化的体现。园林山水的营造不是真山真水的照搬，而是山水的体验模式（如"山有三远"）的抽取，造园是基于山水逻辑的整合来进行的。

"艺术境界的显现，绝不是纯客观地机械地描摹自然，而是以'心匠自得为高'（米芾）。尤其是山川景物、烟云变灭，不可临摹，须凭胸臆的创构，才能把握全景。"[12]中国的艺术创作中讲"意在笔先"，宋代郭若虚在《图画见闻志》中提道："凡画，气韵本乎游心，神彩生于用笔……意存笔先，笔周意内，画尽意在，像应神全。夫内自足，然后神闲意定。神闲意定，则思不竭而笔不困也。"[13]造园亦是如此，因心灵对山川景物、场地的感悟而生意，以意造园。计成《园冶·借景》云："物情所逗，目寄心期，似意在笔先。"

"意境的创构根源于中国人特有的宇宙观。宗白华说：'中国人的最根本的宇宙观是《周易传》上所说的一阴一阳之谓道。我们画面的空间感也凭借一虚一实、一明一暗的流动节奏表达出来。'宗白华认为，正是基于这种宇宙观，中国人的空间意识不仅是虚实相生、动静一体，而且是时空合一的。"[14] 唐代文学家柳宗元在《永州龙兴寺东丘记》中写道："游之适，大率有二：旷如也，奥如也，如斯而已。其地之凌阻峭，出幽郁，廖廓悠长，则于旷宜；抵丘垤，伏灌莽，迫遽回合，则于奥宜。"[15] 柳宗元把适意的风景区特征概括为二点，即"旷如"和"奥如"。他对景域特征的这种概括对后世影响很大。园林景色的营造也常常"旷""奥"交替，相得益彰。

（2）意与境浑

王国维、宗白华对于中国古典美学之意境的解说，基本都是立足于文学而展开的，园林中要把这种可意会不可言传、带有很强抽象性的意境用物质载体呈现出来是有难度的。园林是造园者托物言志的重要手段和工具，这种表意功能发展出了一套特殊的逻辑，形成了自己的空间语言和技巧逻辑。园林意境是通过眼前的具体景象来暗示更为深广的幽美境界，是所谓"景有尽而意无穷"。园林通过"造境"引发想象，使得空间在想象中得以延展，给人以审美的享受。所以好的园林设计既是"实境"，又是"虚境"，园林空间叙事的关键就是要把"虚境"的"虚"的层面也呈现出来。如拙政园中的与谁同坐轩，是以景观的方式来表现人的品格，表现出一种遗世独立的感觉。"'心凝形释，与万化冥合'，是出于道家哲学的天人观念，它倡导的是物我两忘而复归于天人一体的浑然境界。正是经由这种天人观念的孕育，中国诗学追求'意与境会——境与意会'的诗歌境界。意境的本质如王国维在《人间词乙稿序》中所揭示的'意境两忘，物我一体'，即'意与境浑'。"需要注意的是，"不能说'意'与'境'遇，就叫'意境'。'境'是好多'意象'在脑子里逐渐转化，才慢慢成立的"[16]。所以中国园林的审美带有时间性，它不是一个独立的、固定的画面。所以意境在某种程度上是在一个时间过程中连续完成的，正如杨鸿勋说的，园林是"时间的延续，空间的扩展"[17]。

对于欣赏而言，游园的感受是从直观的赏心悦目的景象开始，通过联想而深化展开的。对于创作来说，这种生动感人的园林意境乃是由于造园家倾注了主观的理想、感情和趣味的结果。因此园林艺术作品是造园家基于对客观自然界的认识、经主观创造的结果，是思维劳动的产物。造园家对自然、对生活观察愈深刻，知识愈渊博，逻辑思维愈正确，艺术修养愈高尚，形象思维愈活跃，创作经验愈丰富，其创作的景象就愈富有概括性，整个园林作品的意境就愈深远。从创作来说，园林意境是客观的反映，但又是造园家主观思想、感情的抒发。园林意境是客观的存在，但又是游园者主观浮想联翩的审美享受。对客观的诗情画意的园林意境的欣赏过程，是游园者主观思想、感情活动的过程。对园林意境的感受是以游园者对自然、对生活的体验以及文化素养、审美能力和对园林艺术"语汇"的了解为基础的。游园的儿童与成人对意境的感受是不同的；一个生活经验多、文化知识广、艺术素养高的人与这些方面都较差的人，对意境的感受也是有差异的。因此，对于游园者来说，要充分领略深刻的园林意境，也需要一个提高文化、艺术修养的过程。

3.2 空间符号系统生成的路径

3.2.1 空间叙事理论溯源

（1）叙事学的缘起

叙事学的缘起始于后现代主义时期，由于结构主义思潮的影响，叙事学在法国作为一门学科正式诞生。结构主义的出现改变了叙事学以往对事物粗糙的描述，它的理论模式是建立在对内部机制细致准确的解析上的。之后出于政治原因，叙事学的研究曾一度低落，人们开始对叙事学的概念进行重新审视和反思，对其研究领域进行拓宽；直到 20 世纪 90 年代中期，叙事学研究的热潮才在美国重新兴起，叙事学成为一门独立的学科，逐渐发展成为超越结构主义叙事学的"新叙事学"。"新叙事学"的出现使国内外相关学者研究中的"历史叙事""哲学叙事""教育叙事""网络叙事"等主题一度成为一切人文社科关心和讨论的话题。

从 20 世纪 80 年代开始，叙事学跨学科、跨媒体的趋势日益明显，国外一些学者从多角度探讨叙事学的空间转向，并且在多个设计领域尝试对叙事空间的研究，他们从社会学、地理学、城市学等角度进行了叙事学的探讨。最早将叙事运用到设计中的是伯纳德·屈米和尼格尔·库特斯（Nigel Coates），拉·维莱特公园就是公认的叙事建筑；尼格尔·库特斯于1983年成立了一个名为"今日叙事建筑"（NATO）的设计社团，至今一直在贯彻他的叙事理论。

（2）空间叙事的兴起

在20世纪20年代至50年代现代主义发展的时期，"少就是多""少就是美"成为空间设计的主要原则，全世界大部分城市建筑都采用方形框架结构、玻璃幕墙的形式，这种形式构造简洁、大部分设计只有技术和功能上的语义，导致各个国家及城市的地域特色风貌逐渐消失。对于这种全球一体化的"雷同"现象，后现代主义设计师们认为其直接导致了空间环境的冷漠与乏味，呼吁设计必须承载多元化的文化和历史文脉的符号。

在空间设计领域，叙事性研究在很大程度上是伴随着后现代主义理论兴起的。后现代主义认为空间艺术的表现形式不应该是一元的或全球一体化的，而应该是多种文化融合的结晶，通过多元化的符号载体来讲述其中的故事。叙事是具体时空中的现象，任何叙事作品都必然涉及某一段具体的时间和一个（或几个）具体的空间[18]。空间本身自带有一定的信息元素，赋予了其表达的意义，基于这种层面，空间具有了叙事的可能性。空间叙事是近年来提出的一个新的概念，它以空间中的客观实体作为叙事媒介，通过能指与所指的表达来传递一种空间场所精神，其主要目的是保证营造空间中的内涵设定和表现形式的确立。

空间叙事理论的研究主要是从理论层面与实践层面开始的，在理论层面对空间叙事理论的研究作出重要贡献的是三位法国思想家：亨利·列斐伏尔（Henri Lefebvre，1901—1991）、米歇尔·德赛都（Michel de Certeau，1925—1986）和米歇尔·福柯（Michel Foucault，1926—1984）。亨利·列斐伏尔是法国马克思主义哲学家，他开创的"空间生产"思想理论具有划时代意义。1974年，他在《空间的产生》一书中提出了"社会空间"的概念，较为系统地阐释了"空间实践""空间表征"和"表征性空间"三位一体的概念组合，这本书长期以来被奉为空间分析的经典之作。亨利·列斐伏尔把空间作为观察世界的切入点，他将空间分析与符号学、身体理论以及日常生活结合在一起，从空间视角重新审视社会。他说："我选择了空间范畴，我的研究方法前后连贯，我全身心投入这个范畴之中，为的是揭示其全部内涵。"[19]米歇尔·德赛都的艺术理论立足于日常生活，他在《日常生活的实践》一书中强调物质空间与隐喻空间的结合，重视空间、时间的为己所用以及信仰的重建。米歇尔·福柯参考了亨利·列斐伏尔"空间生产"的分析方法和批判思路，注重考察空间、文化、政治权力的辩证关系，注重从人类文化史的视角审视空间的生产过程及其矛盾。他提出了"异质空间"范畴，并阐释了异质空间所展现出的六个特征，指出空间生产的不断推进开创了空间新纪元，让人类处于空间交错并置的年代[20]。

在实践层面，屈米认为叙事可以了解受众以设计作品为介质与现实世界的互动关系，考察人们如何感知叙事、叙事如何记录并纳入人的经验结构、叙述如何塑造人的经验现实等。屈米反对把建筑主体当作实体空间，认为空间只是一种"诱发事件"，它包含空间本身、空间内的事件和空间中产生的活动，空间通过叙事使空间设计变得生动[21]。

3.2.2　自我定义的符号系统

（1）符号与空间叙事

符号是认识和表达事物的一种简化、快捷的手段，它能够以具体的形象来指称、代表或标志某一种概念、思想或现象。在索绪尔的观点里，他把语言符号代码分为"能指"和"所指"两个组成部分，能指是符号的物质层面，可以理解为符号本身，所指则是符号的意义和概念层面，可以理解为符号所要表达的对象。列斐伏尔在论述空间的"符号性"问题中认为：各种表达空间的方式都包含着一切符号和含义、代码和知识，它们使得这些物质实践能被谈论和理解[22]。而且，"表达各种空间是内心的创造（代码、符号、'空间话语'、乌托邦计划、想象的景色，甚至物质构造，如象征性空间、特别建造的环境、绘画、博物馆及类似的东西），它们为空间实践想象出了各种新的意义或者可能性"。叙事性空间作为物质要素是实实在在存在的符号对象，同时又是具有表达功能的精神载体。对空间中的符号研究内容主要包括对空间环境符号本身，与空间环境相关的文化符号，以及二者其之间的发展规律、意义、作用等的探索，从而从中提炼出与符号应用和表达相关的综合实践方法，这种方法能够从专业化的角度进一步挖掘符号背后的价值内涵。

（2）空间中符号的生成

法国符号学家皮埃尔·吉罗（Pierre Giraud）认为"符号的功能是靠信息来传播观念"[25]。符号信息的传播是人们理解世界的最基本的途径和方法，通过符号载体的传播，人们可以接收到各种不同的信息。空间的不同符号的基本形式、内涵认知和理解的理论依据主要来源于符号学，其理论被广泛地应用到建筑、空间环境的外在表现和内在表达上。在符号学的理论研究中，符号形式本身并没有直接产生表现的价值，而是从表意的形式和表达代码之间的辩证关系中产生一种表现力。只有在具体的语境和背景中，符号的确切意义才能体现。

美国实用主义哲学家查尔斯·桑德斯·皮尔斯（Charles Sanders Peirre）认为符号通过指称某种观念来代表某个对象。他认为符号相当于"代表项"，代表一种与其对象有着某种直接联系或内在关系的符号，它的符号对象是一个确定的与时空相关联的实物或事件，它是一种具有指示性的符号（index），是最初级的符号；符号指称的某个"对象"，主要指符号的载体所具有的物质属性，它与所指对象之间存在着相似、类比的关系，可以看作一种图像符号（icon），是符号的中级表现层次；"对象"不是简单与该指称相对应，而是通过一个叫作"解释项"的中介成分与其发生联系，"解释项"是整个符号体系表现的最高层次，它是一种象征符号（symbol），其表征方式是建立在社会约定的基础上的。龙迪勇在《事件：叙述与阐释》一文中，将事件分为"原生事

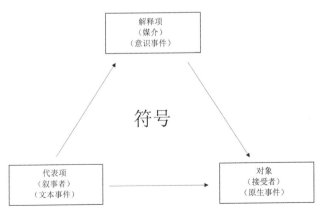

图 3-1 符号中的"三角"关系

图 3-2 斯图加特新国立美术馆鸟瞰图（图片来源：Google 地图）

图 3-3 拉·维莱特公园内 folie 布置场景（图片来源：[美]伯纳德·屈米：《建筑概念：红不只是一种颜色》，电子工业出版社，2014，第 138 页）

件""意识事件"与"文本事件"。所谓"原生事件"就是在生活中原本发生的事件；所谓"意识事件"，就是进入人的意识、为我们所把握的事件；所谓"文本事件"，则是被写成了文本，语境被我们用文字固定下来的事件。"原生事件"被"意识事件"影响就形成了"文本事件"。这三种事件与叙事中的叙事者、媒介、接受者相对应，形成了一种"三角"关系，与皮尔斯的"代表项""解释项""对象"相类似，共同组成一个完整的符号体系。（图 3-1）

在叙事的空间表达过程中，空间中的符号要素被赋予了一定的语义与特定功能，整个空间的概念通过个体符号来呈现与转换，从而形成一个空间叙事系统。后现代主义多元化机制为空间叙事理论提供了丰富的研究素材，后现代主义建筑的基本特征就是以非传统的手法引用历史传统的元素，将其同各种现代的片断或部件进行拼接。在后现代主义建筑设计中，建筑师们试图利用历史文脉语义的符号转化成承载隐喻性意义的装饰构建，使建筑具有表达意义和再现能力。1984 年建成的斯图加特新国立美术馆就是后现代主义建筑大师詹姆斯·斯特林（James Stirling）具有代表性的作品，美术馆的设计将各种历史与现代元素融为一体，在中厅的天井与中庭的柱子的设计上可以看到古罗马斗兽场、埃及神庙等古代元素的运用，在玻璃墙、管道和顶棚的设计上则运用了现代高技派和大众商业化的手法，古典与现代形式的结合令人耳目一新。美术馆新馆建筑的主体材料主要是传统的砂石与彩色的现

图 3-4 拉·维莱特公园 folie 近景（图片来源：［美］伯纳德·屈米：《建筑概念：红不只是一种颜色》，电子工业出版社，2014，第 158-159 页）

图 3-5 拉·维莱特公园鸟瞰图（图片来源：［美］伯纳德·屈米：《建筑概念：红不只是一种颜色》，电子工业出版社，2014，第 122-123 页

代工业化钢材，绿色条栏玻璃窗、粉色和蓝色并行的水管状扶手与黄色主体形成鲜明对比，整体形象呈现出一种狂野的朋克风格。（图 3-2）

美术馆新馆是对 U 形平面布局的老美术馆的改建和扩建，建筑所处的城市地形有着巨大的高差，设计师用一条贯穿新老美术馆的斜坡将城市中的行人及参观者自然地引入到美术馆内部，增强内外空间的衔接，利用历史文脉对自身的建筑符号语义进行自定义与再创造，使人们产生共鸣，来增强对场地的认同感。

拉·维莱特公园是瑞士建筑师伯纳德·屈米的一项具有代表性的方案，他的设计把传统文化符号形式中的局部或整体与现代设计理念、现代审美、现代技术、现代材料相互融合起来。他在拉·维莱特公园里将 26 个红色小建筑物（folie）呈方网格状分布在空间中，以平面几何形体的组合关系作为设计的基础，完全脱离客观具体形象；在空间组织上借用电影中常用的蒙太奇手法来设置最基本的形态元素——点、线、面，通过这三个分离的元素符号来反映空间的能指与所指，把复杂的环境要素"编辑"成具有一定空间秩序的"片段"，进而唤起行人们的主观感受。通过这些几何形态，屈米让空间里的场景扮演媒介的角色，人的活动轨迹成为叙事主体，形成了空间的叙事结构。每个装饰性小建筑构成一个独立的符号，表明其独立的程序联系和可能性，同时通过一个相同的结构中心，暗示整体系统的一致性。屈米把这些红色装饰性的小建筑当成一种表意的载体和联系人们内心世界的媒介，人们通过对空间中能指对象的感知体验来实现对空间环境的叙事。拉·维莱特公园作为多元文化活动的载体，通过建筑结构把所有符号故事组成了一组特定的富有表现力的空间形式。（图 3-3~ 图 3-5）

西方的空间叙事理论主要强调以人工介入为主导元素和自我定义的不确定性，以及从不确定性中来寻找某种确定性，从而使其叙事符号的文脉产生隔断，在解读上不利于阐明意义。相比于西方现代空间叙事实践，中国传统园林空间叙事符号系统主要强调自然山水关系，用符号学的思维对中国传统园林空间进行分析，增加了人们对其含义的认识，在设计者与体验者之间架起了一道沟通的桥梁。

3.3 中国传统园林空间叙事的系统生成

在展开本节的讨论之前，我们首先要对本文语境下的"自然"一词作一界定。古今汉语语境存在巨大差异，在古人看来，"所谓自然，皆系自己如尔之意，非一专名"[24]，指"无为"之天然、自然而然的状态，并逐渐由"自然即合理"转为"合理即自然"，促成人的主体的觉醒。本文语境中的"自然"则取现代汉语"自然界"之意，与古语中"天地""山水""林泉"等语义趋同，在谈自然之时，我们实际上是在谈人与自然的关系。

"古代中国人在整个自然界寻求秩序与和谐，并将此视为一切人类关系的理想……对中国人来说，自然界并不是某种应该永远被意志和暴力所征服的具有敌意和邪恶的东西，而更像是一切生命体中最伟大的物体，应该了解它的统治原理，从而使生物能与它和谐相处。如果你愿意的话，可把它称为有机的自然主义。不论人们如何描述它，这是很长时期以来中国文化的基本态度。人是主要的，但他并不是为之创造的宇宙的中心。不过他在宇宙中有一定的作用，有一项任务要去完成，即协助大自然，与自然界自发的和相关的过程协同地而不是无视于它地起作用。"[25]自然观本质上反映出作为主体的人和客体的自然之间的关系，李约瑟此言便是对中国人自然观之极为精辟的总结。与西方不同，中国人的自然观不是基于认识和征服自然，而是基于和自然呼吸与共、相辅相成：一方面，自然具有崇高的精神符号意义；另一方面，人的主动性也不容忽视。如雷德侯（Lother Ledderose）所言："人类（中国人）的创造力总是被描述在与自然造物——被奉为最高的范本——的关系之中。"[26]

3.3.1 "山水比德"的文化传统

（1）"山水"释义

对于"自然"或"山水"一类概念，西方自文艺复兴后有"风景"（landscape）一词与之相仿，但西方文化传统对视觉性和领域性的依赖决定了这一概念侧重客体化的视觉图像和土地属性。中国文化传统中的"山水"则截然不同[27]。

首先，"山水"是个相当抽象的概念，并非"超验的个体"，而是自然万物的集合体。古人言山水固然有实指，如"山水之变，始于吴，成于二李"[28]，张彦远此言"山水"与后文"树石"并列，应是指具体的山水技法；但整体而言，中国人文化传统中的"山水"不仅指有形的飞禽走兽、山石草木，也包含无形的流水晨雾、流云花香、鸟语虫鸣，既是人居其中的自然环境，也是具有丰富精神指向的声色世界。

其次，"山水"本质上反映出天地万物之间的无穷变化，以及其中蕴含的蓬勃生机。"一阴一阳之谓道"[29]，中国人具有二元辩证的传统思维，山水即是一个典型的双元词，其中涵盖了一系列相互对应的关系：高低、纵横、动静、固体和流体、不透明和透明，等等，象征着自然万象具有张力的二元组合；"万物负阴而抱阳，冲气以为和"[30]，阴阳关系中又蕴含着相互运动转化的关系。由此而言，山水便又有着从种种两极元素中演化出的无穷交会之意，借由生命气息的流转而达到精神共鸣。对此，宋代张载有言极为精辟："气坱然太虚，升降飞扬，未尝止息。此虚实动静之机、阴阳刚柔之始。浮而上者阳之清，降而下者阴之浊。其感通聚结，为风雨，为霜雪，万品之流形，山川之融结。糟粕煨烬，无非教也。"[31]

再者，"山水"是主体与客体（内在自我和外在世界）的统一，是理想人格的象征。西方传统对风景（景观）的认知有观察的主体和被观察的客体之分，注重材料和形态之上的视觉美学。中国山水传统则不然，山水被拟人化为有情有气的平等伙伴，并不讲求认识自然或流于模仿自然，而是通过与山水的交流将人与"道"相连，美和德在中国山水观中合二为一。就此意义而言，山水的精神性含义远大于实用性含义，人与山水的关系才是山水的核心。"田园式的神话再现的是一种理想，而不是一种严肃的志向，这种神话通常被安排在过去，它不可能在自己这个比较堕落的时代实现，而只能让人们带着怀旧或对逝去的纯真的渴望来观赏。"[32] "非必丝与竹，山水有清音。"[33] 山水成为理想人格的象征，它不再是被孜孜追求的志向愿景，而成为一种理想的精神符号。"山水比德"便可视为这种理想的源头。

山水作为符号具有无与伦比的崇高性，且应用广泛。不理解山水，文化根本无从谈起，山水已在潜移默化之中成为中国民族的文化底色，而园林对山水的重视正是体现了这种文化的整体性。

（2）"山水比德"思想

李泽厚在《美的历程》中指出，孔子在塑造中国民族性格和文化心理结构上具有超然的历史地位，之所以如此，是因为他用理性主义精神重新诠释了古代原始文化，将其纳入"实践理性"[34] 的统辖之下，由此逐渐形成"怀疑论或无神论的世界观和对现实生活积极进取的人生观"[35] 这条儒学基本路线。进而言之，孔子将人的情感、观念和仪式（宗教三要素）引导和消融在现实生活中，情感没有被导向异化了的神学大厦和偶像符号，而是得到在日常心理——伦理的社会人生中得到抒发和满足。

如此，我们便能理解孔子将山水人格化，并与人的品格精神加以互喻。子曰："知者乐水，仁者乐山。知者动，仁者静。知者乐，仁者寿。"再与子张问山和子贡问水之典结合，"君子比德"的山水观便跃然而出了：自然本身的形式蕴含着伦理的观念，"山""水"不仅反映人的品格和德行，也在某种意义上成为品格和德行的源头所在。山水以拟人化的属性与人格倾向、理想品德相联系，打开了人与自然山水精神交流的窗口。虽然主客体之间的联系仍停留在较为简单的单向比附阶段，以相似性来说明事理，却明显能看到在理性主义的光环之下，原始[36] 的盲目自然崇拜和物质功利关系开始转化为精神功利关系。与此同时，对于山水的审美仍是附丽的，虽有"浴乎沂，风乎舞雩，咏而归"般对自然生机之美的欣赏，但就整体观念而言，山水仍远离其自然现象的本质属性，被视为指代人格精神的符号。

在儒学理性主义的基本路线之下，"君子比德"的山水观又有所演进。一方面，山水形态和登山观水的活动成为感悟人生哲理的源泉；另一方面，对社会人生的理性思考也被比附于山水，人与山水自然之间的理性关系逐渐由单向比附拓展至双向交流。山水的意象也逐渐由最初的"山"和"水"拓展至自然万物，如王安石在《游褒禅山记》中所言："古人之观于天地、山川、草木、虫鱼、鸟兽，往往有得焉，以其求思之深而无不在也。"山水在历代文人墨客笔下流转，成为取之不尽、用之不竭的灵感源泉，也不断被赋予新的意义，陶渊明之爱菊，周敦颐之爱莲，米芾之爱石，梅妻鹤子，皆是如此。

需要补充的是，儒学的理性精神与西方重视理性认识的理性主义截然不同。中国传统重视情感塑造以及社会性、伦理性的心理感受和满足，而西方传统则重视认识模拟。诚如李泽厚所言："中国美学的着眼点更多不是对象、实体，而是功能、关系、韵律……它们作为矛盾结构，强调更多的是对立面之间的渗透与协调，而不是对立面的排斥与冲突。作为反映，强调更多的是内在生命意兴的表达，而不是模拟的忠实、再现的可信。作为效果，强调更多的是情理结合、情感中潜藏着智慧以得到现实人生的和谐和满足，而不是非理性的迷狂或超世间的信念。"[37]人与自然（山水）的相互关系正是如此。由此，中国古典美学的"中和"原则和艺术特征方得形成。

（3）"山水比德"的审美衍生

唯物辩证法将世界视作过程的集合体，任何事物都处在不断变化之中，儒家比德思想也不例外。除了比德的意象和意义不断丰富深化，自两汉以来，比德思想也沿着人与山水的关系这一脉络不断拓展深化，产生新的审美意义，此处作一略谈。

①人物品藻

汉末社会形态的巨变使得在意识形态和文化心理上占据统治地位的经学趋于崩溃，神学目的论和谶纬宿命论不再占据支配地位，"人的觉醒"促成了"文的自觉"[58]，两汉"厚人伦，美教化"的功利艺术转变为"为艺术而艺术"[39]的自由新风。先秦时人"不是以物理特性，而是以'道德'和'能力'（德）来构想景观中的山和水"[40]，至魏晋，人与自然的关系摆脱了先秦两汉实用物质功利和比德精神功利的束缚，逐渐由理性走向自由，山水成为纯粹的审美客体，德与美合二为一，山水审美成为自觉的精神活动。故而催生了山水艺术的兴起，文人不再单纯以比德的眼光去看待自然，山水逐渐成为有灵性的、人格化的对象，人与自然平等而亲密的关系得以确立。

在这样的背景下，由"比"至"兴"，由"德"至"美"，山水比德的概念拓展至人物品藻，"窥情风景之上，钻貌草木之中"[41]，不仅以山水之德比附人之品德，还以山水之美形容人的外在风貌气质之美，进而体现人的内在智慧品格。换而言之，自然以身体性的图景来与人的内在性达成一致，这与先秦比德之说有所不同。《世说新语》中记载了诸多夸张的人物品评，"濯濯如春月柳""清风朗月""芝兰玉树"……身体的介入使得人不再是抽象的精神存在，具有了鲜活的形象，山水比德也化为具体形象的自然图景，山水从高洁的尊崇对象变为鲜活可爱之物。"在这个意义上我们也能够更加理解魏晋人为何会与山水建立起一种亲密的知己关系，因为山水与人本来就是同质同性的。"[42]

"晋人向外发现了自然，向内发现了自己的深情。山水虚灵化了，也情致化了。"[43]对山水自然美的欣赏、对人物"气韵""风神"的追求恰与这一时期"以形写神""气韵生动"的艺术原则遥相呼应。在自我觉醒和发现自然的基础上，山水诗和山水画相继独立出来。当然，此时绘画的发展滞后于诗歌文论，也滞后于画论，在诗文中山水与人产生双向的精神互动之时，山水绘画仍处于一个较为蒙昧的阶段。

②诗意入画

及至盛唐，诗画兼工[44]的王维以水墨画法促成长于诗、工于书法的文人进入画坛，遂有诗意入画，潜移默化中画意得以升华，山水画有了质的发展。作为中国视觉文化传统的"关系"在此被突出强调，画中山水与人通感，被赋予人格精神，人开始"移情"山水，有了主客体之间的观照，但此时画面中情感的生发仍是单向的，由人及画。至北宋，山水画已在一般文人中普及，欧阳修倡导的古文运动更是将文人对绘画的爱好推至新高潮，以文论促进了画论和绘画的发展。南宋画院派极力提倡细节真实，惯以局部的着意经营和精细描绘来促成确凿的诗情、诗趣入画，甚至以诗句作为画院试题题面，由此，"画面的诗意追求开始成了中国山水画的自觉的重要要求"[45]，自觉抒情的诗意渐成主流审美标准。值得注意的是，这一时期已能够以客体山水的气韵真实来与画外之人产生双向交流，"文人与自然都惬意地达到了一种完全契合的状态"[46]，但同时，对诗意的追求仍是比兴的，画面之外的人的情感是隐藏的，需要通过山水来间接感知，是"无我"的，山水才是主角。

值得一提的是，兴起于魏晋的品藻后由品评人物发展至评论作品，以比喻象征手法来摹写艺术风格的特征，进一步向纯粹的艺术审美趋近。唐末司空图《二十四诗品》继承了这种风格论，全书列举二十四种诗境，以自然物象和全幅风景来象征"象外之象""景外之景"。如以"天风浪浪，海山苍苍"比喻"豪放"之风的开阔境界，以"采采流水，蓬蓬远春"比喻"纤秾"之风的生机勃发，以"荒荒油云，寥寥长风"比喻"雄浑"之风的荡气回肠，宛若王维诗中有画之境。冯纪忠曾撰文将此二十四品分为"文本""意境""境界"三类，言其不仅是为诗品，更包含了普适的美学意义[47]，沿着如此脉络发展下去，终有诗意、画意入园。

③气韵之变[48]

自谢赫"六法"后，"气韵生动"渐成中国传统绘画的最高准则。在此后漫长的发展历程中，"气韵"的观念大致发生了两次转移。

第一次转移发生在五代至宋初时期，魏晋六朝时气韵本是针对人物画的审美标准，自五代起被转移至山水画领域，成为中国绘画的首要美学准则，亦是山水审美的重要准则。荆浩以"六要"（气、韵、思、景、笔、墨）之说阐明气韵之于山水为何，对"似"与"真"的关系进行了辨析，认为外在的形似并不等同于真实，对内在气韵的有效表达才是真实[49]，但同时，内在气韵的真实表达又建立在对自然山水的准确观察与描绘之上[50]，既真实又抽象，在似与不似之间。故郭熙既强调四时之景和朝暮之变[51]，又言"画见其大象，而不为斩刻之形，则云气之态度活矣"[52]。北方画派的雄伟峻厚、风骨峭拔风格是如此，南方画派的平淡天真、秀雅温润风格也是如此。在此意义上，二者的审美差异也许更多是源自地域性的差异[53]。其后南宋院体派的精致小品和剩水残山，亦大体如此[54]。如上文所言，此时的"气韵"是客体山水的气韵，人的情感隐藏在画面之外，需要通过画面中的山水来感知。于是有"无我"之谓，"以物观我，故不知何者为我，何者为物"[55]，形与神、境（对象）与意（主观）在此处于和谐平衡的状态，浑然一体。

第二次转移是元代时，"气韵"由客体的山水转移至主观意兴。元代社会的急剧变化使得在野文人士大夫成为山水审美艺术的主体，对山水的细致描摹变为水墨线条的抽象凝练，形似让位于主观情感，加之诗书画合流，画面多题诗作文，便从"师造化"变为"法心源"，山水画成为表达人们主观情绪意志的媒介。于是进入"有我之境"，"以我观物，故物皆着我之色彩"[56]，从传神到写意，诗意入画逐渐转为人的心境和意绪入画。这条"有我"的路径继续发展下去，至明清形成了一股巨大的浪漫主义洪流，"主观的意兴心续压倒了一切，并且艺术家的个性特征也空前地突出了"[57]。

如此我们也能理解为何山水画能够托物言志。试图将艺术家的人格直接反映在山水作品中的观念由来已久，但对山水画而言，进入"有我之境"之后才真正得到充分表达，"自此（元）以来，在具有自传性的山水里可能连一个人也没有，山水本身就代表人的品格"[58]。情志之所托不再是一草一木一山一水的具体比德意象，而是抽象的山水形态背后的气韵流转，是山水之意，以此将人的心绪表露在整个山水环境中，所以有画如其人之说。

园林虽与山水画有诸多亲缘关系，却又有所不同，身体的直接介入、饱含文学性的丰富叙事符号和主题使得园林（尤其是文人园林）成为一种主体传送的艺术，在发展初期就能够进入"有我"的境界。园主的人格志趣与园林的联系异常紧密，甚至于产生类似"一个品格无瑕的人是不会坐在一个等而次之的园林里"[59]的观念。世人以园主的品格和名望来评价园林，故有李格非言独乐园"所以为人欣慕者，不在于园耳"[60]。但具体到表达手法上，园林中作为空间叙事手段的托物言志手法又复杂得多，所托物象是相对具象的实物及文字，于是便须依赖这些符号元素的配置，以及人的行为、人与它们的关系来进行叙事，从而表情达意。其中山水精神[61]作为底色故不能少，山水的比德意象也不可或缺。

值得一提的是，至明清时期，园林观念的普及和日盛的民间造园风潮使得园林创作生发出匠主之别（在 3.3.4 节中有所阐释），产生了拼贴模仿、华丽庸俗的匠气之园。但整体而言，有识文人仍为园林的主宰，工匠只是他们借以表达情志的工具；同时，工匠自我意识的薄弱又使他们能够贴近自然，从最直接的身体体验和生活经验出发，将自然之气传入园林；此外，园林的建造也不是一朝一夕所能完成的，居于其间的主人总会根据自己的兴趣和实际需要不断进行调整，故而不可能不反映出主人的性格和志趣。我们今日所见之园林也是唯其优秀故能存留于世，并不断迭代更新的。

3.3.2 山水审美之于园林

关于山水审美及其艺术表现的发展历程，来自美学和哲学领域的前人研究成果极丰且鞭辟入里，故不在此一一梳理，仅取冯纪忠对山水审美之下园林审美历史的总结，一言以蔽之。

冯纪忠将中国传统园林审美的流变分为五大阶段，形成"形""情""理""神""意"五个层面，从客到主，从粗到细，从浅到深，从抽象到具体，层层展开。（表 5-1）需要说明的是：首先，风景园林是个极其复杂的现象，融汇了多种艺术形式的特征，因此各个阶段起止时间存在重叠，并非明确的断代；其次，五个层级虽成线性的递进顺序展开，但后者是前者的继承与发

战国至两晋	再现自然以满足占有欲	铺陈自然如数家珍	象征、模拟、缩景	客体	形
两晋至中唐	顺应自然以寻求寄托和乐趣	以自然为情感载体	交融、移情，尊重和发掘自然美	客体	情
唐至北宋	师法自然，摹写情景	以自然为探索对象	强化自然美，组织序列、行于其间	客体	理
北宋中至元	反映自然，追求真趣	入微入神	掇山理水，点缀山河、思于其间	主客体	神
元至清	创造自然，以写胸中块垒	抒发灵性	解体重组，安排自然，人工与自然一体化	主体	意

表 3-1 园林审美的流变 [62]

展，后者应当包含前者，如重理也言情；再者，前后之间并无绝对壁垒，前者亦可有后者的雏形和超越时代的因子，如柳宗元《永州八记》明显已在写"神"，但之于园林是否有此意识仍值得商榷。

园林审美依附于山水艺术审美，多用诗画理论，受山水画影响尤为显著，虽有自身特点，但在文化层面并不孤立。"在中国，山水卷轴画与园林在发展的过程中是如此交织在一起，因而，人们很难只知其一地进行欣赏。两种艺术的发展密不可分，画家们提供的是若干种让中国人观赏园林的路数，而造园家则又将这些路数回馈给了画家们。他们一起创造了一种欣赏自然与艺术的'眼光'。……园林变成一种山水画卷中的三维空间游。"[63] 笔者于此试取山水审美之于园林有特色者论之，以求概念明晰，对于具体的园林案例则不多作阐释，留待后文详析。

（1）抽象的"山水"

"山水"之抽象在此有三层意义。

首先，如"山水"概念那般，园林中的山水也是个宽泛的概念，不局限于目之所见的实体山水，而是象征着天地万物及其交汇，草木树石皆为山水，甚至人在其中的活动也成为山水的一部分。由此，园林成为一个微缩宇宙。以四时论山水："春景则雾锁烟笼，树林隐隐，远水揉蓝，山色堆青；夏景则林木蔽天，绿芜平坂，倚云瀑布，行人羽扇，近水幽亭；秋景则水天一色，簌簌疏林，雁鸿秋水，芦袅沙汀；冬景则即地为雪，水浅沙平，冻云匝地，酒旗孤村，渔舟倚岸，樵者负薪。"[64] 从中可见对"山水"的诠释并不囿于自然物象本身，而是以各种人造符号和人的活动来营造四时之情，建筑和人都成为烘托山水之情的点缀。郭熙《林泉高致·山水训》又言"山水有可行者，有可望者，有可游者，有可居者"[65]，将其置换入园林，山水的意象之大足以成为园林的空间骨架，山水精神足以成为园林的底层逻辑，山水格局足以决定园林格局。

其次，作为一个双元词，山水体现的是两极互动的思维，山水浑然一体。所谓"山脉之通，按其水径；水道之达，理其山形"[66]"山得水而活，水得山而媚"[67]，作为整体环境的展现，园林并无有水无山之说，反之亦然。如明王稚登《寄畅园记》论背山临流："匪山，泉曷出乎？山乃兼之矣。"[68]

又如清张缙彦之依水园,虽园名"依水",以水源水景为重,"可溉,可泛,可渔"[69],但仍有"池上浮土积而成丘,取北山乱石杂之",是为"桃山"。这里也说明了一个事实,挖池之土堆叠成山,二者为互生关系。

再次,具体到狭义的山水概念上,园林中的山水之形也并非具象写实的山与水,山可以石代之,可以裁山一角,甚至可以楼代之,水亦可盆作[70]旱作,不求"形似",但求"常理"得当。园林中山石互文由来已久,五代赵岩的《八达游春图》(图3-6)描绘贵族骑手骑马穿越皇家园林的场景,背景仅一栏一石三树,便是以拔地而起的巨型湖石象征完整的山脉。宋代郭熙《早春图》(图3-7)中近处巨石与远山形态合而为一,元代王蒙《具区林屋图轴》(图3-8)中山谷巨石瘦、皱、漏、透,肖似湖石,均可与园林以石代山、山石一体相互印证,或有相互影响之实[71]。晚明更是崇尚以画意造园,山石分离,独立的假山继承了山水强烈的生命精神,具有完整的山的意象[72]。

《梦溪笔谈》一书中记载了一则逸事:宋迪擅画山水,见陈用之笔下山水信工少天趣,便指导其以"活笔"画之,即"先当求一败墙,张绢素讫,倚之败墙之上,朝夕观之。观之既久,隔素见败墙之上,高平曲折,皆成山水之象。心存目想:高者为山,下者为水;坎者为谷,缺者为涧;显者为近,晦者为远。神领意造,恍然见其有人禽草木飞动往来之象,了然在目。则随意命笔,默以神会,自然境皆天就,不类人为"[73]。山水之象由墙上纹理的高平曲折幻化而成,足见其高度的抽象性,这类思想也为园林中抽象的山水埋下了伏笔。具体的形式也并非不重要,造园者必须谨慎选择,利用最佳的细节去抓住本质。"他必须避开特指性,因为他的山要代表所有的山,表现更为深层的现实而非个别的肖似性。换一句话说,他应该成为一个阐释者,而非一个临摹者,成为一个小说家,而非摄影师。"[74]小中见大是如此,以形写意亦如此,所谓"咫尺之间夺千里之趣"[75]也。

(2)形势

山水审美中对"势"的重视可以追溯至传统地理学的整体性思维,而先秦两汉地形图也被认为是山水画的雏形或来源之一[76]。《禹贡》和《水经注》均注重梳理山川脉络走向,所谓"山则本同而支异,水则原异而委同,地理

图 3-6　五代赵岩《八达游春图》

图 3-7 宋代郭熙《早春图》

图 3-8
元代王蒙《具区林屋图轴》（局部）

也"[77]，由形观势，观山重视主脉和分支，观水注重源头和趋归。引申至山水审美，"形"即是局部的形状和形态，"势"指总体的态势和气象，抽象的势由具象的形造成，"不离乎形，又超乎形，御乎形"[78]。山水虽无常形，却有常理，可以势写之。除了山水审美中形势观的作用，作为游观居所，园林也不可避免地涉及风水观念，形势宗对其影响也不可谓不突出。

"势"中蕴含着整体性和动态性的思维，之于园林，大略有四：

一为脉络原委，走势趋向。譬如艮岳山体脉络连贯，山有主山、侧岭兼余脉；又如寄畅园背山临流，以水源为本，山水同源。

二为整体格局，宏观气象。所谓"山水之象，气势相生"[79]"山水，大物也，人之看者，须远而观之，方见得一障山川之形势气象"[80]，皆是此意。即使如艺圃般裁山剪水，一角半边，也须造园者胸有全幅丘壑，空间格局小中见大，象外有象，意外有意。

三为动势十足，气象万千。如扬州九狮山，峰峦、峭壁、洞府、谷壑俱有表现，"中空外奇，玲珑磊块。矫龙奔象，擎猿伏虎。堕者将压，翘者欲飞"[81]。又如环秀山庄之假山以咫尺之形写千里之势，形态多变，节奏紧凑却又疏朗有致。

四为因形取势，精而合宜。前三者皆言何为"势"，此处则为如何得"势"。清代华琳在《南宗抉秘》中对"三远"的论述颇具启发，言及虽有郭熙之"三远"定法，但实际作画却常与画论大相径庭，之所以如此是因"盖有推法"。宗白华将"推"解释为由线条的节奏趋势来引发不同的空间感觉，"高也，深也，平也，因形取势"[82]，此处既有以动势和生命力来表现山水之意，也有因其形而得势之意。所谓"因"者，计成有言："随基势之高下，体形之端正，碍木删丫，泉流石注，互相借资；宜亭斯亭，宜榭斯榭，不妨偏径，顿置婉转，斯谓精而合宜者也。"[83]有因地制宜之意，更多的是巧妙利用原有形态（地形）来表达气势、气象。

（3）生命精神

无论是"生之谓性"的生命本体论、"生生之德"的生命关联论、"生之为仁"的生命哲学观，还是时空合一、无往不复的生命时间观，抑或是"一气而万形"的生命基础论，以及文者之为象[84]的生命符号论，都可见中国人对生命的礼赞和向往。最为人熟知的典故，当是孔子对"莫春者，春服既成，冠者五六人，童子六七人，浴乎沂，风乎舞雩，咏而归"[85]的赞同，实为对生机盎然的自然美的欣赏与热爱。这种饱含自由精神的审美和对生命精神的追求在其后任情恣肆的魏晋时期屡见不鲜并承续下去，作为山水精神的核心，成为中国传统审美文化及各种艺术创作的底层逻辑。

前文有言，"山水"蕴含着天地万物之间的生命气息的流动，在山水画中对此也多有表现。魏晋山水画独立成科，但在之后很长一段时间内，山水都相当朴拙呆板，沦为限定故事或人物场景的框架和环抱人物的舞台。及至盛唐，王维开启了水墨山水的时代，单色画法使得山峦的结构和肌理显得愈加重要。其唯一得观的摹本画作《辋川图》（图3-9）却是颇有节制的青绿山水，山峦形态与纹理十分自然，云烟逼真地贴附于山谷之上[86]，皴法的运用使山体有了从大地上破土而出、蓬勃生长的向上的力量。古人将有着撼人体量的山视为"地之骨"，隆起的群山也被视为生命体、大地能量的中心。王维将之前的大轴发展至长卷，随着卷轴画面的展开，山移水动，云雾相接，

图 3-9 宋代郭忠恕《辋川图》临本

静态的画面被赋予了时间维度，每个独立空间中的山峦似乎隐隐有脉相连，有气贯通；加之所绘内容为画家自宅别业，较前人的故事题材更为逼真可信，也更易代入，故能唤起观者与山水之间的精神共鸣，以臻"气韵生动"[87]之境。在此，人与山水的联系被建立起来，人与画面中鲜活的山水通感，进而超越图像与真实的自然通感，以亲身体验唤起内心情感，"移情"山水。也正因如此，"观摩诘之画，画中有诗"，诗情画意，虚实相生，物我两忘，是为山水之"情"[88]。值得一提的是，皴法对于山石纹理、线条、力度的控制使绘画中的山峦愈加具有表现性，这对后世园林的叠石掇山的材质选择和布局都产生了不可忽视的影响；而以画面区隔营造出时间感，带来宛如画中游的空间体验，也与园林息息相关。

王维的山峦仍未能从人的活动背景中抽离出来，这一状况一直持续至北宋。在这个山水画的伟大时代里，壁立千仞的巨大山峦成为画面的主角，真正进入"无我之境"。"山以水为血脉，以草木为毛发，以烟云为神彩。故山得水而活，得草木而华，得烟云而秀媚。"[89]山水被赋予人格化的构造和形态，人的情感被藏于画面之外，纯粹以山水的生命唤起人的情感；"我看青山多妩媚，料青山见我应如是"[90]，因"惟人也得其秀而最灵"[91]，故而人又与有生命的山水对象达成精神交流的层面，此是为山水之"神"。画中山水是如此真实而有生命，以至于不囿于一时一景的可行、可望，而成为一种可游、可居[92]的整体环境的真实再现，山水既是理想人格的象征，也寄寓着人们对理想生活的向往。

元代以后，山水的"形模"已退居末位，山水画以气韵为主[93]，但此时气韵被从客体山水转移至主观意兴上。于是人的主观精神意志便被寓于线性的水墨山水之中，"元人幽亭秀木，自在化工之外，一种灵气"[94]，虽"至平、至淡、至无意"，却又"不能不尽"[95]。山水的生气被抽取出来，以简练的神韵来表达人的主观心意，由宋人相对具象的表现臻至抽象的再现，于是乎"远山一起一伏则有势，疏林或高或下则有情"[96]，此情已不只是山水之情，更是人之情意。于是进入"有我之境"，从传"神"到写"意"。再与明清诗学理论对照观之，似与以袁宏道和袁枚为代表的"性灵说"不谋而合："诗难其真也，有性情而后真。"[97]"诗者，心之声也，性情所流露者也。"[98]

"气韵生动"之于园林便是山水的生命精神，对古人而言，以山水精神为底层逻辑的园林实际上是一个微缩宇宙，"虽由人作，宛自天开"。园林以表现造化生机、盎然生意为最高境界，其中蕴含着对生命感的礼赞与追求，同时也寄寓着人的情志心意。冯纪忠在讨论中日园林的差异[99]时，言中国园林讲求"引、趣"，而日本园林讲求"抑、静"，其中虽有更深层的民族文化层面的原因，但对个人意志表达的态度也确实对园林的面貌产生影响。日本园林追求像自然[100]，力求摆脱个人意志，故而有凝固、惨淡、无生气之感，恰与中国表情达意之写意园林的勃勃生机相反。

作为对"气韵生动"这一绘画最高准则的呼应，优秀的园林会捕捉到自然本身鲜活的精神，从而迸发出双重"生气"——"自然通过原生的岩石和树木而提供的生气，以及园林设计者通过精心选择和组合诸种园林元素而获得的共鸣"[101]。对湖石的欣赏始于唐代，此后历代文人多有以动物比喻赏石的记述，其中常伴随动作态势的描写，如唐代白居易《太湖石记》中言"若跧若动，将翔将踊""若行若骤，将攫将斗"，《云林石谱》中记述"鹊飞""翔燕鸣鱼"，明代王世贞《弇山园记》中记述虎"卧"、狮"俯"、猊"昂首"，清代叶燮《涉园记》中描写"群马奔槽""如龙夭矫而卧"等[102]。这种对于园石的动势欣赏除拟态乐趣之外，更多的是对内在生命力量的感受。由此观之，水流、花木、云气、假山皆有此意，从自然物中迸发生气。更进一步，通过精心搭配，作为人工物的建筑也可与自然元素产生共鸣，成为生命精神表达的媒介。宋代曾巩《醒心亭记》云："（坐此亭）以见夫群山之相环，云阳之相滋，旷野之无穷，草树众而泉石嘉，使日新乎其睹，耳新乎其闻，则其心洒然而醒，更欲久而忘归也。"[103]云气舒卷，风烟浩荡，皆归于此亭，开敞的亭榭"成为山川灵气动荡吐纳的交点和山川精神聚集的处所"[104]，亦是园林生命活力流转的节点。

（4）中隐之乐

郭熙《林泉高致·山水训》开篇便对"君子爱夫山水者"的原因进行了一番阐释："丘园养素，所常处也；泉石啸傲，所常乐也；渔樵隐逸，所常适也；猿鹤飞鸣，所常亲也；尘嚣缰锁，此人情所厌也；烟霞仙圣，此人情所常愿而不得见也。"[105]山水常有，投身林泉的勇气和机会却不常有，故只能以画卷聊以慰藉。南朝宋宗炳"澄怀观道，卧游以理"之言大抵可视为此类观念的滥觞，但与"卧游"不同，郭熙"在礼赞山水画的同时，委婉地否定了对真山真水的执念"[106]。"高蹈远引"的"离世绝俗之行"意味着对世俗责任的逃避，对忠孝节义的背弃，故而以妙手绘得山水之画，"不下堂筵，坐穷泉壑"，方为两全之策。山水本与隐逸情怀相连，郭熙对真山真水的模糊态度则与魏晋六朝之后隐逸思想的流变息息相关。

与山水画卷相似，园林也是人们寄托隐逸之情、神游物外的身体处所和心灵空间。自两汉起，宫苑和田园两种园林体系渐成。在魏晋至隋唐士族门阀政治的影响下，宫苑体系完成了由宫室苑囿到贵族园林再到官僚园林的转变，田园体系则由隐逸山居转为田园农舍，最终成为市隐园林。至唐，两种差别极大的园林终于并行且逐渐交融，渐成两宋文人士大夫园林的雏形。

唐代地主庄园制度与门阀并行，园林建设与六朝田园隐逸思想对立，成为财富与权势之象征。中唐官僚园林可取李德裕的平泉山居一观，《平泉山居戒子孙记》中以"始立班生之庐，渐成应叟之宅"[107]形容此园，标榜心在山林田野之志。然李德裕本人在庙堂之上居于高位，且园内以江南珍木奇石著称，"卉木台谢，若造仙府"[108]，可谓矛盾非常，官僚士大夫的两面性显露无遗。白居易的《自题小园》一诗便对官员以园林相斗的庸俗面貌进行了讽刺，牛僧孺、李宗闵二人确也有以奇石相争之实。

市隐园林则一定程度上承续了六朝的出世思想，并试图在庙堂和山野之间寻得平衡。白居易曾作《中隐》一诗叙志："大隐住朝市，小隐入丘樊。丘樊太冷落，朝市太嚣喧。不如作中隐，隐在留司官。似出复似处，非忙亦非闲。不劳心与力，又免饥与寒。终岁无公事，随月有俸钱。君若好登临，城南有秋山。君若爱游荡，城东有春园。君若欲一醉，时出赴宾筵。洛中多君子，可以恣欢言。君若欲高卧，但自深掩关。亦无车马客，造次到门前。人生处一世，其道难两全。贱即苦冻馁，贵则多忧患。唯此中隐士，致身吉且安。穷通与丰约，正在四者间。"比起高官权臣标榜隐逸之情的惺惺作态，"中隐"实际上反映出隐居和出仕的调和统一。亦官亦隐，亦朝亦野，进退有度，以求社会责任与个人自由的平衡，中隐不失为一种折中又舒适的理想生活状态，故被后世文人士大夫所推崇。

魏晋时期抱道固隐的政治性退避至宋元时期终于变为守道以心的社会性退避，两宋文人园林继承了中隐的进退有度原则，并将其发展为一种普遍的士人心态。张法在《中国美学史》中指出，宋代士人一方面肯定和实践着中隐之道，另一方面又不甘于此[109]。便如苏轼所言："未成小隐聊中隐，可得长闲胜暂闲。"[110]"聊"以慰藉的态度在明清终于变成了放浪恣意的"玩"味之态。

至明清时期，往昔文人尚有几分自我标榜的隐逸精神已被物欲风流之下的才子心态取代。"文艺不再是严肃的事业，反而成为文人生活中的游戏。声色之追逐，甚至遁迹青楼之间，此时反而为一种清高的表现，引为美谈。"[111]中隐之道得到了继续贯彻，并发展为以市隐为主流，隐于城市和红尘而情系山林江湖的模式。董其昌在《兔柴记》中言"宋人有云：'士大夫必有退步，然后出处之际绰如。'此涉世语，亦渊识语也"[112]，进而以白居易《池上篇》为例，言其"有水一池，有竹千竿，有书有酒，有歌有弦"的生活看似归园田居，实则为官僚阶层的享受；又言司马光之独乐园虽标榜退隐之志，却是以进为退，等待出山之机。此语未免没有以己度人之态，却也道出了文人士大夫所谓移情山水之隐逸情怀的真谛。而就文人园林所具有的公共性而言，其"隐"之程度能有几分也是显而易见的。

3.3.3 基于自然的符号系统

空间叙事的过程可被视为一种信息交流，即从信源到信宿的交流。信源以符号形式进行编码并输出信息，信宿则对信源输出的符号进行解码，从而了解其符号内容。在上文对园林空间叙事符号详细分析的基础上，本节意在以园林空间叙事符号系统为对象，分析其生成的路径与特点，并讨论其与西方现代空间叙事符号系统的差异。

如前文所述，中国传统园林空间叙事以"造境"为主要特征。宗白华将中国传统艺术意境视作一种境界层深的创构，并引江顺诒评蔡小石《拜石山房词》序中"始境，情胜也。又境，气胜也。终境，格胜也"之言，将意境化为情、气、格三个层级。其中"情"流于直观印象，"气"是"生气远出"的生命，"格"则上升到对人格的映射，以此达到最高心灵境界[113]，所谓"外师造化，中得心源"[114]。园林之景之所以有着超越视觉和图像的重要内涵，不仅在于其丰富的空间层次、多样的景物和人的身在其中，更是在于它能沟通外在自然和人的内心。

冯纪忠将中国传统园林视作"写意园"："作者是直觉综合地描写整体的意象世界，追求的是气韵生动、残缺、模糊、戏剧性、似是而非，是在摆脱客体'形、理'的束缚，任意之所之，任主体之'意'驰骋，从而导向不确定性，导向无序……它留给不同的读者不同的感知意义和不同的符号意义，也就留给他们广阔的余地去再创造。"[115]所叙之事千园千般，各有不同。以自然山水为底层逻辑，中国传统园林生成了一套独特的叙事符号系统，从"情"至"气"，由"气"至"格"，以此完成表情达意的功能。

（1）基于直觉的符号

空间是人类存在的方式之一，空间性即是我们的经验，身体则又是空间经验的基础[116]。置身于可居、可游、可观的园林山水环境中，身体经验会将人的所有感官系统调动起来，产生视觉、听觉、嗅觉、味觉、触觉等多方面的刺激，并通过知觉形成对刺激的种种感知。只要稍有生活阅历的人，都有过跋山涉水、直接接触自然的经验，因此，生活经验又能将这些感知深化为对景观的领悟，从而产生最直观的感受。在此基础上又可对山水的外在形态和实际感受产生联想和想象，使景观环境在人的脑海中形成意象，得以造境。此为"始境"，情胜也。这种由身体经验和生活经验直接触发的感知、领悟和联想想象，构成了园林空间叙事的第一层符号系统，即基于直觉的符号系统。

狮子林是当今苏州颇受欢迎的园林之一，游客们对在巨型假山中来回穿梭、攀爬乐此不疲，身体的游走在视觉之外赋予人更多层面的感官体验。即使传统文化语境渐行渐远，今天的人们也能通过最直观的身体经验产生刺激，从而感知山水，产生与山水的亲近感。

英国建筑师 G.D.Bass 曾在一篇狮子林的游记中提供了生动的材料："它们好像经受了开天辟地的狂风、暴雨、烈日的肆虐，好像老翁脸上的皱纹，好像是从天外星球飞来似的，扭曲、怪诞、奇异。有些使人联想到早已失落的远古祭奠仪式上矗立的巨石，另一些又像某些超现实主义画幅上惊人的形象。好像这些石头捕捉到了峰峦的荒蛮神髓，揭露了场所精神，但不是那单纯的现世的场所，而是某个更具深刻含蕴而永恒的场所精神。这场所在久远以前是人们熟悉的，而今只有从这些苍老石块的形状和光影上才能或明或暗地领略得到。其中最高大也是最抽象的石头矗立在山顶，那样离群特立，各具庄严自尊的神采。这样异乎寻常的形象吸引着人们持续地欣赏和品味，如入幻乡，如入梦境。”[117] 作为浸润在西方文化语境下的个体，他虽不能解释狮子林的假山究竟包含了怎样的意韵，但能在视觉体验的基础上，依靠对自然的生活经验，敏锐地将湖石与峰峦相联系，领悟到其中应当孕育着某种不能说清道明的古老场所精神。

图 3-10 扬州个园夏山

扬州个园的四季假山极为有名，春景以石笋和竹子来使人联想到春天的盎然生机；夏景的表达方式更为多样，除了通过湖石山体黑白分明的强烈对比，以视觉效果来营造阳光曝晒的盛夏之意，更是用人骤然进入假山洞穴后清凉阴翳的体感和视觉的明暗对比来反衬出夏日的炎热（图 3-10）；秋景中黄石的体积和色彩使人很容易联想到金秋时节；冬景以雪石的形态和呼啸的风声来引人联想到凛冬。四时之景的连接贯通除了基于四季交替的生活经验，也未免没有与中国人传统审美中“无往不复，天地际也”[118] 的空间意识相应和之意。

（2）基于文化语境的符号

“它们（山水画）强调的是依附于自然山水之上的人类文化，而不是山水本身。”[119] 将高居翰此语置于园林设计之中，虽因为有基于直观感受的叙事存在而不绝对，但园林确实是建立在人与山水的关系之上，既强调实体山水环境给人带来的感受，也强调人类文化在山水之上的表征。据前文所述，在人与自然的关系这一逻辑之上，比德观念逐渐发生演化，形成山水文化和山水审美的基本精神，山水渐成中国传统文化的底色，故也成为崇高且无处不在的符号。园林空间叙事的第二层符号系统，便是一种超越直觉体验、基于传统文化语境的符号系统。山水艺术作为一种审美文化的显现，其创作主体和山水形象都已将本民族或地域的道德、观念、情感等形而上的元素融汇起来，主体的审美经验便不只是一个自然人基于直觉的情感愉悦。也正因如此，山水审美有了丰富的文化预设和情怀预设，故有文化语境之说。

具体而言，这里的文化语境可作两层视之。

①山水精神

首先是作为文化底色的山水精神。山水既是理想人格的象征，也是可以与人进行精神交流的有情有气的伙伴，蕴含着生命精神。如此一来，园林就被赋予了人格化的品质和性情，潜移默化之下，目之所及、身之所至的山水环境便成为能够沟通交流的可爱对象——人可感受山水的性格，亦可由山水而于自身有所感。此为"又境"，气胜也。

明末邹迪光在《愚公谷乘》一书中写有塔照亭夹于两山之中，不远不近，若即若离，观之有"不依依而匿，不落落而傲"[120]之意，便是人观山水，山水被情致化、拟人化的体现。个园的四季假山也可与郭熙之所言对照而观，别有一番意趣："春山淡冶而如笑，夏山苍翠而如滴，秋山明净而如妆，冬山惨淡而如睡"是人感受山水的性情；"春山烟云绵联人欣欣，夏山嘉木繁阴人坦坦，秋山明净摇落人肃肃，冬山昏霾翳塞人寂寂"[121]则是山水令人产生了心绪。

②比德象征

其次则是在山水比德脉络上发展出的诸多意象。自然山水被视为观念、品性和情感状态的象征，既是审美经验，又有内在的伦理含义。诚如前文所言，作为对象和实体的山水形式固然重要，但功能、关系和韵律更为重要。因此形式的选择需要更加慎重且有针对性，既强调对山水内在生命意兴的表达，又强调情理结合，以实现现实人生的和谐与满足。此为"终境"，格胜也。

在比德以述心志之时，往往有文学元素介入空间语言，表现为楹联匾额、题名诗刻等外在直观的文学品题，其内容无外乎文化象征和典故。对于具体空间性格的塑造而言，景点题名、具体物象以及空间环境之间的搭配互文尤为重要。"题写的文字并非附加于园林之上的意义层次，而是限定和表述着主体参照点。他们不仅仅促进对场所的体验，同时邀约人的精神并推动它超越体验模式本身。"[122] 品题可能与直观的感知体验相关，但更多的是基于既有文化语境的联想想象，以促成诗情画意的升华，同时，它们并不独立存在，而是附着于以山水为逻辑的空间语言之上。譬如远香堂、竹外一枝轩、看松读画轩等皆是如此，以约定俗成的植物符号象征品质，从中可见主人对完美自我人格的追求与塑造。

在诸多比德象征符号中，植物无疑是使用最为广泛的一类。19 世纪中期造访中国的外国使团中不乏植物学家，他们在中国这一"植物天堂"发现了诸多新奇物种，仅在 1899—1911 年，恩斯特·威尔逊（Ernest Wilson）便将 1500 多种植物种子寄回了英国和美国。这些发现大大振奋了外来者，但同时他们也发现以自然趣味著称的中国园林却没有受到这些野生植物的影响，由于缺乏象征性的文化血统，它们几乎与园林绝缘。"外来植物之名或因其新奇和刺激而可能在诗行中变成一抹异彩，但是，如果没有丰富的传统和历史性的联想，那就很难在人们的心中赢得一种持久的地位"[123]，荔枝便是其中典型。康熙在《避暑山庄记》一文中对自然物的象征意义进行了表述："玩芝兰则爱德行，睹松竹则思贞操，临清流则贵廉洁，览蔓草则贱贪秽。"[124] 兰花之淡雅芬芳如君子之交，松竹常青、刚直不阿，皆有德行之喻。进而又特意提点"此亦古人因物而比兴，不可不知"，足见已形成约定俗成、深入人心的文化语境。文人的活动也常将新的象征意义赋予植物，菊花最初因药用性从野外引进，直到陶渊明将其品格化；莲花作为装饰图案和宗教符号古已有之，直到周敦颐确立其出淤泥而不染、可远观而不可亵玩的高洁人格象征。同样，山和水的共存体现出具有生命力量的阴阳互补法则，故有"上善若水""临清流则贵廉洁"之说，亦有拜石爱石的传统。

高居翰在认读中国山水画的意义时，采用了符号学的方法："把特定母题和构图特征视为含有意义的符号。符号学认为有一种表意系统、一种代码，是艺术家的同时代人无须细想或无须相互解释就能理解的。这种代码没有记载于当时的文本中，而是必须由我们去破译，必须由我们从绘画本身或者借助于绘画上的题款或其他文本所提供的所有线索去找出来。"[125] 这很大程度上呼应了笔者对基于文化语境的园林空间叙事符号系统的看法，以及下文对园林空间叙事逻辑的解读。

（3）符号元素的配置

①模件化的元素

雷德侯在《万物》中以"模件化""规模化""标准化"来形容中国艺术的生产体系。在他看来，中国艺术丰富的品类、庞大的艺术品数量和相对稳定的水平都取决于以标准化的零件（模件）组装物品的生产体系，有限的零件被多种组合方式装配在一起，从而形成变化无穷的单元。模件化将艺术限定在一个统一的文化体系内，故而有基于整体文化语境的符号体系；同时又保证了等级制度在各个层面的实现，进而形成体系参与者的圈子，培育出特定阶级的社会同一性，文人园林便是如此。值得一提的是，这种模件体系完全合乎中国人的思维方式，被广泛应用于语言、文学、哲学、社会组织和艺术中。同时，对"大自然用来创造物体和形态的法则"[126]的采纳和师法使得这套模件化生产体系具有一些不同于其他文明的特征：复制，比例均衡而非绝对精确的尺度，通过添加新模件而非无限度地扩大比例来促成增长。

就中国艺术的模件化而言，园林是个相当折中的产物。相比严格遵循模件化思维的一般建筑，园林意在表达林泉之趣，其设计者、所有者和使用者往往合而为一，能够获得较多的个人艺术自由和创造空间；但比起书法、绘画等纯粹的艺术形式，园林又相对具象，有着极强的实用性和通用性。至晚明，民间造园蔚然成风，"园有异宜，无成法，不可得而传也"[127]，故"营造之事，法式并重"[128]。园林可被拆解成叠石、理水、建筑、植物等多种相对固定的符号元素[129]，有着模件化的思维和逻辑。

基于符号学的结构主义认为："在任何既定情境中，一种因素的本质就其本身而言是没有意义的，其意义实际上由它和既定情境中的其他因素之间的关系所决定。总之，任何实体或经验的完整意义除非被结合到结构中去，否则便不能被人们感觉到。"[130]当我们用空间叙事理论观照中国传统园林空间叙事时，便会发现个体符号的象征意义往往是固定的，它们实际上并不产生意义，意义产生于符号元素与其他元素、周围环境的关系中，即符号元素的配置中。对照模件化思维，便是固定的、模件化的符号元素和相对自由的配置。

②相对自由的配置

《梦溪笔谈》中对于画理有一段颇为精辟的论述，先引"彦远《画评》言王维画物，多不问四时，如画花往往以桃、杏、芙蓉、莲花同画一景"[131]，再反列王维《袁安卧雪图》中雪中芭蕉，雪喻指艰难的外部环境，芭蕉象征人物内心的不屈精神，虽两者季节迥然不和，却能以搭配表现出袁安贫贱不能移的精神，实为"其理入神，迥得天意"。对园林而言，"以形求器"的定式思维也是大忌，符号元素虽相对程式化，却可以通过多样化的配置来达到"形神兼备"甚至"忘形得意"的境界。

以植物的运用为例，大致可分为直接调动人的感官进行感知和以比德象征意义来产生精神共鸣两种类型，两类依具体使用环境相互交织，并无绝对的界限。孤植可以作为空间叙事的主题，亦可搭配建筑、山石、水体造境，并根据搭配对象不同各有所侧重；丛植可以单一种类突出点题，亦可混种，或主次分明，或轮回往复。拙政园绣绮亭位于三个景区的交界处，通过三条路径的长度、坡度变化，以及三种气质迥异的植物配置，营造出"正""幽""雅"三种完全不同的空间性格，可为典型例证。

在此需对笔者的立场作一说明，前辈学者或有将造园视作绘画艺术的从属，言其并无理性逻辑和规则[132]。实际上，即便是被视作"非模件化"的、强调个性和自然天成的书法艺术亦不能逾越规范，单个字体须遵从特定"笔顺"，通篇行文也须将字体分行排布，看似最恣意散漫的草书也有简化字形一般的母题程式；绘画较书法更为自由，尽管讲求"画意不画形"，但"山石竹木水波烟云，虽无常形而有常理"[135]，也须"变异合理"[134]。由此推之，园林符号元素的配置应当是有节制的相对自由，存在逻辑可循，但仍需在下文对具体空间叙事案例进行分析梳理，方能得出确凿的结论。

（4）中西差异

如前文所述，中国传统园林空间叙事符号系统基于自然，有直觉和文化语境两条生成路径，以此对比西方现代空间叙事实践，亦有两个层级的差别。

①对自然的把握

"西方的理性主义缺乏直觉整体地把握事物的一面，同时也欠缺对自然的'情'。"[135] 此处的"自然"既是自然事物，也是"心凝神释，与万化冥合"[136]之境界。在西方后现代主义的语境中，无论是结构还是解构，都以梁、柱、板、壳一类的人工物为主导元素，缺乏用自然的语言进行叙事的方法，故而难以用直觉去理解。譬如屈米的拉·维莱特公园虽然以自然景观为底色，但人工物介入的痕迹如此明显，以至于完全无法依赖人的身体经验和本能去解读。

与此相反，中国园林的精妙之处正体现在对自然的把握上，人与自然在此结合得天衣无缝，而这也是中国传统文化的特性。春风化雨，润物无声，以日常可感的自然物为元素，只要有生活经验的人，甫一接触，产生体验，即能自然而然地有所体悟。

②自我定义与约定俗成

就叙事学理论而言，语言符号的阅读和理解存在一定的条件。为此，建构叙事所用符码的知识成为基础，只有"融合、联结和指令一套符码（code）或亚符码，多套规范、约束和规划"[137]，叙事才可能被解释和理解。这些符码复杂多样，可以是文化符码（cultural code）、意素符码（linguistic code）、阐释符码（hermeneutic code），也可以是情节符码（proairetic code）、象征符码（symbolic code），诸如此类。符码的复杂性也决定了符号的能指和所指之间关系的不确定性。但实际上存在一种"元叙事信号"，作为对文本符码的注解，它们在一定程度上提出了一套规范与限制，展示出"一个给定文本如何才能被理解，应该如何理解，它期望被如何理解"[138]。"元叙事信号一方面帮助我们以一定方式理解一个叙事，另一方面它们（努力迫使我们）以此种方式（而不是彼种方式）来理解它。"[139] 具体而言，元叙事信号能够提供特定内涵，明确某个象征的意义，并界定某些状态的阐释地位；如若缺失，则便需要叙述者来定义这一切。

一言以蔽之，元叙事信号告知人们如何阅读。如此来看，西方现代空间叙事和中国传统园林空间叙事，二者的差别便跃然而出了。拉·维莱特公园显然不存在一套元叙事信号，符号关系的定义依赖于空间使用者多样性的活动，空间叙事具有强烈的不确定性，成为地方化、多样化的"小叙事"；在此，空间的主体地位被否定，成为事件在其中自我组织的诱发者，且空间与事件之间并无固定联系。相比前者以使用者为空间叙述者，斯图加特新国立美术馆则建立了一套建筑师自我定义的符号体系，贯穿新、旧两馆的坡道创造出一条与外部城市空间相衔接的公共流线，公众活动被纳入进来，美术馆成为城市景观的一个有机部分,融静态的展示空间和动态的公共活动空间于一体;同时，美术馆采用后现代建筑中常用的"隐喻"手法，古典主义、现代主义、构成主义等多种风格元素杂糅于一体，无怪乎时人评论其为需要说明书才能读懂的建筑。简而言之，无论空间叙述者是设计师还是使用者，西方现代空间叙事大多没有元叙事信号，这也就导致其阅读和理解需要生成一套自定义的符号体系。如同英国学者杰奥弗里·勃罗德彭特（Geoffre Broadbent）在讨论建筑的能指与所指时所言："建筑物还是不能在任何方面都符合语言的精确性，也不能和复杂的散文混为一谈。语言支配着所有的符号系统，由此，解说词和说明书都是必不可少的，借此阐明建筑传达的信息。"[140]

中国传统园林空间叙事则不然，主要逻辑不是建筑，而是山水，数千年来传承流变的山水文化和山水审美在此形成一套完整的元叙事信号。虽然有楹联、匾额等文学因素介入，但这种介入也仅是基于文化传统的含蓄暗示、提点和锦上添花，并非直白明了的说明书。无论是基于直觉的身体经验和生活经验，还是由山水比德及其衍生出的山水精神所创造的文化语境，均能为同时代人所接受、领悟，甚至前者还能为今人和外来文化者所感知。

传统园林的发展大体晚于书画等艺术形式，理论观念上不乏对文论、画论的借鉴、引申和互通，后期又扎根于相当成熟的文化传统，也正因如此，其底层逻辑和设计思维往往不落文字，以至于被割裂在传统文化语境之外的今人误解。通过向外对比中西方空间叙事的差异，我们更应认识到向内发掘的重要性，力求建立一套本土传统园林空间叙事理论，使被湮没的传统重新焕发生机。

3.3.4 作为底层逻辑的山水观念

（1）今人之唯建筑论园林

今人对园林的研究多着眼于建筑，缺乏对中国传统园林营造的底层逻

辑的思考，认为建筑是园林的核心内容，山水只是建筑空间余隙的填充物。早期的理论研究大多从建筑学的视角展开，着眼点以建筑为重，注重建筑空间的形式感，实践上更是不乏断章取义的复制之举。其后借用西方现代空间概念，作为解读分析园林的工具，实际上仍是基于建筑逻辑的理解，以现代美学法则为工具解读园林和建筑的空间形式，无法抓住传统园林山水概念之要义。

　　纽约大都会博物馆的明轩（The Astor Court）（图 3-11）照搬了苏州网师园殿春簃的前庭，意欲展现中国传统园林的一个局部，却只得其形，未见其神。殿春簃位于网师园一角，相对简单空旷，虽不是核心景区，但也有着完整的山水格局（图 3-12）。进而言之，这个小格局又是整个园林大格局的组成，明轩在复制时将小院南侧的湖石、涵碧泉舍弃，也未对院落中东墙门洞的框景进行表现，失去了山水支撑的明轩与殿春簃之间就有了巨大落差。虽有受制于博物馆内客观空间条件的限制，但仍可察见复制谋划时对山水关系的轻视。同理，当下不少园林博览会建设时，对传统园林的表达仍是满足于对苏州园林建筑的机械复制，以局部拼凑组合而成，从照片画面上看似园林，但建筑形式只是因袭而不知变通，环境破碎，缺乏整体意识。失去山水意识的支撑，园林的意境荡然无存。

　　这种"唯建筑论园林"的观念可谓本末倒置，究其原因，大致有四。

　　其一，中国传统园林中建筑面积所占比重较高。汉代宫苑即有宫观台

图 3-12 网师园殿春簃

图 3-11 纽约大都会博物馆明轩

阁相连通的观念，至唐代白居易《池上篇》有言：十亩之宅，五亩之园，"屋室三之一，水五之一，竹九之一，而岛树桥道间之"[141]，这也成为其后造园约略遵守的比例之法。在园林中，建筑既是上佳的观景点，也是景观营造的参与者，融看与被看的关系为一体。因此，相较于普通场合的建筑而言，园林建筑更注重形态变化，除亭台、楼阁、轩榭、厅堂等丰富的类型之外，不少单体建筑更是别具匠心，在造型上独出机杼，令人耳目一新。拙政园的香洲、留园的明瑟楼与涵碧山房组合而成的船厅都是其中的典型。就对园林的直观印象而言，建筑的重要性确实不可低估。

其二，今人赏园探究，往往匆匆一顾，只见局部，难见全局，体块独立的建筑作为园林的吸睛之处，难免给人留下更深的印象。但实际上，中国传统建筑的形态相当程式化，即便是以自由著称的园林建筑也没能完全脱离礼制等级和中正审美的束缚，单就建筑而言，对于空间性格的塑造能力着实有限。传统园林更强调的是建筑与环境要素相结合，以达到"虽由人作，宛自天开"的意境，山水环境的变化对于空间体验差异的塑造甚于建筑。也正因这样的误解，今人在再现传统园林风貌之时，才会仅仅机械地复制某些建筑的形式，而不知如何自主经营。

其三，今人普遍缺乏园居生活的体验，对造园的理解难免有所偏颇。传统园林秉承了山水画的审美标准，讲求可居、可游、可观，故而也有"立体的山水画"[142]之称。"游"讲求动观，"观"则为静观，使人在有限的空间和时间内充分欣赏空间丰富的变化和微妙的差异,山林的营造即是为此。地形起伏、视野空间之开合、花木四季之变化、阴晴明晦,凡此种种皆构成一种生动的体验,让人于方寸之间领会人生之真意。陶渊明诗云"此中有真意,欲辨已忘言",实非忘言,而是不可言说,禅宗的不立文字也是此意。言说和文字皆为相,落了行迹,便使人沉迷其中而忘却真正的道。由是观之,今人执迷于园林建筑而忽视山水形态,正是耽于外相而忽视了内涵。

其四,古代园林著述中建筑布局和造景技巧着墨较多,对于山水形态的整体构思则较少涉及。如计成在《园冶》中没有关于山水形态的论述,而在建筑、花木、叠石和理水等方面则有较为详尽的论述。如此便很容易给人留下印象,认为造园的重点在于建筑、花木、叠石、理水等形态明确且局部的做法。而关于整体的谋篇布局、山水形态塑造,尽管有不少佳作传世,但多是经验总结,理论层面论述较少。

从现象上看,现存园林尤其是晚期园林确实给人以山水对于园林只是建筑补隙的印象,这是没有充分理解造园旨趣的结果。反过来讲,我们即使以建筑论园林,也要厘清园林中建筑变化的逻辑。事实上,园林建筑的发展演变仍然依归于山水关系,山水是解读中国传统园林包括园林建筑的基本逻辑。

（2）古人之以山水为核心

中国传统文化中存在"道器论"的思想,形而上者谓之道,形而下者为之器。建筑在西方古典语境中被视作"艺术之母",而根据中国文化传统,一般的建筑趋于程式化和模件化,属于"器"的范畴,并不被视作艺术;制作者也"仅仅被视为制造奢侈品的工人,充其量也不过是技艺高超的匠师"[143]。园林基于与绘画和诗歌的天然联系,以及文人对造园活动的参与,有了很强的艺术成分,成为托物言志的重要工具和手段,有了"道"的内涵。这种表意功能发展出一套特殊的逻辑,形成了园林与一般建筑截然不同的空间语言[144],唯建筑论园林显然不合时宜。

林语堂在《生活的艺术》一书中曾言:"'房屋'这个名词应该包括一切起居设备,或居屋的物质环境。因为人人知道择居之道,要点不在所见的内部什么样子,而在从这所屋子望出去的外景是什么样子,所着眼者实在于屋子的地位和四周的景物。……所以中国人对于房屋和花园的见解,都以屋子本身不过是整个环境中一个极小部分为中心观点。"[145] 换而言之，中国人传统上更看重的不是建筑本身，而是通过建筑所能感受到的环境价值；空间的丰富性也不通过建筑的体量和形式生成，而是以建筑和环境的配置关系实现：建筑只是整个空间符号体系中相对模件化的一环。园林亦是如此，将建筑视为核心，可谓是本末倒置。在笔者看来，古人是以山水精神为营园之本，以山水之美为园林审美的第一要素。

①建筑画的品格

就可视为园林母本的绘画而言，顾恺之曾对绘画对象的难易程度作一排序，言"画人最难，次山水，次狗马。其台阁，一定器耳，差易为也"[146]。台阁建筑画始终差些格调，不能由器入道。至唐代，以台阁搭配山水的绘画流行起来，但建筑始终不能摆脱陪衬的身份。如张彦远评"至于台阁树石、车舆器物，无生动之可拟，无气韵之可侔，直要位置向背而已"[147]，该认知今人看来虽有偏颇，但也真实反映出有唐一代"楼台屋木"绘画的边缘性。自北宋以来，随着文人话语权的大幅提升，对文人画的重视、对工匠之俗的批判，成为品评绘画的重要依据[148]，具有鲜明的时代烙印。此时屋木宫室画在画法上有了极大进步，尤以用直尺绘制的界画最为典型。郭若虚在《图画见闻志》中将前人屋木画与时人界画相比，批判后者"分成斗拱，笔迹繁杂，无壮丽闲雅之意"[149]，便是站在文人画的立场上批判院体界画更欠气韵。元代界画的含义进一步拓展，成为建筑画之大宗，但其时写意水墨画盛行，以写实工细著称的界画自然不融于主流。如汤垕所言，"世俗论画必曰画有十三科，山水打头，界画打底"[150]，足见二者高下分别。至明代，界画"擅长者益少，近人喜尚玄笔，目界画者鄙为匠气，此派日就澌灭矣"[151]。《长物志》从文人赏玩角度论书画，将山水列为第一等，树石列为第二等，小体量建筑为为第三等，大体量建筑最次[152]；又论书画价格，将山水竹石与古名贤象列为第一等正书，作为画价的标准，价格最高[153]，足见山水和建筑在当时文人心中品格的高下之分。清代界画分宫廷、民间两路发展，宫廷一脉多为歌功颂德的宏幅巨制，受西洋技法影响，写实性日强，文人画家对此倾向多有贬抑，言之"学者能参用——，亦具醒法，但笔法全无，虽工亦匠，故不入画品"[154]；民间一路虽重新活跃，但也未能摆脱"匠气""末等"之属。

图 3-13
宋代郭忠恕《辋川图》临本（局部）

由此可见，建筑画的品格始终不能与山水画相提并论，沦为文人墨客眼中的匠、器之流。山水画中的建筑也多为点缀陪衬，与山水本身相比，重要性自然不能同日而语。

②园记中的线索

画品如此，古人造园、品园的思想自然也不外乎于此，下文试选取唐代以来若干园记诗文为文本，以求从古人的只言片语中窥得山水之重。

唐代王维营建辋川别业，在山谷中造二十一景，以天然风景取胜，建筑密度极低，甚至有一半景致完全没有建筑，或为不予人力的自然景观，或为生产性的景观。以《辋川图》（图 3-13）观之，山体形态和体量突出，树木繁茂，建筑院落隐于山中，山构成了整个长卷次第展开的脉络。唐代城市郊野用地均不紧张，加之庄园制度的流行，官员和地主往往拥有大片土地，山林营园尤为流行，园林尺度极大，以自然山水为主要审美对象。柳宗元曾作《愚溪诗序》一文，托物兴辞，以智者乐水比德自嘲为"愚"，并移情于山水景物，一一名之，延续了"心凝形释，与万化冥合"[155]的物我两忘之境。行文先言地形地势，随后按照溪—山—泉—沟的顺序展开，以山水为脉，随后加以人力兴造，但不提池、堂、亭、岛具体如何，只谈园内山水小景，"嘉木异石错置，皆山水之奇者"[156]。在《永州韦使君新堂记》一文中，柳宗元也是先写山水景致的整理和开辟，才有在此基础上的"乃作栋宇，以为观游"[157]，利用自然山水地貌置景成园，先后逻辑一目了然。

唐人将大兴宫室土木视为隋代衰败的原因之一，认为修建离宫别馆劳民伤财，不利于国祚，故宫苑建置多语焉不详。今存园记多为中唐以后，其时唐代政治与经济中心皆东移至洛阳，正是所谓"中国园林的洛阳时代"[158]，因此贵族公卿造园之风盛行。康骈《剧谈录》载武宗朝李德裕的平泉庄："卉木台榭，若造仙府。有虚槛，前引泉水，萦回穿凿，像巴峡洞庭，十二峰九派，迄于海门江山景物之状。竹间行径有平石，以手摩之，皆隐隐见云霞、龙凤、草树之形。"[159]该园与辋川别业不同，是垒石叠山的官宦私宅园林，巴峡洞庭、十二峰九派，何等气派汇于一园，台榭仅是其中点缀。李德裕本人在《平泉山居草木记》和《平泉山居戒子孙记》中将造园志趣托于园中草木山石，其余园景只字不提，虽有高官大吏自我标榜的惺惺作态之意，但也反映出山水之重要。除了起势造脉，该园亦以山水为纹理。后世《河南志》记载有婆娑亭贮奇石，传为该园醒酒石，"以水沃之，有林木自然之状"[160]，山水从宏观行至微观。唐人亦有《盆池赋》："达士无羁，局闲创奇，陷彼陶器，疏为曲池，小有可观。本自挈瓶之注，满而不溢，宁逾凿地之规，原夫深浅随心，方圆任器。"[161]北方干旱少水，虽有通渠引水，但仍不能满足士大夫的园池建设需求。园中又不可无池无水，故退而求其次，埋盆蓄水，聊观水景。在求取自然山水不得的情况下，人们寄情人造盆景，充分发挥想象，从盆中的"池光天影"[162]观得天地宇宙，颇具禅宗意味。

自北宋起，商人阶层兴起，仕进之门逐渐开放，社会发生质变，苏杭一带渐成经济中心，但园林仍以洛阳为宗。同时，山水之理已相当成熟，山水画一跃而居诸画之首。司马光的独乐园是当时洛阳文人园林的典型代表。《独乐园记》以水为脉，引出散布其中的建筑，建筑均以功能和周边景物意象为名，如"读书堂""弄水轩""钓鱼庵""种竹斋""采药圃""浇花亭"等，相比周围环境，对建筑本身反而不着笔墨，其中"见山台"的修筑完全是出于眺望远处山景的需要。可见在司马光眼中，园林的水脉山景和兼具生产性质的林木花草才是重点。只是唐人所推崇的山野朴拙之气，逐渐化为北宋文人对微缩山水的精雕细琢。整篇园记之意不在描写园子本身如何，而在于借园中活动表达作者自得其乐的文人中隐之志。李格非在《洛阳名园记》[163]中先记该园之小："园卑小，不可与他园班。"贯穿全园的水脉实际上起到了分割空间、扩大空间尺度感受的主导作用；再言园景本身并不突出，"所以为人欣慕者，不在于园耳"，园林的诗意通过主人的文学活动得以生发，园林的名望通过园主人的品格得以彰显。

苏轼曾作《灵璧张氏园亭记》，言其园"蒲苇莲芡，有江湖之思，椅桐桧柏，有山林之气，奇花美草，有京洛之态，华堂夏屋，有吴蜀之巧"[164]，这实际上是对当时园林价值观的一种阐释，"江湖之思"和"山林之气"显然成为最重要的前提条件。欧阳修的《醉翁亭记》也有"醉翁之意不在酒，在乎山水之间也"[165]之言，并具体描绘了朝暮四时皆不同的"山水之乐"。观其《浮槎山水记》一文，欧阳修将非审美的心胸称为"富贵者之乐"，而"山林者之乐"才是审美的心胸，由此方可"画意不画形"[166]，由"形"入"意"。

这一时期的皇家园林也可一观，"艮岳"有着唐宋时期罕有的宫廷园林御记，虽为宫苑，但经以书画著称的宋徽宗本人规划设计，"按图度地"，兼具了浓郁的文人意趣和磅礴的皇家气势。御制《艮岳记》先写总体布局"冈连阜属，东西相望，前后相属，左山而右水，沿溪而旁陇，连绵而弥满，吞山怀谷"[167]，山体脉络连贯；再一一铺陈，写主山"万岁山"在北，其西"万松岭"为侧岭，东南"芙蓉城"为延绵的余脉，次山"寿山"在南，与主山隔水体遥相呼应，形成一个"宾主分明、有远近呼应、有余脉延展的完整山系"[168]，山体从北、东、南三面包围水体，山水格局完整突显，合乎"凡画山水，先立宾主之位，次定远近之形，然后穿凿景物，摆布高低"[169]的画理。文中也谈到对艮岳景观的感受，对此园纳自然山川风物之灵秀颇为自矜："东南万里，天台、雁荡、凤凰、庐阜之奇伟，二川、三峡、云梦之旷荡。四方之远且异，徒各擅其一美，未若此山并包罗列，又兼其绝胜。飒爽溟滓，参诸造化，若开辟之未有。虽人为之山，顾岂小哉。"[170]退而言之，整个园林以"艮岳"为名，建筑群落"华阳宫"仅于众山环列中"得平芜数十顷，以治园圃"[171]，也足见山水精神和山水关系之重。

南宋以后，江南成为中国文化的主角，园林经营也逐渐摆脱中原文化影响，自身特色突显。明代以后，江南园林更是高度发达，成为文人的生活环境，在大众化和世俗化的趋势之下，分化出绚丽豪华的造园风潮，但清新自然的文人园林传统也得到了承续。整体而言，园林中建筑密度逐渐加大，建筑的装饰性和居住性得到重视，造景日趋系统化和程式化。那么时人眼中山水的重要性是否就削弱了呢？答案自然是否定的。

首先，时人园记中不乏对于山水是第一要素的论述。如明代王稚登《寄畅园记》云："大要兹园之胜，在背山临流，如仲长公理所云。故其最在泉，其次石，次竹木花药果蔬，又次堂榭楼台池籞，而淙而涧，而水而汇，则得泉之多而工于为泉者耶？匪山，泉曷出乎？山乃兼之矣。"[172] 对构成园林景观诸要素之间的相互关系进行梳理，形成泉—石—植物—建筑设施的次序，进而追问泉水从何而来，将水源地惠山视作整个寄畅园生态系统的中心。

与寄畅园毗邻的愚公谷建于明末万历年间，主人邹迪光也有此类言论："评吾园者曰：亭榭最佳，树次之，山次之，水又次之。噫！此不善窥园者也。园林之胜，惟是山与水二物。无论二者俱无，与有山无水，有水无山不足称胜，即山旷率而不能收水之情，水径直而不能受山之趣，要无当于奇；虽有奇葩绣树，雕甍峻宇，何以称焉。"[173] 在他看来，山水成于天，而此园"本于天而亦成于人"，若只得天然的山水土木之胜则颇为"束手"，须有人力的介入改造，世人只见其园建筑奢华豪丽却是大大违背了自己的初衷，山水仍是园林之胜之所在。该园虽以愚公谷为名，但楼台堂榭豪奢华美，从中也反映出文人隐逸思想的巨大变化。前期与世无争的隐逸山居和亦朝亦野的中隐田园在此转变为物欲风流的咫尺山林，放纵恣意的犬儒心态表露无疑。但无论如何"成于人"，终究是要先"本于天"，以山水为重。

其次，从园记的行文线索和字里行间也可得见以山水为核心的观念。仍以邹迪光《愚公谷乘》为例，该文洋洋洒洒十一篇，以游园时序铺陈文字，今不妨观其如何行文叙事。

A. 以山水为叙事线索

愚公谷与寄畅园左右夹峙在惠山寺旁，同样背山临流，得"仲长之山水"[174]，具有得天独厚的天然条件。邹迪光在对园景进行描述时，采取了以水脉为框架的逻辑方式，第二至五记花大量篇幅来叙述"涧之事"，言引"黄公涧"入园，复为三折，又作五堰捍之，园内景观依涧水三折七堰的走势展开，搭建起愚公谷的空间框架；第六至十记则以水系为参照，对主线路径视角进行补充，通过介绍"瓠叶廊""四照关""柏子林""缋水堂"和"语花簃"五个景区，勾勒出愚公谷的全貌。整篇园记重在描写以水脉为框架的空间定位，对园内的具体景观和造景手法仅以只言片语带过。

B. 建筑的空间属性

园内建筑众多，各有特色，作者却并不在形态和装饰上多费笔墨，反而将其作为"点景"和"观景"之用，着重描写建筑与山水环境的关系，空间属性成为建筑在此的主要存在方式。譬如描写塔照亭时，不写其亭如何，只写与前后两山"不远不近，若即若离"[175]，以及由此营造出的"不依依而匿，不落落而傲"之意。此外，人的行为也被纳入进来，与建筑搭配共同完成空间叙事。如文中描写满月轮一亭的形态，其意不在亭子本身，而在于通过亭似轮状来阐明"墙外者视亭如莲轮，视亭内人如九品生从莲叶吐出"的景观意象。

③《园冶》的启示

明末计成著有《园冶》一书，为造园理论之集大成者，今人观之似是只谈建筑、花木、掇山、理水等技法，并不重视谋篇布局和山水形态，但细究起来却并非如此。

"结合文人的生活于园林之中，是自宋代开始，元代成熟，明代普及的。"[176] 明代以后，随着商品经济的发展和市民文化的勃兴，园林从官僚文人之宅园转为商贾文人之居所，至明末，"江南地区成为中国后期文化的大熔炉，汇而为一种独特的、大众化的、世俗化的文明。在这里，中国文化已经没有明显的贵族与平民之分，也没有乡俗与高贵之别了。儒、佛、道早已融为一体，理想与现实混为一谈，宗教与迷信不再划分。这样的文明最恰当的象征，就是江南的园林。"[177] 此时中国传统消费文化和休闲的生活形态已见雏形，高雅艺术的进一步通俗化和物质主义化似已不可逆转，传统艺术逐渐产生了分离倾向：一部分走向世俗化、大众化和装饰化，不再像传统的士人园林那样高不可攀，开始走入市井小民生活；另一部分则愈加强调观念性，彰显个性与文人气质。董其昌便是后者的代表，他建立了一套"文人之画"的观念体系，强调一种"静穆、文儒的精神状态"[178]，将"文人"的概念狭义化，一定程度上是在反对投市场所好、模仿工丽院派绘画的匠人画。

明末绘画已取代诗歌，成为文人士大夫阶层的主流艺术形式，绘画观念上的巨变必然对园林产生深刻影响。那么，以计成为代表的明末清初造园家的园林观又走向了何处呢？汉宝德对此有一段颇为精辟的总结："《园冶》代表的园林观是与文人画平行的，可称之为文人园。"[179]

A. 匠主之别

《园冶》开篇谈兴造："世之兴造，专注鸠匠，独不闻三分匠、七分主人之谚乎？非主人也，能主之人也。"[180] 此处"主人"有释为园主人者，也有作主其事即造园家之解。其时园主群体成分复杂，但仍可视为以文人为主，至于造园家更是已趋于职业化。《清史稿》记造园家仅张涟一人，为董其昌弟子，通其法，擅叠石，"移山水画法为石工"[181]，虽有李渔言"从来叠山名手，俱非能诗善绘之人"[182]，但当时造园专业技能实际上已颇得山水画之精髓，顶级造园家也可算得是胸有丘壑的文人。郑元勋为《园冶》题词时也进一步论述了园林的主、匠之别，言"工人能守不能创"[183]。受浮躁的世风影响，晚明以降江南私园水平良莠不齐，出现了大量肤浅幼稚、纤巧秾丽的抄袭模仿之作，"事事皆仿名园，纤毫不谬"[184]，造园前"必先谕大匠曰：亭则法某人之制，榭则遵谁氏之规，勿使稍异"[185]，以至流于形式、囿于模式、工于装饰之作频出，不得山水之意趣。计成所言之"匠"，更多的是对这种过分工巧、画虎类犬的匠气之风的批驳，足见其与董其昌文人画观念的异曲同工之处。

B. 推陈出新

在一些具体技巧上，计成也反对匠人成法和一味迷信前人古法，提倡创新，如"从雅遵时"[186]"时宜得致，古式何裁"[187]"厅堂立基，古以五间三间为率。须量地广窄，四间亦可，四间半亦可，再不能展舒，三间半亦可"[188]"历来墙垣，凭匠作雕琢花鸟仙兽，以为巧制，不第林园之不佳，而宅堂前之何可也"[189]等，同样彰显出个性独立的文人气质。其后的李渔也有类似观点："土木之事最忌奢靡……盖居室之制贵精不贵丽，贵新奇大雅，不贵纤巧烂漫。"[190]

C. 画意入园[191]

董其昌《兔柴记》云："盖公之园可画，而余家之画可园。"[192]童寯由此评价："一则寓园于画，一则寓画于园，盖至此而园与画之能事毕矣。"[193]反观《园冶》，亦可见对园林画意的强调："宛若画意""楼台入画""境仿瀛壶，天然图画""拟入画中行"……这些从文人体验角度展开的论述充分展现了"入画"为园林的理想境界。文震亨的《长物志》[194]也有类似言论："草木不可繁杂，随处植之，取其四时不断，皆入图画。""堂榭房屋，各有所宜，图书鼎彝，安设得所，方如图画。"与此相呼应，张岱在《鲁云谷传》中有"肆后精舍半间……窗下短墙，列盆池小景，木石点缀，笔笔皆云林、大痴"[195]之言，便是追求在园中营造倪瓒、黄公望的画意。可见画意入园在晚明江南文人群体中几乎成为共识，文人画、文人园这两个平行的概念在此交汇贯通。如上所述，此"文人园"便取狭义的文人之意，与匠人俗气之园有所区别，园画皆备，通晓山水画意精髓，融汇山水审美精神。

至于山水与建筑孰轻孰重的关系，谨取《相地》一节视之：造园先相地，而相地又以山林地最胜，"自成天然之趣，不烦人事之工"[196]。对市井营园则强调选址须有山水关系，可据此营造建筑，以得闹中取静的城市山林之乐，足见山水视为造园的底层逻辑。又有《兴造论》言园林造景之法："因者，随基势之高下，体形之端正，碍木删丫，泉流石注，互相借资；宜亭斯亭，宜榭斯榭，不妨偏径，顿置婉转，斯谓精而合宜者也。借者，园虽别内外，得景则无拘远近，晴峦耸秀，绀宇凌空，极目所至，俗则屏之，嘉则收之，不分町疃，尽为烟景，斯所谓巧而得体者也。"[197]简而言之，"因"以地势地形为基础，整理控制树木的位置形态、水石的流转，并据需求以建筑作陪衬；"借"则通过以近景建筑的位置来控制视线和视点，屏蔽俗景，将佳景收入眼底。汉宝德将这套造景方式与绘画（尤其是山水画）相关联，认为建筑仅起到点缀和画框框景的作用[198]，与山水形势的重要性自然不能相提并论。

《园冶》为何多言技巧而不谈山水，在笔者看来，大抵是因为山水审美传承至此，已潜移默化地成为文化底色，著书立说反嫌累赘，具体微观的经验技法更能体现其时文人所推崇的个人表现主义情结，故成为人们津津乐道的传世之事。

注释

1　莱辛.拉奥孔 [M].朱光潜,译.北京:人民文学出版社.1984.

2　杨鸿勋.江南古典园林艺术概论 [A]// 建筑历史与理论(第二辑)[C].
　　中国建筑学会建筑史学分会,1981:22.

3　(美)韦勒克,沃伦.文学理论 [M].刘象愚,译.
　　北京:生活·读书·新知三联书店,1984:10.

4　季水河.文学理论导引 [M].湘潭:湘潭大学出版社,2009:151.

5　曹林娣.苏州园林匾额楹联鉴赏 [M].北京:华夏出版社,2011:1.

6　曹雪芹,高鹗.红楼梦 [M].武汉:长江文艺出版社 2010:114

7　蔡友,柯欣.心旷神怡画中游(上)——中国园林欣赏 [J].
　　全国新书目,2009(15):76-77.

8　肖鹰.意与境浑:意境论的百年演变与反思 [J].文艺研究 2015(11):5.

9　杨鸿勋.江南园林论——中国古典造园艺术研究 [M].
　　上海:上海人民出版社,1994:257.

10　宗白华.宗白华全集(第 2 卷)[M].合肥:安徽教育出版社,1994:361,438.

11　肖鹰.意与境浑:意境论的百年演变与反思 [J].文艺研究,2015(11):8.

12　肖鹰.意与境浑:意境论的百年演变与反思 [J].文艺研究,2015(11):8.

13　(宋)郭若虚.图画见闻志 [M].沈阳:辽宁教育出版社,2001:8.

14　肖鹰.意与境浑:意境论的百年演变与反思 [J].文艺研究,2015(11):5.

15　余彦君.柳宗元文 [M].武汉:崇文书局,2017.118.

16　冯纪忠.意境与空间——论规划与设计 [M].北京:东方出版社,2010:7.

17　杨鸿勋.江南古典园林艺术概论(续)[A]// 建筑历史与理论(第三、四辑)[C].
　　中国建筑学会建筑史学分会,1982:57.

18　龙迪勇.空间叙事研究 [M].北京:生活·读书·新知三联书店,2014:4.

19　Henri Lefebvre.The Production of Space.Translted by Donald Nicholson-Smith[M].
　　Oxford UK:Blackwell Ltd,1991:356

20　包亚明.后现代性与地理学的政治 [M].上海;上海教育出版社,2001:18.

21 （美）凯文·林奇. 城市意象 [M]. 方益萍，何晓军，译.

北京：中国建筑工业出版社，2001.

22 （法）Georges Jean. 文字与书写——思想的符号，[M]. 曹锦清，马振聘，译.

上海：上海书店出版社，2001：275-276.

23 皮埃尔·吉罗. 符号学概论 [M]. 怀宇，译. 成都：四川人民出版社，1998：1.

24 张岱年. 中国哲学大纲 [M]. 北京：商务印书馆，2015：80.

25 （英）李约瑟. 李约瑟文集——李约瑟博士有关中国科学技术史的论文和演讲集

（1944—1984）[M]. 陈养正等译. 沈阳：辽宁科学技术出版社，1986：338.

26 （德）雷德侯. 万物 [M]. 张总，等译.

北京：生活·读书·新知三联书店，2006：11.

27 本节关于中西方山水、风景观念的对比主要参考：（法）朱利安. 山水之神 [A]//

（美）吴欣. 山水之境——中国文化中的风景园林 [M].

北京：生活·读书·新知三联书店，2015：15-28.

28 （唐）张彦远. 历代名画记 [M]. 沈阳：辽宁教育出版社，2001：14.

29 语自《易传·系辞上》。

30 语自《老子》。

31 语自张载《正蒙·太和》。（宋）朱熹，（宋）吕祖谦. 近思录 [M].

济南：山东画报出版社，2014：23.

32 高居翰，杨思梁. 中国山水画的意义和功能 [J]. 新美术，1997（04）：25-36+80.

33 语自西晋左思《招隐诗》。

34 李泽厚将“实践理性”解释为“把理性引导和贯彻在日常现实实践生活、伦常感情

和政治观念中，而不作抽象的玄思”。李泽厚. 美的历程 [M].

北京：生活·读书·新知三联书店，2009：52.

35 李泽厚. 美的历程 [M]. 北京：生活·读书·新知三联书店，2009：52.

36 以山和水来比附赞美人的品德并非始于孔子，《诗经》中不乏此类吟咏，如“天作高山，

大王荒之”（《周颂·天作》）、“委委佗佗，如山如河”（《鄘风·君子偕老》）等。

37　李泽厚.美的历程 [M].北京：生活・读书・新知三联书店，2009：55.

38　李泽厚.美的历程 [M].北京：生活・读书・新知三联书店，2009：55.

39　语自鲁迅《而已集・魏晋风度及文章与药及酒的关系》。

40　（法）朱利安.山水之神 [A]//（美）吴欣.山水之境——中国文化中的风景园林 [M].
　　北京：生活・读书・新知三联书店，2015：27.

41　语自《文心雕龙・物色》。

42　刘洁.美境玄心——魏晋南北朝山水审美之空间性研究 [M].
　　北京：中国社会科学出版社，2016：29.

43　宗白华.美从何处寻 [M].重庆：重庆大学出版社，2014：188.

44　董其昌《画旨》："画中诗，惟摩诘得之，兼工者自古寥寥。"

45　李泽厚.美的历程 [M].北京：生活・读书・新知三联书店，2009：179.

46　美琪・凯瑟克，丁宁.中国园林与画家之眼 [J].创意与设计，2013（04）：60-69.

47　见冯纪忠《二十四品解析》。冯纪忠.建筑人生——冯纪忠自述 [M].
　　北京：东方出版社，2010：231.

48　此处对气韵之变的讨论借用李泽厚《美的历程》中山水画"无我之境"和"有我之境"
　　之说，可与下文所引冯纪忠中国园林审美历史的论述相互印证。

49　荆浩《笔记法》："似者得其形，遗其气，真者气质俱盛。"

50　荆浩《笔记法》："画者，画也，度物象而取其真。"

51　郭熙《山水训》："四时之景不同也""朝暮之变者不同也"。

52　语自郭熙《山水训》。

53　李泽厚.美的历程 [M].北京：生活・读书・新知三联书店，2009：173-178.

54　李泽厚认为南宋院体画处于过渡阶段。

55　语自王国维《人间词话》。

56　语自王国维《人间词话》。

57　李泽厚.美的历程 [M].北京：生活・读书・新知三联书店，2009：188.

58　美琪・凯瑟克，丁宁.中国园林与画家之眼 [J].创意与设计，2013（04）：60-69.

59　美琪・凯瑟克，丁宁.中国园林与画家之眼 [J].创意与设计，2013（04）：60-69.

60　语自李格非《洛阳名园记》。陈从周，蒋启霆.园综 [M].
　　上海：同济大学出版社，2004：49.

61　此处笔者取下文所引冯纪忠观点，意为山水之形、情、理、神、意。

62　表中内容来自冯纪忠．人与自然——从比较园林史看建筑发展趋势 [J].

　　建筑学报，1990（05）：39-46.

63　丁宁．中国园林的当代意义刍议 [A]// 中国美术家协会理论委员会，苏州市文学艺术

　　界联合会编．首届中国美术苏州圆桌会议论文集——生态山水与美丽家园 [C].

　　苏州：古吴轩出版社，2013：76.

64　（宋）郭思．林泉高致 [M].杨无锐，编著．天津：天津人民出版社，2018：155.

65　（宋）郭思．林泉高致 [M].杨无锐，编著．天津：天津人民出版社，2018：17.

66　（清）笪重光著，吴思雷注．画筌 [M].成都：四川人民出版社，1982：3.

67　（宋）郭思．林泉高致 [M].杨无锐，编著．天津：天津人民出版社，2018：52.

68　陈从周，蒋启霆．园综 [M].上海：同济大学出版社，2004：176.

69　见（清）张缙彦《依水园记》。陈从周，蒋启霆．园综 [M].

　　上海：同济大学出版社，2004：64.

70　唐园林有盆池，详见下文"作为底层逻辑的山水观念"一节。

71　以郭熙的个人经历看，他应游过艮岳，故笔者推测可能受其影响。

72　顾凯．画意原则的确立与晚明造园的转折 [J].建筑学报，2010（S1）：127-129.

73　（宋）沈括．梦溪笔谈 [M].南京：凤凰出版社，2009：158.

74　美琪·凯瑟克，丁宁．中国园林与画家之眼 [J].创意与设计，2013（04）：60-69.

75　语出刘道醇《宋朝名画评》中评价李成之画。云告译注．宋人画评 [M].

　　长沙：湖南美术出版社，1999：55.

76　童书业．童书业美术论集 [M].上海：上海古籍出版社，1989：41.

77　（明）叶子奇．草木子 [M].北京：中华书局，1959：33.

78　夏咸淳．明代山水审美 [M].北京：人民出版社，2009：87.

79　语自荆浩《山水诀》。

80　语自郭熙《山水训》。

81　许少飞．扬州园林 [M].苏州：苏州大学出版社，2001：106.

82　俞剑华．中国画论类编 [M].北京：中国古典艺术出版社，1956：301.

83　（明）计成．园冶 [M].城市建设出版社，1957：64.

84　语自许慎《说文解字》："文者，物象之本。"《淮南子·天文训》高诱注："文者，

　　象也"。

85　语自《论语·先进》。

86　郭熙《林泉高致》有言"云气之态度活矣""得烟云而秀媚"，云气可被视为山水
生命精神的一种表征。（宋）郭思编，杨无锐编著. 林泉高致 [M].
天津：天津人民出版社，018：29，50.

87　可理解为"通过精神共鸣而获得的生气"或"振兴精神的悦动和生命的运动"，见
美琪·凯瑟克，丁宁. 中国园林与画家之眼 [J]. 创意与设计，2013（04）：60-69.

88　参考冯纪忠. 人与自然——从比较园林史看建筑发展趋势 [J].
建筑学报，1990（05）：39-46.

89　（宋）郭思. 林泉高致 [M]. 杨无锐，编著. 天津：天津人民出版社，2018：50.

90　语自辛弃疾《贺新郎》。

91　语自周敦颐《太极图说》："二气交感，化生万物……惟人也得其秀而最灵。"

92　郭熙《山水训》："山水有可行者，有可望者，有可游者，有可居者。"

93　《艺苑卮言》："人物以形模为先，气韵超乎其表；山水以气韵为主，形模寓乎其中。"

94　语自恽寿平《南田论画》。

95　语自恽寿平《宝迁斋书画录》。

96　语自董其昌《昼禅室随笔》。

97　语自袁枚《随园诗话》。

98　语自袁枚《随园尺牍·答何水部》。

99　冯纪忠. 人与自然——从比较园林史看建筑发展趋势 [J].
建筑学报，1990（05）：39-46.

100　当为形似。

101　美琪·凯瑟克，丁宁. 中国园林与画家之眼 [J]. 创意与设计，2013（04）：60-69.

102　顾凯. 中国传统园林中的景境观念与营造 [J]. 时代建筑，2018（04）：24-31.

103　高志忠. 唐宋八大家文集译注（精编本）[M]. 北京：商务印书馆，2016：115.

104　宗白华. 中国园林艺术概观 [M]. 南京：江苏人民出版社 .1987：9.

105　（宋）郭思. 林泉高致 [M]. 杨无锐，编著. 天津：天津人民出版社，2018：9.

106　（宋）郭思. 林泉高致 [M]. 杨无锐，编著. 天津：天津人民出版社，2018：11.

107　陈从周，蒋启霆. 园综 [M]. 上海：同济大学出版社，2004：42.

108　（唐）康骈. 剧谈录 2 卷 [M]. 上海：古典文学出版社，1958：34.

109　张法. 中国美学史 [M]. 上海：上海人民出版社 .2000：191.

110　语自苏轼《六月二十七日望楼湖醉书五绝》。

111 汉宝德主编.汉宝德作品系列：物象与心境——中国的园林 [M].

北京：生活·读书·新知三联书店，2014：170.

112 陈从周，蒋启霆.园综 [M].上海：同济大学出版社，2004：76.

113 宗白华.美学散步 [M].上海：上海人民出版社，1981：63-64.

114 语出唐张璪，引自（唐）张彦远.历代名画记 [M].

沈阳：辽宁教育出版社，2001：91.

115 冯纪忠.人与自然——从比较园林史看建筑发展趋势 [J].

建筑学报，1990（05）：39-46.

116 刘洁.美境玄心——魏晋南北朝山水审美之空间性研究 [M].

北京：中国社会科学出版社，2016：10.

117 冯纪忠.人与自然——从比较园林史看建筑发展趋势 [J].

建筑学报，1990（05）：39-46.

118 语自《易经·泰·九三象》。

119 高居翰，杨思梁.中国山水画的意义和功能 [J].新美术，1997（04）：25-36+80.

120 陈从周，蒋启霆.园综 [M].上海：同济大学出版社，2004:176.该段其余引文出处同此。

121 （宋）郭思.林泉高致 [M].杨无锐，编著.天津：天津人民出版社，2018：31.

122 鲁安东.迷失翻译间：现代话语中的中国园林 [A]// 卡森斯.建筑研究 01 词语、建筑物、

图 [M].陈薇，译.北京：中国建筑工业出版社，2011：47-79.

123 美琪·凯瑟克，丁译林.论中国园林中的花草树木 [J].美苑，2015（06）：40-48.

124 王舜著.承德名胜大观（第 2 版修订本）[M].呼和浩特：远方出版社，2009：135.

125 高居翰，杨思梁.中国山水画的意义和功能 [J].新美术，1997（04）：25-36+80.

126 （德）雷德侯.万物 [M].张总，等译.

北京：生活·读书·新知三联书店，2006：10.

127 郑元勋《园冶题词》，（明）计成.园冶注释 [M].2 版.

北京：中国建筑工业出版社，1988：37-38.

128 阚铎《园冶识语》，（明）计成.园冶注释 [M].2 版.

北京：中国建筑工业出版社，1988：9.

129 可与《芥子园画谱》对照观之，《芥子园画谱》将文人绘画拆解成各个独立的符号元素，

以丰富多样的主题和细致的图注解说，将传统绘画的模件化发挥到极致。

130 （英）霍克斯.结构主义和符号学 [M].瞿铁鹏，译.上海：上海译文出版社，1987：8-9.

131　（宋）沈括.梦溪笔谈 [M].南京：凤凰出版社，2009：152.

132　童寯.童寯文集（中英文本）第 1 卷 [M].北京：中国建筑工业出版社，2000：65.

133　语自苏轼《净因院画记》，俞剑华.中国画论类编 [M].
　　　北京：人民美术出版社，1957：47.

134　刘道醇《宋朝名画评》言识画之决在于"明六要而审六长也"，其三即为"变异合理"。
　　　云告.宋人画评 [M].长沙：湖南美术出版社，1999：2.

135　冯纪忠.人与自然——从比较园林史看建筑发展趋势 [J].
　　　建筑学报，1990（05）：39-46.

136　语自柳宗元《始得西山宴游记》。

137　（美）普林斯.叙事学叙事的形式与功能 [M].
　　　北京：中国人民大学出版社，2013：105.

138　（美）普林斯.叙事学叙事的形式与功能 [M].
　　　北京：中国人民大学出版社，2013：126.

139　（美）普林斯.叙事学叙事的形式与功能 [M].
　　　北京：中国人民大学出版社，2013：126.

140　（英）勃罗德彭特.符号·象征与建筑 [M].
　　　乐民成，译.北京：中国建筑工业出版社，1991：60.

141　（唐）白居易.白居易集 [M].长沙：岳麓书社，1992：946.

142　方晓风.中国园林艺术——历史·技艺·名园赏析 [M].
　　　北京：中国青年出版社，2009：10.

143　（德）雷德侯.万物 [M].张总，等译.
　　　北京：生活·读书·新知三联书店，2006：250.

144　方晓风.中国园林艺术——历史·技艺·名园赏析 [M].
　　　北京：中国青年出版社，2009：10.

145　林语堂.生活的艺术（下）中英双语独家珍藏版 [M].越裔，译.
　　　长沙：湖南文艺出版社，2017：558.

146　（唐）张彦远.历代名画记 [M].沈阳：辽宁教育出版社，2001：13.

147　（唐）张彦远.历代名画记 [M].沈阳：辽宁教育出版社，2001：13.

148　如苏轼言："观士人画，如阅天下马，取其意气所到。乃若画工，往往只取鞭策皮毛，
　　　槽枥刍秣，无一点俊发，看数尺许便倦。汉杰真士人画也。"苏轼.东坡养生集 [M].

福州：福建科学技术出版社，2013：140.

149　（宋）郭若虚.图画见闻志[M].成都：四川美术出版社，1986：33.

150　（元）李衎.竹谱详录——画鉴[M].北京：北京师范大学出版社，2016：354.

151　（清）徐沁.明画录卷一——宫室[M].北京：中华书局，1985：12.

152　见（明）文震亨.长物志[M].重庆出版社，2017：93.

153　见（明）文震亨.长物志[M].重庆出版社，2017：95.

154　（清）邹一桂.小山画谱.// 俞剑华.中国历代画论大观（第8编）清代画论3[M].

　　　南京：江苏美术出版社，2017：162.

155　（唐）柳宗元.柳河东集[M].上海：上海古籍出版社，2008：471.

156　（唐）柳宗元.柳河东集[M].上海：上海古籍出版社，2008：408.

157　（唐）柳宗元.柳河东集[M].上海：上海古籍出版社，2008：455.

158　汉宝德主编.汉宝德作品系列：物象与心境——中国的园林[M].

　　　北京：生活·读书·新知三联书店，2014：100.

159　（唐）康骈著.剧谈录2卷[M].上海：古典文学出版社，1958：34.

160　陈从周，蒋启霆.园综[M].上海：同济大学出版社，2004：44.

161　周绍良主编.全唐文新编第3部第3册[M].长春：吉林文史出版社，2000：7057.

162　唐韩愈《盆池》诗云："池光天影共青青，拍岸才添水数瓶。且待夜深明月去，试
　　　看涵泳几多星。"

163　陈从周，蒋启霆.园综[M].上海：同济大学出版社，2004：49.

164　陈从周，蒋启霆.园综[M].上海：同济大学出版社，2004：447.

165　（清）吴楚材，吴调侯.古文观止[M].西安：三秦出版社，2008：112.

166　语自（北宋）欧阳修《盘车图》："古画画意不画形，梅诗咏物无隐情。忘形得意知者寡，
　　　不若见诗如见画。"

167　陈从周，蒋启霆.园综[M].上海：同济大学出版社，2004：56.

168　周维权.中国古典园林史[M].3版.北京：清华大学出版社，2009：282.

169　（宋）郭思.林泉高致[M].杨无锐，编著.天津：天津人民出版社，2018：160.

170　周维权.中国古典园林史[M].3版.北京：清华大学出版社，2009：285.

171　引自蜀僧祖秀于金兵破城后见之所记《华阳宫记》，陈从周，蒋启霆.园综[M].
　　　上海：同济大学出版社，2004：57.

172　陈从周，蒋启霆.园综[M].上海：同济大学出版社，2004：176.

173　陈从周，蒋启霆 . 园综 [M]. 上海：同济大学出版社，2004，180.

174　见（明）邹迪光《愚公谷乘》自叙，无锡市图书馆整理 . 锡山先哲丛刊 2[M].
　　　南京：凤凰出版社，2005：347.

175　陈从周，蒋启霆 . 园综 [M]. 上海：同济大学出版社，2004：176. 该段其余引文出处同此。

176　汉宝德主编 . 汉宝德作品系列：物象与心境——中国的园林 [M].
　　　北京：生活·读书·新知三联书店，2014：164.

177　汉宝德主编 . 汉宝德作品系列：物象与心境中国的园林 [M].
　　　北京：生活·读书·新知三联书店，2014：132.

178　陈传席著 . 中国山水画史 [M]. 天津：天津人民美术出版社，2001：672.

179　汉宝德主编 . 汉宝德作品系列：物象与心境——中国的园林 [M].
　　　北京：生活·读书·新知三联书店，2014：182.

180　（明）计成著 . 园冶 [M]. 北京：城市建设出版社，1957：63.

181　赵尔巽著 . 清史稿 11 卷 [M]. 北京：大众文艺出版社，1999：4527-4528.

182　（清）李渔著 . 闲情偶寄全鉴 [M]. 北京：中国纺织出版社，2017：206.

183　（明）计成著 . 园冶 [M]. 北京：城市建设出版社，1957：50.

184　（清）李渔著 . 闲情偶寄 [M]. 昆明：云南大学出版社，2003：116.

185　（清）李渔著 . 闲情偶寄 [M]. 昆明：云南大学出版社，2003：116.

186　（明）计成著，赵农注释 . 园冶图说 [M]. 济南：山东画报出版社，2003：179.

187　（明）计成著，赵农注释 . 园冶图说 [M]. 济南：山东画报出版社，003：205.

188　（明）计成著，赵农注释 . 园冶图说 [M]. 济南：山东画报出版社，2003：63.

189　（明）计成著，赵农注释 . 园冶图说 [M]. 济南：山东画报出版社，2003：179.

190　（清）李渔著 . 闲情偶寄 [M]. 昆明：云南大学出版社，2003：116.

191　此处参考顾凯 . 画意原则的确立与晚明造园的转折 [J].
　　　建筑学报，2010（S1）：127-129.

192　陈从周，蒋启霆 . 园综 [M]. 上海：同济大学出版社，2004：76.

193　童寯著 . 江南园林志 [M]. 北京：中国建筑工业出版社，1984：45.

194　（明）文震亨撰 . 长物志 [M]. 重庆：重庆出版社，2017.

195　（明）张岱著 . 琅嬛文集 [M]. 长沙：岳麓书社，2016：152.

196　（明）计成著 . 园冶 [M]. 北京：城市建设出版社，1957：68.

197　（明）计成著 . 园冶 [M]. 北京：城市建设出版社，1957：64.

198　见汉宝德主编.汉宝德作品系列：物象与心境——中国的园林 [M].

　　北京：生活·读书·新知三联书店，2014：192.

　*　本章图片表格由郭宗平、黄子舰参与拍摄绘制。

第四章
中国传统园林空间叙事理论的验证

如前文所述，中国传统园林以山水为核心，生成了一套与西方相异的空间叙事系统；造园虽讲究因地制宜，但"法式并重"，虽"无定法"，却"有成式"，并不意味着没有普遍性的逻辑来指导具体造园实践，山水观念即是最基本的园林底层逻辑。在此基础上，本章选取具有代表性的园林实存进行案例分析，一方面力求以实例验证前文论述，另一方面意在更生动直观地解释何为以山水为核心、作为底层逻辑的山水观念应当如何发挥作用。空间叙事所表达的园林个性在宏观和微观层面上均有显现，故分为篇章和景区两个层级进行分析。其中篇章层级以园林的宏观布局、整体山水关系为着眼点，不求面面俱到；景区层级则对具体的叙事策略和叙事技巧展开讨论，以求深入详实。

4.1 篇章层级

就篇章层级而言，宏观的山水关系已经奠定园林的基调，对整体氛围的塑造起到了基础性的作用。拙政园以大块水面的分割和距离感的控制来营造堂皇之气，山水结构层层相套。网师园则追求在小园中体现大气象，故以尽可能开阔的中心水面为核心，景点围绕水面依次展开，其命名也多与水有关，对水的突显恰恰提点了"网师"之名所暗含的渔隐主题；虽无严格意义上的山，但小山丛桂之轩之名、月到风来亭之地势，无不在暗示山的意象，看似无山，却处处以山水做文章，"小园极则"绝非浪得虚名。怡园虽有大山大水，但山水关系营造出的三种观看方式与空间意象显然比单体的山或水引人注目，如此山水大观带来了整个园林的怡然自得之感。留园空间的承续关系较为明显，中部为大开大合的传统山水构架，西部一方面以消解厅堂的空间感和体量感来避免对中部格局的干扰，体现"留"的主题，另一方面以初会名山、如入深山、遍览群峰、独赏奇峰的空间序列体现爱石赏石的主题，虽无可以凭依的山水条件，但通过对山水关系的整理，平地造园亦可有山水之乐。由此可见，山水自有其个性，而所谓园林的个性也正是通过山水才得以表达。

图 4-1 拙政园远香堂
（图片来源：《中国园林艺术》）

4.1.1 拙政园

（1）拙政园的立意

拙政园始于明代正德年间御史王献臣的官僚别业[1]，后几易园主，屡有兴废，但大的格局至今基本保留了明代园林的底子。（图4-1）它的一个重要特点是建筑占比较小，空间舒阔开朗，有"不出郭郭，旷若郊墅"[2]的特色。

古人造园如写文章，唯以"破题"与"立意"最难，也界定了园林"基调"和"主题"。今解读园林亦当先分析其"立意"，以叙事学方法而言，即首先明确"所叙之事"。拙政园的叙事主题从其园名"拙政"可知其大意，若再结合园记和对联的阐释，则可较为全面真实地解读其意。

据文徵明《王氏拙政园记》中记载，园主王献臣借西晋名仕潘岳之语为园之名："昔潘岳氏仕宦不达，故筑室种树，灌园鬻蔬，曰：'此亦拙者之为政也。'余自筮仕抵今，余四十年，同时之人，或起家至八坐，登三事，而吾仅以一郡倅老退林下，其为政殆有拙于岳者，园所以识也。"[3]拙政园腰门旧对联，上联："拙补以勤，问当年学士联吟，月下花前，留得几人诗酒。"下联："政余自暇，看此日名公雅集，辽东冀北，蔚成一代文章。"此联追古抚今，言辞豪迈，气势磅礴。

从园记和楹联中，我们可以读出两层意思：第一，从"仕宦不达""筑室种树""灌园鬻蔬"可以看出园主王献臣作为一名"拙于政"的落魄仕宦的归隐意向；第二，从追古抚今的豪迈言语中可以感悟到，王献臣虽然仕宦不达，但终究是一名仕宦，那虚荣心遮掩下仕宦文人的"堂皇之气"呼之欲出。

如果考察明清时期私家园林的造园意向和叙事主题，"隐逸思想"是比较容易从表层意思中解读的，文人官员"仕宦不达"而回乡造园，寻求归隐，在当时亦是一种普遍现象。但具体到每一位文人隐逸的原因和方式，则因其性情、经历、背景等诸多因素而各有差异。拙政园主人王献臣的隐逸颇显游移，从其园记和对联的字里行间，以及园中空间布局的刻意营造，可看出一个学而优则仕的读书人对归隐山林的理想生活的向往和对齐家治国的人生抱负的不舍。

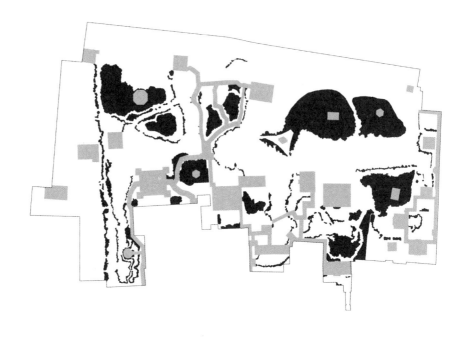

图 4-2 拙政园总的山水关系底图

（2）拙政园的总设计策略

在具体的空间布局方面，拙政园的"堂皇之气"主要通过轴线设计、环形视野和视距控制三个策略来实现。（图 4-2）

① 轴线设计

拙政园中建筑朝向多为南北向，且主要建筑之间南北对应，在中部园区从东向西自成三条轴线：东路以"梧竹幽居—海棠春坞—玲珑馆—听雨轩"形成轴线，中路以"雪香云蔚厅—远香堂—腰门入口"形成轴线，西部以"见山楼—香洲"形成轴线。坐北朝南的建筑朝向，加上相对严整的空间轴线，在看似自由活泼的园林平面形成了一种隐藏的秩序和仪式感。此种造园手法似与"宫室务严整，园林务萧散"的造园理念不合，但考虑到拙政园的叙事主题，却又是在"官气"与"散淡"之间求得平衡的最好选择。（图 4-3）

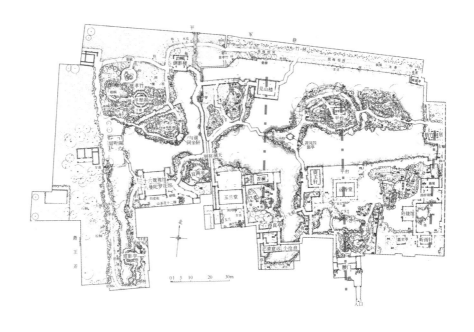

图 4-3 拙政园远香堂的三组轴线

② 环形视野

每一个景点建筑即为视觉中心，又为其他建筑视域的边界，更加强调看与被看间的转换。（图4-4）园林中的建筑既是作为"被观"的景致，亦是作为"观景"的定点。审视拙政园的主要建筑，多处于一种被景观包围的中心位置，这样便界定了一种观看方式，置身于远香堂、雪香云蔚亭、见山楼等主要建筑中，皆成景观环抱之势，顿生以我为中心之感。如此以"环形视野"观景，在叙述"堂皇之气"的主题时实为一种成功的手段。

③ 视距控制

从人的行为与直觉的角度看，理想的景观视距以二十米为佳，但拙政园的观景视距设计通过水面的分割和调控，在更短的距离下实现了更"远"的视错觉。（图4-5）多数观景点处于隔水相望的位置，正如文震亨所言"水

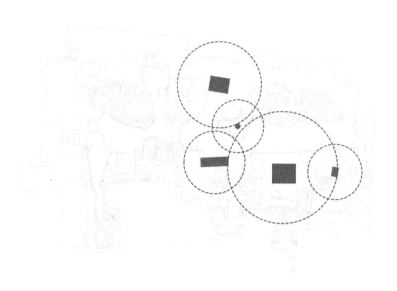

图 4-4 拙政园中部景区主要建筑环形视野

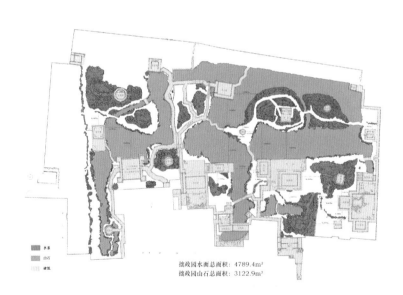

图 4-5 拙政园视觉控制

水系
山石
建筑

拙政园水面总面积：4789.4m²
拙政园山石总面积：3122.9m²

令人远"之意。通过对"远"的意境的塑造，突显每一处建筑和景致的堂皇和孤傲。在这里，"远"既是中国传统文化的一种视觉追求，也是达到"堂皇之气"的一种技巧。如远香堂北侧、雪香云蔚亭南侧通过平台增加与对面风景的距离，又如与谁同坐轩前面以 V 字形水面增加对岸游者的心理距离。再结合一些建筑的名称，如"远香堂""荷风四面亭""雪香云蔚厅""听雨轩""浮翠阁"等，则是基于对视觉、嗅觉、听觉等不同的直觉感知，直接运用文学的手法来营造"远"的意境。（图 4-6）

图 4-6 拙政园远香堂周边环境
（图片来源：刘敦桢《苏州古典园林》）

4.1.2 留园

留园始建于明代。留园之"留"，有存留之意。其一，"留"体现的是对原"刘园"（寒碧山庄）在命名上的延续；其二，"留"体现的是盛康在建造留园的过程中，对原有涵碧山房、明瑟楼一路大开大合的"山水—厅堂"格局的保留；其三，体现在对于五峰仙馆、林泉耆硕之馆及其间石林小院的布置，未突显厅堂的体量感，而是通过差异化的处理方式，显示出对原有山水格局的尊重以及对爱石主题的营造。

（1）留园的立意

① "留"为核心精神

A. 命名之"留"

留园之前的园主姓刘，"刘"与"留"同音，因此盛康将其改名为"留园"。也有一说是曾在整修时发现一块经历战火依然保存的"长留天地间"石碑，因此得"留园"一名。

留园多代园主都痴迷山石，因此也是一座以假山石闻名的园林。园中以自然形状的湖石、黄石堆筑山势，形成山体空间，模拟真山，营造山林意境。留园有三座有名的湖石，名为冠云峰、岫云峰、瑞云峰，其中以冠云峰最为有名。园中布置多处园林石景小品，如花坛、花台、铺地桌椅、石幢等。更有石林小院、揖峰轩等建筑以石为名。石头是留园在历史文化中的厚重积淀，整座园林浑然是一座以石为个性的园林。

B. 厅堂之"留"

留园始建于明代万历二十一年（1593 年），是时任太仆寺少卿徐泰时的私家花园，时称东园。1798 年寒碧庄修葺落成，1807 年刘恕写《石林小院说》，证明石林小院已建成。1874 年盛康购下刘氏寒碧山庄并易名为留园，后陆续增建"五峰仙馆""林泉耆硕之馆"。清代中期刘懋功曾绘的《寒碧山庄图》从中可以明确看出明瑟楼、五峰仙馆、石林小院的基本格局和面貌。（图 4-7）

留园后来的扩建基本尊重了原有的山水格局，保留了涵碧山房、明瑟楼一带的布局，形成以涵碧山房、明瑟楼、五峰仙馆、林泉耆硕之馆为主的三重山水院落布局。（图 4-8）

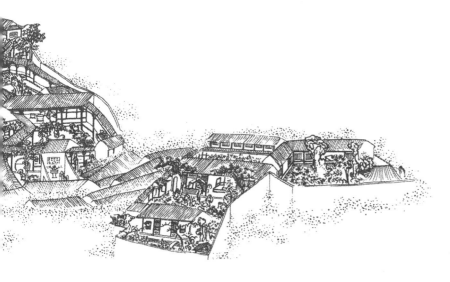

图 4-7 清代中期刘懋功绘《寒碧山庄图》（摹本）（图片来源：刘敦桢《苏州古典园林》）

图4-8 留园厅堂的历史演变顺序示意图

②爱石之心

爱石是留园的主题。全园山水格局完整有序，中部涵碧山房、明瑟楼一带主营真山真水之势，山水相映。园中遍布单置湖石及石组，有一梯云、五老峰等峰石组合，一梯云与明瑟楼一楼的通透空间形成框景，在明瑟楼内南望一梯云石组，如同一幅山石古画。五峰仙馆与院中的五老峰是山水环境和建筑配合的典范，馆置山林，山林入室。冠云、岫云、瑞云三峰为名石，乃全园最佳置石，冠云峰更是江南名石之一，独赏尤佳。东部园林中散置园主人搜藏的湖石。园中有多处花台小品、石屏风等，无不精致奇绝。还有多处以石为名的建筑、园林，如五峰仙馆、揖峰轩、石林小院、冠云楼、伫云庵、冠云台、浣云沼等。

留园中最独特的个性特征便是整个园林里充满了石的个性意味。托物言志，石被赋予了君子的人品，与之亲近可以陶冶性情，净化心灵。石峰能体现人格特征，"高者仰，卑者承，爱者耸，寝者蹶……"在观赏奇石的同时也能不断反省自己："稜厉可以药靡，雄伟而卓特可以药懦，空明而坚劲可以药伪。"用石峰作为治疗软弱、怯懦与虚伪的良药，为中国石文化注入了新的内容[4]。历代园主对石的执着、痴迷和热爱，加之他们本身具有的较高文化艺术修养和对奇石美石的卓越鉴赏力，使留园自建成以来便有以石为主题、以石为个性的特点。

图 4-9 留园五峰仙馆和林泉耆硕之馆的四组空间序列

（2）留园的设计策略

①差异化的山水布局

留园新增加的五峰仙馆和林泉耆硕之馆均是体量较大的厅堂，它们在后来的增减过程中，其实完全可以和涵碧山房所对应的主山水区使用相同的大开大合的山水布局。但是园主在营造的时候并未采用与刘恕时期相类似的山水布局，而是巧妙地采取一种差异化的山水布局策略。具体来讲：其一，有效地和原有大开大合的山水景区拉开关系，既因地适宜地满足使用需求所需要的面积，又同时形成和原有景区差异化的院落特征，以彰对原有园林山水格局的尊重；其二，将厅堂进行消隐，尤其是五峰仙馆，虽然体量巨大，但是通过对人的视线以及游线的控制，人们并不会像看到明瑟楼和涵碧山房一样看到一个完整的厅堂形象，这样的做法一方面进一步拉开和主山水区在空间个性上的差异，另一方面也为冠云峰成为东区核心作了铺垫，主次明确；其三，两组厅堂所在的院落中均有山水观念，除与主山水景区的做法拉开差异之外，也形成了各自鲜明的特征。五峰仙馆以厅堂为核心，建筑的界面、叠石、小水池、植物等围合着五峰仙馆，形成以幽奥为主的空间意向；而冠云峰所在的院落正好是建筑、植物、水池、叠石等围绕着冠云峰，形成敞旷的空间意向。一明一暗，一旷一奥，加之石林小院在其间调和、过度，最终有效地在平地无所凭借的条件下，巧妙地营造出以"留"为先的全新的山水面貌，同时也暗示出园主彰显"爱石"之意的巧思。（图 4-9）

图 4-10 初会名山：从五峰仙馆室内看向五老峰

图 4-11 五峰仙馆院落通过对视线的控制，营造一种高远的意象

②以石为核心的游山体验序列

A. 序列 1：初会名山

　　五峰仙馆前有一组五老峰，峰石林立，远近层叠，树石相衬，宛如山林。石峰绵延至馆前，山势充满整个院落布局，使五峰仙馆仿佛矗立在山林之中，仙气盎然。（图 4-10）人在五峰仙馆内，可正面仰视五老群峰。门一敞开，便有如一幅完整的山水画接入室内。视觉上可从山脚望向山峰，给人以压迫感，呈现出山峰的高远特征。（图 4-11）

图 4-12 如入深山：在石林小院中不同视点所看到的情景

B. 序列 2：如入深山

石林小院在空间设计上做了小院落和体量较小的建筑，在院子中放置了众多石峰、石组。漏窗、月洞门等设计使空间不会完全割裂开来。人在其中游览，院中景观左右更迭，峰石林立，可从漏窗、月洞门、廊中不同角度观赏奇石，形成迷醉之感，有一种"深远"的空间效果。（图 4-12）

C. 序列 3：遍览群峰

园内地势平坦，散置各种形态的奇峰怪石，或矗立于树旁，或两石对峙，或高峰、小山顾盼生情。自然的整石做桌台，小石做凳，园中充满了山石意象。有一亭放置园中，人拾级而上，有微弱的高程变化，使人能够迁想感受到微缩的登山感。在亭中可赏奇石，仿登山望远、遍览群峰之感。（图 4-13）

D. 序列 4：独赏奇峰

从南至北，南部园中除了散落的置石之外，地势平坦，空间敞亮。向北入门，进入院落，建筑前有一廊，两侧植树，形成半明亮空间。进入林泉耆硕之馆，厅堂中有"奇石寿太古"屏风分割，是一处幽深的建筑空间。北面开门可望冠云峰，像一束光打在舞台中央。（图 4-14）进一步讲，在冠云峰周围没有一棵植物比它高，同时建筑和置石围绕着冠云峰展开布置，形成围合之势，周边的环境也同样配合"独爱此山"的主题，强化了冠云峰的核心位置。（图 4-15）

另一方面，冠云峰所在院落有着完整的山水环境，以冠云峰配浣云沼。同时，背后冠云楼作为靠山横向展开，一起烘托冠云峰。（图 4-16）人至此，在心理感受上被冠云峰美景推向高潮。回望馆内，有青绿木刻匾额，与冠云峰相对望。（图 4-17）

图 4-13　留园林泉耆硕之馆南侧空地散置的太湖石

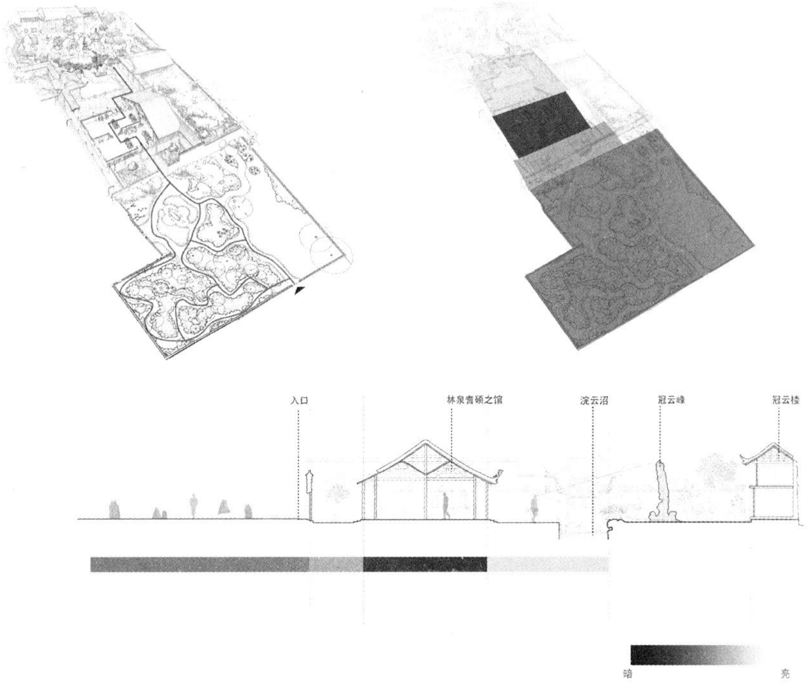

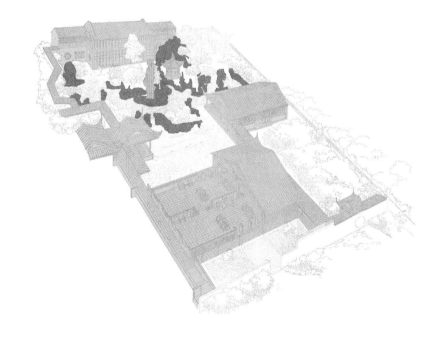

图 4-14 冠云峰在环境中被衬托出来

入口　　　　　林泉耆硕之馆　　　淀云沼　　冠云峰　　冠云楼

暗　　　　　　亮

图 4-15 从林泉耆硕之馆望向冠云峰

145

图 4-16

图 4-16 在环境中突显出来的冠云峰

图 4-17 从林泉耆硕之馆望向冠云峰与"奇石寿太古"匾额、木刻

图 4-19 留园五峰仙馆和林泉耆硕之馆的游玩路线

图 4-18 留园五峰仙馆和林泉耆硕之馆的四组空间序列

图 4-17

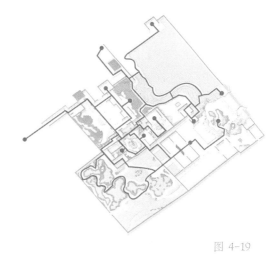

图 4-19

图 4-18

综上，留园的空间组成通过空间的对比藏露互引、疏密有致、虚实起伏、渗透与层次相同或相似实现基本序列形式（图4-18），其建筑空间虚实相间、旷奥自如，令人叹为观止。在园林这个有限的空间内，园主通过路径的转换形成连续的、动态的景观序列，创造出了更加丰富的空间形式和景观体验。人在当中游走，能获得感官与心灵的双重体验。（图4-19）

4.1.3 网师园

（1）网师园的立意

网师园始建于南宋淳熙年间，园主人为吏部侍郎史正志，园名"渔隐"。后清代乾隆年间归宋宗元所有，改名"网师园"。园名"网师"，即渔翁，含"渔隐"本意，标榜隐逸清高之意境。"今之规模，基本上为嘉庆元年富商瞿远村所构筑，后虽数易其主，但'网师'之旧观以及意蕴基本未变。"[5] "十亩之宅，五亩之园。"网师园是典型的私家小型园林，总面积较小，不超过十亩（约667平方米），建筑密度达30%。其中园林部分大约五亩，紧邻于邸宅西侧。园林入口处位于轿厅西侧一窄门，门额"网师小筑"。网师园被誉为"苏州园林之小园极则"，由此可看出网师园在造园手法上的主要特征是小而精致。

从营园的立意上看，网师园取"渔隐"之意。有隐居自晦之意，也有一种小隐隐于市的隐逸之趣。网师园强调以水面为核心展开布局，这样的特点，可从"濯缨水阁""月到风来亭""射鸭廊""石矶""引静桥"等景点的命名看出。另一方面，全园看似无山，但实际上通过"云冈""小山丛桂轩"营造出一座较为完整的大山。因此，整个园林依旧围绕"水"展开。（图4-20）

图4-20 网师园精致的园林空间环境，面向北侧小山丛桂轩和集虚斋

（2）网师园的设计策略

①以主水面彩霞池为核心，周围并置院落空间

大层级院落是以水面彩霞池为中心，周边环境配套组成非常精致的院落。小层级院落例如殿春簃之庭院、看松读画轩前院落空间、集虚斋庭院、东部住宅区三进院落、小山丛桂轩前院落空间等，围绕彩霞池布置。空间的基本模式一致，即以建筑为核心展开院落空间，符合"得其环中"的概念，建筑始终是一个非几何的中心存在。（图 4-21）

②园林游线伴随空间序列的收放控制

从轿厅的侧面小门进入参观园林，门额写叙事性提示"网师小筑"。入门，廊偏右斜，控制人视线向右侧小空间注视，形成小植物对景。然后进入具有厅堂属性的小山丛桂轩，面向南侧院落小空间。后穿过云冈往北，至濯缨水

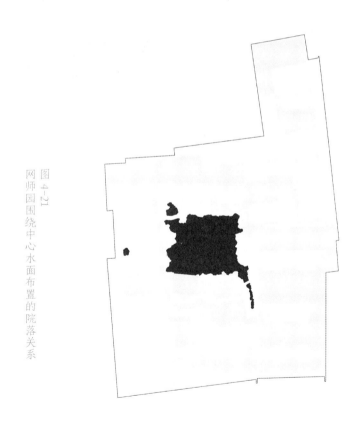

图 4-21 网师园围绕中心水面布置的院落关系

149

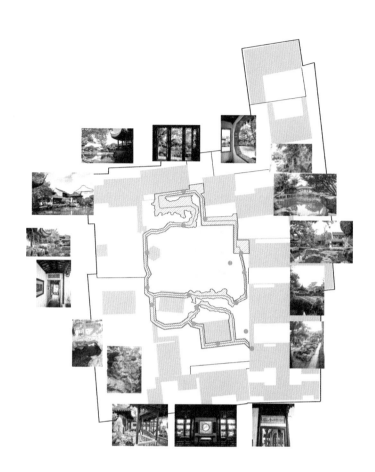

图 4-22 网师园中的空间序列

阁，进入面水大空间大视野。再到水西侧游廊，进入收窄性空间，过月到风来亭形成稍大的空间，直至看松读画轩庭院。游线伴随空间大小的收放，有层次性过渡和递进顺序，如同文学叙事，先过渡，再铺开情节。（图 4-22）

此外，园林的空间具有回环往复的特点。因此，人正向围绕主景区走一圈和逆时针围绕主水面走一圈所体验到的空间场景也是截然不同的。（图 4-23）

③建筑位置错动形成丰富空间

围合空间不单靠院墙来实现，建筑位置的前后错动亦可形成小围合空间。布置山石、植物和建筑，可形成丰富的立面。（图 4-24）从立面上看，建筑退后，形成虚实掩映的空间效果。（图 4-25）

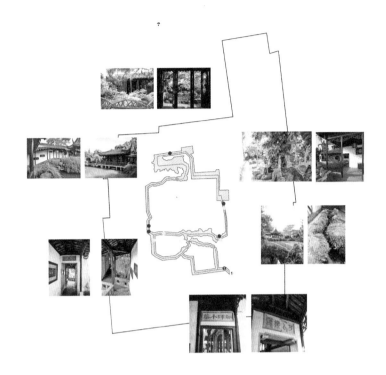

图 4-25 网师园中回环往复的空间特征

　　另外，住宅区也可作为一种较宽泛的空间叙事来看待。宅园一体是江南私家园林模式的重要特征。网师园就是典型的宅园一体的园林，东宅西园。住宅部分是一个格局严整的多进院落空间，园林部分是一个格局较为松散、以水为中心的空间。宅园明确区分的这种形式语言界定了两种空间的不同，这可以理解为一种宽泛的空间叙事。

　　东部住宅部分是人的日常生活之处，暗含礼法中长幼尊卑的人伦秩序，因此对应的空间语言就是以轴线为主的逻辑。由南到北，以轿厅、大厅万卷堂、花厅撷秀楼形成三进院落。建制遵循礼法，体现礼法制度形式，以此告诫人们日常起居不能逾越礼法。人从南侧正门进入，一直到北侧，都能够感受到强烈的规整感和秩序感。（图 4-26）

　　西部园林部分以彩霞池水为核心，环以廊、轩、楼、亭、榭等多种园林建筑，置假山驳岸互相呼应，东南、西北平桥拱桥点缀，错落有致、四面皆景，形成局部有隐含轴线秩序的园林空间。

图 4-24 网师园中布置不同的院落空
间和建筑，形成围合关系

图 4-26 网师园住宅区部分的轴
线序列

图 4-25 南、北侧立面形成虚实掩映的空间层次

4.1.4 怡园

（1）怡园的立意

怡园始建于清代同治十三年（1874年），园主为顾文彬。他在光绪元年（1884年）十月十八日给其子顾承的信中说道："园名，我已取定'怡园'二字，在我则可自怡，在汝则为怡亲。"清代俞樾在《怡园记》中写道："以颐性养寿，是曰'怡园'。"另外，曹林娣在《苏州园林楹联匾额鉴赏》中写道："园中丘壑，出于顾文彬及其子画家顾承（乐泉）之营构，有任阜长，程庭鹭、王石香等画家参与设计，园中布局成为中国山水画中的理想意境在立体空间的艺术再现。"

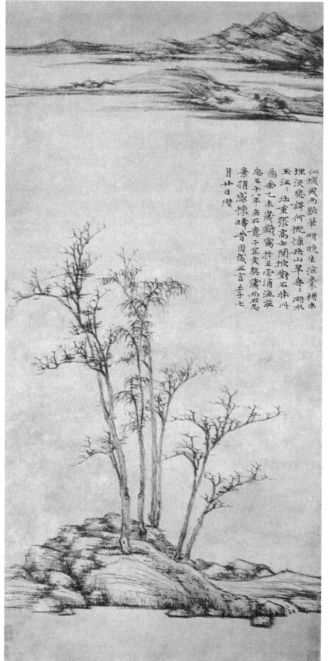

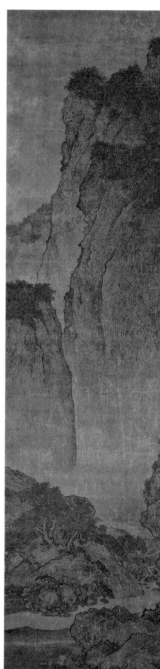

图 4-27 山水画中的"三远"：（元）倪瓒《渔庄秋霁图》、（北宋）范宽《溪山行旅图》、（北宋）郭熙《早春图》

从古代山水画论与园林的关系来看，中国古代绘画与园林在理论和实践方面都有相同之处，画论中的一些观点常被用作造园的方法论依据。宋代书画家郭熙在《林泉高致》一书中提出山水画创作应达到"可望、可居、可游"的境界，进而提出"三远"理论作为山水画的构图方法。（图4-27）"可望、可居、可游"和"三远"在古典园林中作为观景方式和营造策略被普遍采用。所谓"三远"指的是："自山下而仰山颠，谓之'高远'；自山前而窥山后，谓之'深远'；自近山而望远山，谓之'平远'。"[6]"三远"界定了三种观看方式，目的是实现对山水体验的"可望、可居、可游"三种境界。三种观看方式，本质上对应三种不同的空间效果：高远强调仰视，空间呈现出有一定压迫感的效果；深远强调视线交叠渗透，空间呈现出幽奥曲折之意；平远强调平视，空间呈现疏阔、渐次推远的效果。（图4-28）

怡园造园之立意，可取"怡然自得"之意。从总体布局来看，怡园中以一座主假山统领三个不同景区，形成紧凑且个性鲜明的山水布局。从主假山的布置来看，山体格局巧妙地将山水画中"三远"的意境融入园林空间层次的塑造之中，浓缩山水之趣，强化"怡然自得"的造园旨趣。

图4-28 "三远"的解读（图片来源：《山石韩叠山技艺》）

（2）怡园的设计策略

苏州怡园的空间布局是对山水画创作"三远"理论的经典诠释和有效运用。园主人在有限的空间中规定了三条视线，形成三种不同的观景体验。

① 藕香榭景区：塑造平远的空间意象

第一条视线：从藕香榭举目远眺，视线跨过开阔的水面，遥望对面假山，山上遍植林木；又在山顶设一小亭，名小沧浪，更使山势远退，增加山的层次。（图 4-29）此处意境如倪瓒《渔庄秋霁图》，辽阔苍茫，令人心旷神怡，是为"平远"。（图 4-30）

图 4-29 从怡园藕香榭望向对面假山

图 4-30 由藕香榭看向对面主假山景区，亭子隐藏在远处树荫下，形成平远的空间意象

② 面壁亭景区：塑造高远的意象

第二条视线：从面壁亭仰视对面假山，不见山形，只见石壁，虽有几尺宽水面相隔，但怪石嶙峋，山势逼人，假山上的螺髻亭更增加山之高耸。与其说是看山，不如说是面壁。（图4-31）此处意境，如范宽《溪山行旅图》，高山矗立，视野封堵，观山须从下而上，是为"高远"。（图4-32）

图4-31 怡园面壁亭在山水环境中的效果

图4-32 从面壁亭仰望对面假山上的小亭子，形成高远的空间意象

③ 画舫斋景区：塑造深远的空间意象

第三条视线：从画舫斋看周围假山，已处于群山围合的幽谷之中，船厅下方设水口，更增加幽深意味。（图 4-33）此处意境，如郭熙《早春图》，人在山中，已达可居可游之境，是为"深远"。（图 4-34）

三种观看方式，反映的是山的几个不同侧面。正是"横看成岭侧成峰，远近高低各不同"，一座假山以三种距离呈现，让游者感受山的不同意趣，在有限的空间内增加了景观丰富性。（图 4-35）

图 4-33 怡园画舫斋周围空间关系

图 4-34 怡园画舫斋景区形成深远的空间效果

藕香榭

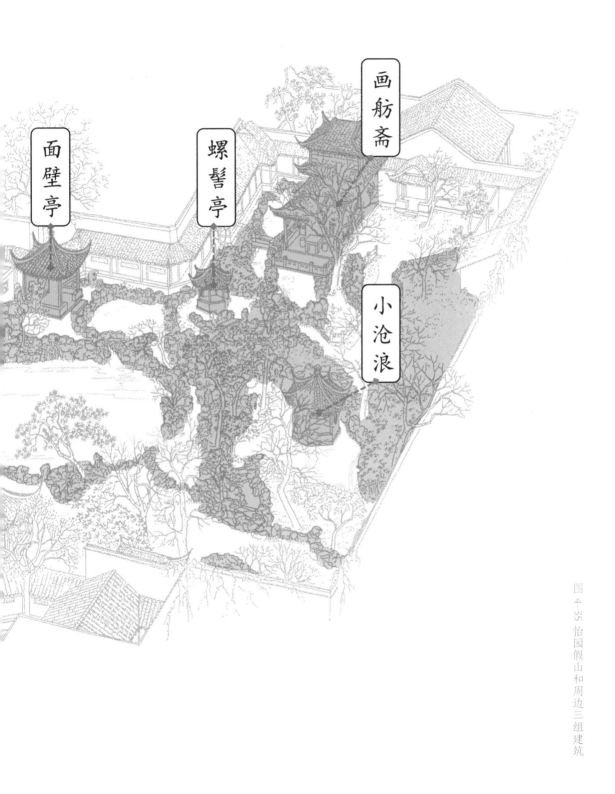

面壁亭

螺髻亭

画舫斋

小沧浪

图 4-55 怡园假山和周边三组建筑

4.1.5 北海静心斋

（1）北海静心斋的立意

北海静心斋位于北海北侧，是皇太子的书斋，具有皇家园林的堂皇之气。园林中类似九宫格的布局表达了"一统天下"的观念。从总的山水布局上来看，园林北靠皇城宫墙边界，因此也有闹中取静之意。（图4-36）

镜清斋建成于乾隆二十三年（1758年），是一座典型的"园中园"，它既保持着相对独立的小园林格局，又是大园林的有机组成部分，当年曾作为皇帝读书、操琴、品茗的地方。光绪年间改名为静心斋，除在西北角上加建叠翠楼之外，大体上仍保持着乾隆时期的规模和格局，正门面南，临湖[7]。

静心斋园址为明代北台乾佑阁旧址。由于需要让出环海道足够的用地，故园址的进深比较浅，造园设计有一定难度。静心斋紧临北宫墙边界且造园面积小，用地紧张，这也使得它和很多其他园林不同，从总体格局上呈现横向发展的趋势，同时造成其建筑密度高、关系紧凑的造园布局特征。

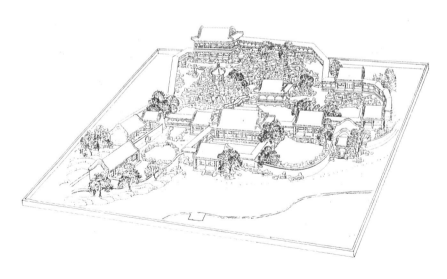

图 4-36 北海静心斋鸟瞰图
（图片来源：天津大学建筑系，北京市园林局编《清代御苑撷英》）

①从镜清斋到静心斋

静心斋原名镜清斋，慈禧太后当权后，对其重新修葺和扩建，将园名改为静心斋。这使得园名本身的思想性和艺术性大为下降，与整个园林的造景立意也有很大冲突，因此很多文人墨客、建筑名家仍喜欢称之为镜清斋，且目前主体建筑仍用镜清斋匾额。

②造园与立意相呼应

园内高度的人工化环境与"镜"产生关联，并且由"镜"转化到"静"，显示了静心斋独特的造园立意。静心斋的人工化体现在基于山水底色的庭院形态的建造上，靠北有一座假山和以水池为主的山池空间，走入园内，我们感受到的完全是一个人工环境，并且是高度人工化的庭院。当我们从烟波浩渺的北海北岸进入园门时，迎面看到的就是镜清斋南侧形状规整的方形水池，水面平静，边界硬朗，宛若平铺在地面上的一面镜子。镜清斋是正殿，因弘历诗"明池构屋如临镜"而称镜清。乾隆临池构静清斋，是要以此自我警示，做一位克己严格、政治清明的明君，寓意深刻[8]。

（2）北海静心斋的设计策略

①布置山水格局，形成三组控制性的轴线

A. 总体上山水大开大合，体现皇家园林气质

从布局来看，由于南北进深不大，大量运用了周接以廊屋室内轩，在所围成的东西狭长的中部空间兴造山水。全园可分南小半和北大半两部分：南小半包括镜清斋殿及殿东的抱素书屋小院，是供居住和读书的部分；北大半为山石水池，是供休憩的部分。正殿为镜清斋，方池中立有形似太湖石的汉白玉。斋东的抱素书屋为另一小院落。小院中心为池，池周驳以山石，散漫理之，但有凹有凸、有高有低、有立有横，参差错落，十分有致。

B. 用地制约，横向发展

由于造园场地条件的制约，园林总体格局横向发展，导致静心斋北部

的山水面积较小。所以园区北部有一条特别长的水系，并且沿着水系营造了一条非常长的视廊。池北的假山也分为两个层次，与正厅、园门构成一条南北向中轴线。池北的假山分为南北并列的北高南低的两重空间，与水池环抱嵌合，形成了水池之外的山脉的两个层次。通过这种多层次既隔又透的处理，景区的南北进深看起来比实际深远。

C. 严整的设计模数，网格轴线控制

静心斋的建筑院落主要集中在南部，为并列的三个院子。北部主景区东西有两座桥，西为曲折平桥，东为拱桥，将主景区分成三段，正好对应南部的院子，因此，空间布局上形成三条明确的轴线来控制整个园子的山水关系。主景区的沁泉廊、静心斋北部的视廊、西南角画峰馆南侧的东西向路径，分别在竖向维度上形成了三条明显的轴线。因此，静心斋总体格局的设计为严整的网格轴线所控制，在此基础上展开叠山理水的造园。（图4-37）

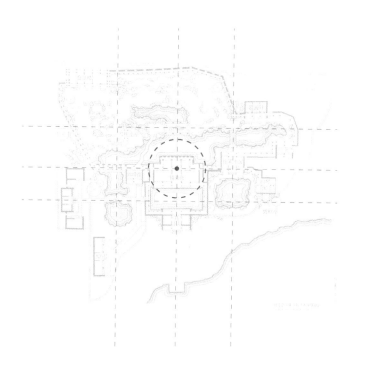

图 4-37　北海静心斋的轴线控制

②对院落格局形态的控制

A. 对水形态及比例的控制

从总体上来看，静心斋在整体山水基底上呈现出明确的院落围合式的空间布局关系。山水景区主要位于园子的北部。北部景区水域面积相较其他小院落水域面积甚为广阔，并且在东西向呈长条状展开。但北部景区水域与整个北部院落的面积相比较并不充裕，在适当压缩水面之后，就有更多的环境要素加入进来，营造出一种舒朗开阔的景象。

B. 以建筑为主导的围合，形成几何化的水池

静心斋中的各个院落以建筑为主导。静心斋前水池独特之处是，水池的边界设计成了明显的几何状，并且在院落的结构中呈现出封闭的姿态，以此强调人工化的感觉。北海开阔的视野与其北部主景区的人造山水之间形成了很好的过渡与铺垫，从而让整个园中园——静心斋北部景区的精致美景不会被游人忽略。

C. 模件化院落中的小变化——院落气质的营造

抱素书屋南北两侧通透，视野贯穿，由抱素书屋—韵琴屋构成的单元院落形成半围合的空间结构关系。抱素书屋一侧的竹子使得边界变得柔和。院落的东侧建筑是韵琴屋及碧鲜亭，两组建筑由折廊相连接。中部的水池形状完整，且是自然形态。西北角叠放一组假山，这一组假山把北部主景区山的整体走势延续过来，以此营造出一处清净、风雅的院落小景。

D. 院落建筑的两面性

抱素书屋—韵琴屋所处的小院落中不规则的建筑本身构成了一个小的围合。抱素书屋既是北部景区的南侧边界，也是南部小院的北侧边界，是衔接这两个院落的界面，也是分割南北水面的界面。但是它本身是一个有体量的建筑，不是一座桥或者一道廊，因此其边界设计的成功之处在于它是两面的，同时形成了景观的丰富性。

总体格局

得其环中，水面环抱

图 4-38　北海静心斋形成正殿被水环抱的空间格局

空间叙事
句法层级——院落拆分

图 4-39　北海静心斋的四组院落

（3）小结

①得其环中

静心斋通过山水塑造、建筑布局，形成了一个宏大的格局、广袤的气象。作为正殿，静心斋四周被水面包围，体现出中国空间审美的传统：人在空间中居于核心位置，即人能够得其环中，万物皆备于我。因此静心斋宛在水中央，遗世而独立。（图 4-38）

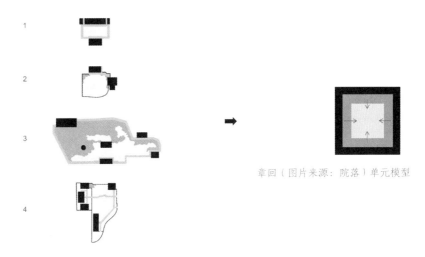

空间叙事
句法层级——院落拆分

1

2

3

→

章回（图片来源：院落）单元模型

4

图 4-40 北海静心斋院落模式化的图底关系

　　从空间上讲，中国园林为什么要用院落式布局，很重要的一个特点是我们始终把人放在一个中心的位置上。而西方重视一点透视，讲求事物的纵深感，强调人作为一个观者的动向。中国则强调的是人被包围的感觉，更强调"万物皆备于我"的观念。（图 4-39）

　　②院落模件化建构逻辑
　　静心斋建筑的空间原型是相同的，但是它通过细节的变化，使空间情绪也随之发生变化。从叙事特点上来看，中国传统空间设计里有一个有趣的原则：在一个高度模式化的语言里面，我们通过调整细节去实现它的趣味。同时院落形态和院落气质之间也有一定的联系。在造园中，我们把场地内的元素都整合在一个逻辑体系下。从设计上讲，这是比较高级的方法，因为它是一个整合的设计，不是做一个符号就结束。这里也可以衍生为"拓扑"的概念，它的原型是一样的，只不过这个原型可以拉伸变形，院落构成的逻辑相似。拓扑的手段更有利于园林院落适应不同的场地条件。（图 4-40）

③空间叙事上运用文学对偶、互文的手法

A. 动静的对比

静心斋北侧主景区沁泉廊两侧的水面有高差，实际上在其下面是高差甚微的瀑布，从形态和声音上呈现动态的水。这与静心斋南侧平静水池中静态的水形成鲜明的对比，以此处的动来衬托和彰显静心斋前水池的"静"，突出造园主题。

沁泉廊分割开北部山水景区两侧的水面，两块水面衔接处也有一个高差，因此沁泉廊下形成瀑布，这里动态的水与静心斋前水池静态的水形成对偶的关系。因此这里笔者要在空间叙事中引入一个概念——中国文学里的"对偶"。对偶不是对称，实际上强调的是一种阴阳的平衡关系。园林中对偶手法的出现和中国的哲学观念是密不可分的。另外，文学上还有一个"互文"的概念，即相互修饰，在此处表现为静中有动、动中有静，相互反衬，更好地强调了静心斋造园立意的主题。

B. 明暗的对比

从北海公园进入静心斋宫门，再经过两次狭窄的水池院落，穿过昏暗的廊道走进北部主景区，能够明显发现其空间序列的节奏变化。北海公园内部景区视野开阔，光线明亮。从宫门进入第一个围绕静心斋的院落，由于四周建筑的围合，人们能明显感觉视野中的光线减弱；在走进两侧的廊道后，会感觉视线和光线都被压制；通过廊道后，豁然开朗，能够看到精致的山水主景区。从设计策略上来看，园主通过对空间序列、明暗节奏的控制，欲扬先抑的手段，使观者能更好地将心理认知与景观场景契合起来。

4.1.6　何园

（1）何园的立意

何园最早是清代康熙时期盐商商总吴家龙营建的片石山房（又名双槐园）。光绪年间，辞官归隐扬州的何芷舠购得北部原属于双槐园的区域并进行修葺，次年又购得东南片石山房，园名取"寄啸山庄"[9]。

总体来看，何园的叙事主题呈现出一种山水转向的特点。换言之，何园在总体的篇章布局中，显示出从以往以山水为核心的布局模式转变为将山水作为服务性配角的布局模式，园居生活成为园林中的核心内容。园林中宅与园重心的转移也体现在园林总体布局结构层面的变化之中。具体来看，山水布局模式的转变主要体现在两个核心因素：

①官商对居住品质和效率的要求

晚清官商作为一个社会群体，扮演着重要角色，其生活方式和审美观念有着不同于传统文人的特点。他们更加关注对生活质量和生活效率的追求，表现在造园方面，对文人所推崇的山水的神圣性在一定程度上有所减弱，对居住品质更加关注。何芷舠受其父何俊荫泽，身在官场，兼营商业，久之集资日丰[10]，隐退扬州之后，着手造园，官商气质必得以显露，园居生活化成为其核心诉求。

②中西合璧的生活方式

园主人何芷舠担任湖北按察使、汉黄德道台期间，兼任江汉关监督，负责汉口海关督查，关涉洋务事宜，必受西式理念与生活影响。加之他思想开明，故在造园时将西式建筑空间与装饰风格置入，中西合璧，以彰志趣。

（2）何园的设计策略

①宅园一体的空间格局

中国传统园林一般将住宅区与园林区分开布置，住宅区按照传统礼制观念进行秩序化布局，园林区以山水格局营造理想生活环境，彰显园主人志趣，供友人游观欣赏。

何园在格局上将女眷生活区置于中心，将前后两座二层住宅（玉绣楼）平行排布，并以骑马楼连接东侧佣人居住区（东二楼、东三楼）；园林区分散于东北、西北和东南三个方向，对中心住宅区构成围合之势。如此布局，一方面是因为当年两块园林即成分散状态，园主分两次购置北侧寄啸山庄和

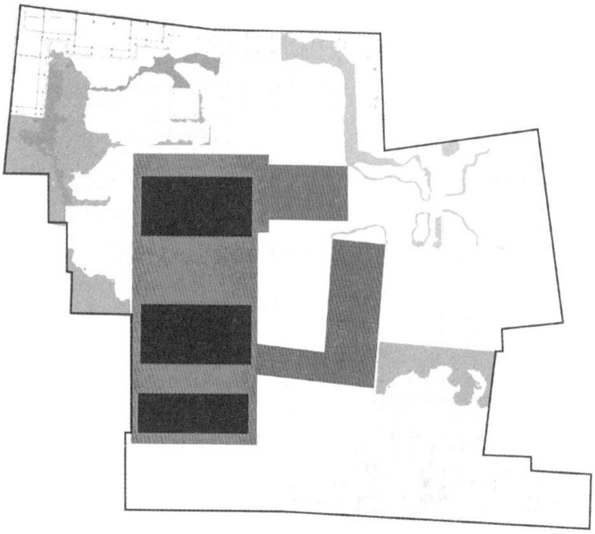

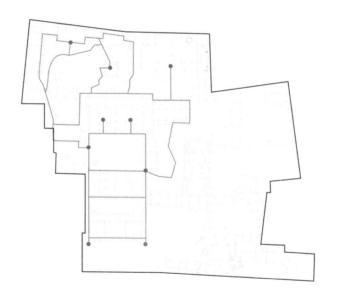

图 4-41
何园宅园一体的空间布局：山水园林环绕住宅

图 4-42
何园游线关系图

东南侧片石山房；另一方面，园主购置两个园子后，在中心区域加盖住宅，必是心中已有园林环绕住宅的规划。如此布置，形成园居一体化的格局，使园林起到了提升居住质量的作用。

事实上，当初何家男丁居于何园南门对面的住宅区。因此从更大的布局来看，何园类似皇家"前殿后寝"的格局，俨然一座具有私密性的后花园。当然，何园中也有厅堂（玉绣楼南面的楠木厅），但此厅堂是住宅区的厅堂，而不是园林中用于宴饮待客的厅堂，真正宴饮用的厅堂是被安排在园区最后面的蝴蝶厅。如此布局，强调了宅园一体化情况下园林生活化的需求。(图4-41)

②二层复廊构建的十字形路径

园林中的观景线路不论是园路还是廊道，多以曲折迂回、起伏变化为佳，但何园的路径设计采用二层复道回廊的形式，绵延一千五百米，在园林内部四通八达，总体来看形成了一个大的十字形交通线路。

如此路径是基于三个方面考虑：第一，因住宅置于园林中心区域，需要连接周边分散的园林区，廊子是一种有效的策略；第二，住宅区对交通效率要求更高，大的十字形路径可以实现这一需求；第三，二层的廊道形成了良好的观景平台，能将各个区域的景观尽收眼底。（图4-42）

③西式建筑空间与中式游廊结合

中心住宅玉绣楼是平行布置的两栋二层建筑，平面布局为两组三开间形式，楼梯在中间开间设置，成一梯一户独立套件，是典型的西式单元式住宅空间格局。

4.2 景区层级

就篇章层级而言，山水关系之上的空间叙事多针对园林的整体立意，其表达宏观而抽象，甚至有些并无清晰明确的立意，仅是园林性格上的倾向。景区层级则有所不同，小范围的山水铺陈更彰显立意，同时也包含了更为丰富的叙事手法，故本节将侧重点放在对具体叙事策略、叙事技巧的讨论与分析之上，力求以丰富的样本分析促成对其后传统园林空间叙事理论的归纳。

4.2.1 拙政园远香堂

（1）远香堂的立意

远香堂是拙政园中部景区的主体建筑，也是全园的主体建筑，原为主人宴请宾客之处。（图 4-43）

从远香堂的命名来看，"香"指荷花，取"香远益清"之意，与"雪香云蔚亭""香洲""荷风四面亭"呼应，从气味上界定了空间意向。"远"暗示了距离和空间感，其意与"四面"类似，点明悠远和开阔的空间气质。

从具体的空间设计来看，远香堂采取三条策略表达堂皇之气，亦与全园叙事主题契合。

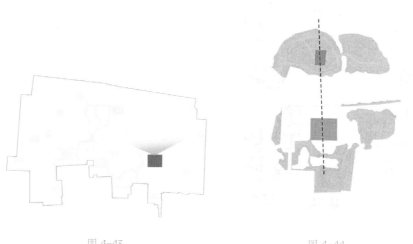

图 4-43   图 4-44

（2）远香堂的设计策略

在空间布局方面，远香堂坐北朝南，建筑单体呈对称形态，取端正格局，南至园子原来的入口腰门，北至水池对岸的雪香云蔚亭，贯穿中部园区形成一条南北向的隐性轴线。（图 4-44）

在场地营造方面，远香堂东、南被叠石假山环抱，西有倚玉轩对峙，北部设宽阔平台抵达池岸，周边留出足够的场地，以一座建筑带动一片区域，形成对周边环境的控制关系。（图 4-45）

在建筑形式方面，远香堂采取周围廊的形式，从四周落地窗环观四面景物，犹如观赏长幅画卷[11]，视野开阔。（图 4-46）

图 4-43 远香堂在拙政园中的位置

图 4-44 远香堂—雪香云蔚亭—腰门形成的轴线

图 4-45 从南侧山水景区透过地形的微弱变化看向远香堂，因周围标高形成的纹理

图 4-46 远香堂室内通透的视野

另外，在叙事策略方面，远香堂巧用对偶手法，达到空间叙事的有效性。具体做法如下。

首先，远香堂北侧与南侧空间形成旷与奥、直与曲的对偶关系。北侧以宽阔平台与水池相接，形态方正，空间空旷，边界以直线呈现；南侧以湖石堆叠假山，间有小的水面，一组叠石挡于腰门入口处，仅留小径供绕行，空间幽奥。（图4-47）

其次，远香堂与雪香云蔚亭隔水相望，亦成对偶关系。从建筑体量看，雪香云蔚亭远不若远香堂高大，但其置于山顶，借山势而呈堂皇之气，与远香堂成南北对景。此两座建筑提供了两个观景点，两侧所见景观各有特色，对偶之外也因观看位置的变化增加了空间丰富性。（图4-48）

最后，除了空间层面的叙事，纹理层面也发挥着叙事作用。远香堂周围的空间开阔舒朗，但不失空间丰富性，重要原因在于四个方向地形的标高变化复杂多样，方寸之间的高低起伏与周围的山形水势形成互文，既与周边地形衔接，又在小尺度上对山地意象进行了塑造。（图4-49）

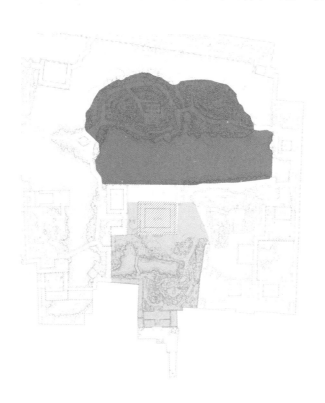

图 4-47　远香堂南北两侧空间旷奥对比

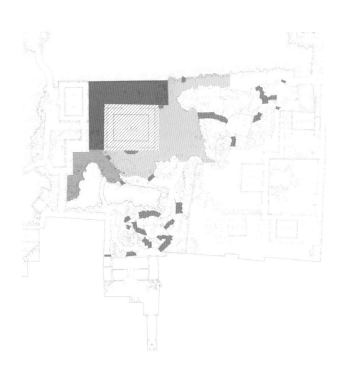

图 4-49 远香堂周边场地竖向标高变化分析

图 4-50 从对岸看向拙政园长廊

图 4-51 拙政园长廊研究范围图

4.2.2 拙政园西园长廊

（1）西园长廊的立意

拙政园西园和中园的交界处有一道很长的水廊，水廊临水而建，高低起伏，左右曲折。（图4-50）长廊于水面之上凌空，路面曲折起伏缓急相间，节奏变化有致，叠石穿插映衬，很是生动，体现了造园者的高度自信。辛弃疾《鹧鸪天·子似过秋水》中曾道："秋水长廊水石间，有谁来共听潺湲。"[12]正合此处意境。

拙政园的中园景区较多，建筑密度较大，园林空间丰富多变。长廊所在的西园亦称"补园"。其水系较为狭长，理水的处理与中园截然不同，建筑密度不如东园，但西园局部，如与谁同坐轩、别有洞天等的处理显示出很高的水平。

水廊作为东西两园之间的分界，若仅建一道长直的墙来分隔，必显单调乏味，曲折长廊的设置便打破了僵硬沉闷的局面。从造园的角度来看，此处长廊完全可以在陆地之上展开，和两侧景观结合形成场地，此处却以墙为借，悬挑而出，可看出造园者对造园技巧具有高度的自信，想要专门表现该处的廊子。总体来看，此处水廊的设置采取了三个空间设计策略。（图4-51）

（2）西园长廊的设计策略

①立体化的交通路径

水廊不仅在平面上呈现出逶迤曲折的形态，在立面上亦呈高低起伏状，并且长廊的起伏节奏是与水面西侧地形的起伏节奏两相呼应的。（图4-52）

②亲水点的精确控制

长廊中亲水点的选址是有巧思的，从平面上看，廊子曲折有致，在水坳处往外凸出布置亲水点。（图4-53）廊后与墙之间形成一个小间隔，其内植有植物，从对岸看过来，此处成为亲水点的背景。亲水点处既是长廊中观看倒影楼的最好位置，同时又与水路的连桥隔水相望，视线能够看到狭长的水涧，强化了此处狭长的视线。从立面上看，亲水点处位于道路起伏的下

沉之处，是人与水之间距离最为接近的地方。（图 4-54）

④ 建筑形式的控制

廊子的屋顶于亲水点处做出两条垂脊，使得整个亲水点的屋顶形式看起来像一个小亭。（图 4-55）整个长廊的栏板采用实墙形式，亲水点处采取的则是透空形式。（图 4-56）亭子的设置是为了让人驻足，整个廊子的进深在亲水点处并没有刻意做出一个放大的亭子，而是在此处往前凸出，为后面留出了一个小的间隔空间。《园冶》中云："亭者，停也。"[13] 这种微妙的停留感也和亭所采取的造型语汇息息相关。因此拙政园长廊对于建筑组合形式的控制显示了极其精湛的造园技巧，再加上它蜿蜒起伏的形式，使得整个廊子宛如一条有生命的长龙。

长廊之后有中园高大的树木作背景，使得廊子在整个环境中不孤立。（图 4-57）廊子的结构以墙中悬挑出石梁来支撑，底部凌空，局部加了几个叠石的柱墩，所以整个廊子看起来很轻巧。石梁下的叠石既有承重作用，也使得整个廊下的空间在节奏上更具韵律感。（图 4-58）

拙政园长廊现有空间策略有以下两处优点。

其一，廊子的起伏和西侧地形环境的起伏相呼应。这样做的好处是让人在廊子中游走时不会觉得难受，因为人与周围的地形环境的起伏是相呼应的。

其二，通过屋顶形式、栏板的节奏变化，立面上的起伏，以及和周围环境的呼应，给人一种空间被放大的感觉，暗示了亲水点处为一停留点。（图 4-59）

此外，一般的廊子跟亭子相接时，亭子往往会比廊子高，如网师园的月到风来亭。但在拙政园长廊亲水点处，抬高亭子的话会与亲水性相违背，所以这里通过设计策略的综合运用，既做了亭，又照顾到亲水性。造园者为了解决某一方面的问题，有时候会引发另外一个问题，我们可称之为"设计的陷阱"，但是好的造园者有能力把这个坑填平。

图 4-52

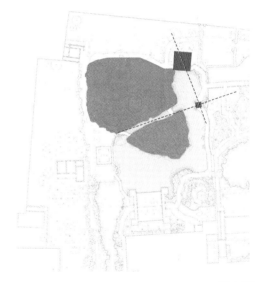

图 4-53

图 4-52
拙政园长廊立面上的起伏关系

图 4-53
拙政园长廊在平面上的错动关系

图 4-54
拙政园长廊在平面关系中的控制性轴线

图 4-55
拙政园长廊的屋顶形式变化

图 4-54

图 4-55

图 4-56
拙政园长廊的栏板形式变化

图 4-56

图 4-57
拙政园长廊之后的树木背景

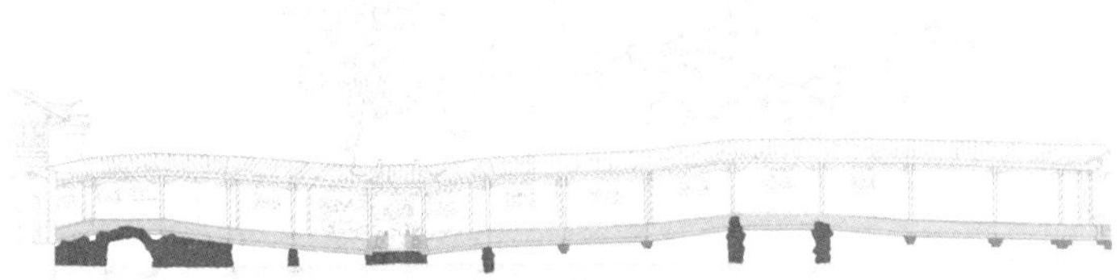

图 4-57

图 4-58
拙政园长廊石基

图 4-58

图 4-59
望向拙政园长廊的亲水点

图 4-59

4.2.3 拙政园绣绮亭

绣绮亭位于拙政园中园远香堂东侧的土山之上，坐东朝西，三面开敞，可俯视园内景色。

（1）绣绮亭的立意

绣绮亭"绣绮"之名来自杜甫《桥陵诗三十韵因呈县内诸官》诗"绮绣相展转，琳琅愈青荧"句意，言湖光山色烂漫如锦绣[14]。绣绮亭周围的景观可分成三个景区：远香堂景区、玲珑馆景区、梧竹幽居下来的山水景区。绣绮亭所在的山虽小，但处于三个景区交界之处（图4-60），并且各有一条小径与各个景区相联系。绣绮亭作为一个小景点，如何将三个景区各自的景观气质都兼顾，并进行很好的衔接和过渡，这是面临的重要问题。此外还要考虑这一景点应如何体现"绣绮"主题。

（2）绣绮亭的设计策略

①不等长的三条路径

绣绮亭有三条长短不同的路径，最短的五米，最长的二十米，路径短处坡陡，路径长处坡缓，造成了不同的坡度变化。（图4-61）

图4-60 绣绮亭的位置及其景区关系

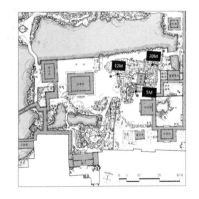

图4-61 绣绮亭的三条不同路径

图4-62 从远香堂景区看绣绮亭

图4-64 从玲珑馆景区看绣绮亭

图4-63 从山水景区看绣绮亭

图4-66 绣绮亭内的匾额楹联　　图4-65 枇杷园景区圆洞门南侧

②差异化的景观配置

三条路径各自的植物配置不尽相同。从远香堂景区看过去，绣绮亭正面的石阶自土山中间而上，石阶两侧是低矮的槐树与紫薇树丛，绣绮亭在柏树、槐树高大的林木阴影之下，给人以"正"的感受。（图4-62）

从山水景区委曲蜿蜒而上的叠石小路路径最长，路旁疏落点缀着石榴树，绣绮亭掩映在高大的柏树、槐树阴影之下，给人以"幽"的感受。（图4-63）

从玲珑馆景区看绣绮亭，台阶次第而至，前面低矮的枇杷树与竹丛把亭子遮挡起来，有"犹抱琵琶半遮面"之感，给人以"雅"的感受。（图4-64）正、幽、雅，也正好分别是远香堂景区、山水景区和玲珑馆景区三个景区不同的气质。

③用楹联、匾额作为景色的提示

沿枇杷园景区的圆洞门处进入绣绮亭区域，园洞门宕南砖刻题有"晚翠"二字（图4-65），取《千字文》中的"枇杷晚翠"，意指夕阳西下时枇杷园苍翠欲滴的景色[15]。此砖刻同时也成为绣绮亭匾额、楹联的前奏，绣绮亭内牌匾题有"晓丹晚翠"四个字。（图4-66）东西向的绣绮亭早晨可看朝霞满天，晚上可逆光看树，正是"晓丹晚翠"之意味。亭下内部空间的墙上开有方形的空窗，空窗洞口就相当于一个方框，直接取后面的景。亭内楹联写有"露香红玉树，风绽紫蟠桃"，取自唐代王贞白诗："露香红玉树，风绽碧蟠桃。悔与仙子别，思归梦钓鳌。"这里移"碧"为"紫"，用颜色意指绣绮亭周围景色之绚丽[16]。"晓丹晚翠"以及诗句中"香""绽"两个动词的使用给园林观景带入了时间性的体验，显露出一种生生不息的生命感，延展了人们观景时对空间的想象，带来优质的审美体验。作为拙政园中为数不多的东西向的建筑，其布局也暗含了在视线层面和北寺塔之间的联系，暗示了向西望的景点属性。

4.2.4 拙政园与谁同坐轩

从拙政园中园走至西园，穿过圆洞门"别有洞天"，迎面可看见与谁同坐轩。（图4-67）与谁同坐轩临水而建，建筑平面呈扇形，轩后树木葱茏。

（1）与谁同坐轩的立意

轩额取意宋代苏轼《点绛唇·闲倚胡床》："闲倚胡床，庾公楼外峰千朵。与谁同坐？明月清风我。"原词体现了苏轼的孤高逸世之情、只与清风明月为伍之态。苏轼以孤为傲，表面上好像有点忧伤，说自己孤独，实际上是骄傲。此词脱胎于唐代李白《月下独酌》："举杯邀明月，对影成三人。"并与其异曲同工[17]。与谁同坐轩这一景点的营造，重点在于如何表达出清高孤傲之感。

图 4-67 与谁同坐轩在景区中的位置

（2）与谁同坐轩的设计策略

①隔水相望，临水而建

水令人远。同样的距离，如果用地面相连接便觉得咫尺可至，如果用水池的话，人与亭隔水相望，便觉得可望而不可即，因为水不可抵达，令人产生距离感。（图4-68）

②掩藏通向轩的路径

正向面对与谁同坐轩时，整个视域之中没有可见的路径通向这座亭，两侧通往与谁同坐轩的道路也被树木花草隐藏起来，有"所谓伊人，在水一方"之感。（图4-69）

③采用扇面亭的形式

与谁同坐轩的建筑形式呈扇面体（图4-70），亭后的树木构成了一个单纯的背景，阻隔人的视线，将亭呈现、衬托而出，让人隔水相望，遥不可及。

图4-68 与谁同坐轩

图4-69 与谁同坐轩近景

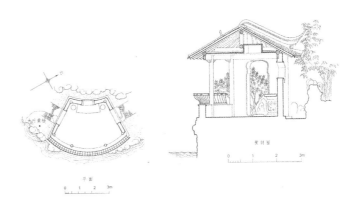

图4-70 与谁同坐轩实测图
（图片来源：刘敦桢《苏州古典园林》）

平面   0 1 2 3m

剖面图   0 1 2 3m

（3）空间策略的优点

与谁同坐轩临水而建，水中还有倒影，颇有"顾影自怜"之意，烘托出园主人的清高孤逸之情。且亭子所在的地平面较高，隔水看向与谁同坐轩时，视线是往上抬的，更增加了孤傲的感受。通常来讲，园林中的扇形建筑往往是放在景观视野较开阔处，让人放眼观景，但与谁同坐轩如一个展示的空间，将人的视线收聚于此处，它实际上是园主人给自己打造形象的一处地方。它正是以这种建筑形式以及环境配置来表明自己清高孤傲的姿态，很生动地把文人孤高清逸的感觉通过一种空间叙事的语言表现出来。（图4-71）

图4-71 与谁同坐轩内部

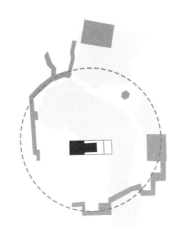

图4-72 香洲所处的环境图底关系

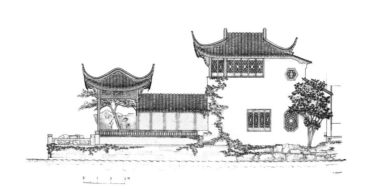

图4-73 香洲立面图（图片来源：方晓风《中国园林艺术》）

4.2.5 拙政园香洲

（1）香洲的立意

在古代文人的造园思想中，隐逸思想是一个重要的方面。"渔、樵、耕、读"是古人最为常见的四种隐逸途径，而"渔隐"尤得文人钟爱。园林营造常用船厅象征渔隐的意向。香洲即是拙政园的船厅，其叙事策略一方面是渔隐概念的表达，另一方面是对环境融合的巧妙处理。

（2）香洲的设计策略

第一，以匾额题名和对联作为载体，将文学叙事介入空间环境中。从命名看，面向倚玉轩一侧的船头位置置匾额一方，书"香洲"二字，与远香堂、荷风四面亭、雪香云蔚亭几处景观呼应，以荷花之香作为景区特色，点明了与周边建筑的环境关系；一副对联"松雪一洲仙境外，荷风三界佛香中"阐释了"香洲"二字的意蕴，另一幅对联"水榭风亭恣胜赏，红裳翠盖共怡情"进一步描述了香洲所处环境的景观特征。船尾一侧匾额题字"野航"，直书起航之意，点明了船的意象。（图 4-72）

第二，通过建筑与环境关系的巧妙处理，表达"渔船出航"之意，并增加景观的丰富性。一方面是"船"与水陆关系的处理，"船身"与驳岸成45°衔接，三面环水，形成出航在即的动势。香洲本可由西侧陆地直接登船，但却刻意在南岸以石桥搭接"船首"，强调"登船野航"韵味。另一方面，建筑在不同方向呈现不同立面，呼应环境关系。东面朝向倚玉轩方向，是一个亭子的形态，呈现的是一座静态的临水建筑，而从南北侧面看，则是三座建筑组合形成的船的形象。通过建筑立面的多样性，以少胜多，增加景观丰富性。（图 4-73）

第三，通过建筑的组合，塑造抽象的船的形象，并通过立面细节的设计，增加"出航"的动感。香洲由亭、台、楼、阁、榭五种园林建筑形式组成：船头荷花台，前舱四方亭，中舱水榭，船尾野航阁，二楼澄观楼。虽然在总体造型上香洲没有刻意仿造一条具象的船，但它通过常见的建筑语言，以组合拼装的方式暗示了船的形象。三组建筑屋顶、屋身的不同比例关系和形态特征，形成了一种方向感。留园涵碧山房与明瑟楼组合形成的船厅与此有异曲同工之妙。另外，"船尾"的野航阁侧墙采用了不对称的开窗形式，也形成了一种微妙的动感，强化了"船"的形象寓意。（图4-74）

图 4-74 曲桥香洲

图 4-75 石林小院在留园中的位置和范围
（底图来源：刘敦桢，《苏州古典园林》）

4.2.6 留园石林小院

（1）石林小院的立意

留园石林小院是由不同的造景要素组成的，如不同类型的山石、墙、柱子、植物等，划分成形态和大小各不相同的院落空间。庭院中布置有各种造型奇特的湖石，因此命名为石林小院。石林小院处在五峰仙馆和林泉耆硕之馆两个较大体量的庭院之间，还可至林泉耆硕之馆前的林下空间，该区域在总体的游览路径中起到重要的枢纽作用。（图4-75）石林小院完全是由平地造园，用地十分狭窄，且无山水可借资。其造园既要符合整个留园"爱石"的主题，也要面临着无所凭借，需要"无中生有"的问题。总体来讲，这片区域采取了四组空间设计策略。

（2）石林小院的设计策略

①轴线的错动

总体上看，石林小院分为三个院落：其一是由石林小屋、鹤所和若干夹弄空间组成的院落；其二是由揖峰轩、夹弄和廊子组成的院落；其三是围绕还我读书处形成的院落，也是藏得最深的院落。在院落中，建筑起着主导作用，三个院落中的建筑虽少，却也暗示了院落的方向，因而三个院落单元在方向、轴线上均不统一，也酝酿了各自不同的个性。（图4-76）三个院落单元均是不完全对称的形式，它的妙处就在于这种不对称性。如位于中间的院落，它通过两条轴线的错动产生了一种空间上的丰富性。揖峰轩和石林小屋之间设有一座假山，它的存在转化了石林小屋和揖峰轩的两条轴线，也使得整个院落的空间协调而又富有变化。此外，揖峰轩和石林小屋彼此相对，一大一小，且相互错动，形成了一种对偶的关系，也让空间的变化更加丰富了。

②廊子的介入

石林小院中除了局部是廊子紧靠建筑、单边开敞的，大多数廊子两边都是不同的空间，且廊子两边的空间往往是一大一小的两个不同的院子，因而大部分廊子两边始终都有不同的景观空间，使得人们的游园体验更加丰富。

（图 4-77）廊子其实是园林中路径的一种形式，有着联系交通的作用。石林小院中的廊子有很多转折，因而人在行进过程中能感受到行进方向的不断变换。（图 4-78）此处院落基本上是个方形的园子，东南角处设有一道斜向的廊子，使得院落空间的不对称性更加明显。设想如果这是个完全方形的庭院，中间虽有叠石，方形环绕一圈的廊子会显得单一且枯燥。而斜出的游廊的设置极大地改变了行进时的方向，使人在院子两边廊子游览时产生不一样的视线方向，从而产生不一样的景观感受。此外，这道斜廊的设置也使得院落两头的建筑轴线偏差没有这么明显，而且院子的两边也形成了一种对偶的关系。院子中央的假山仍然是在一个比较对称的位置上，但是任意两个对边的景观富有变化。这个院落基于简明的逻辑来营造，却实现了很高的丰富性。

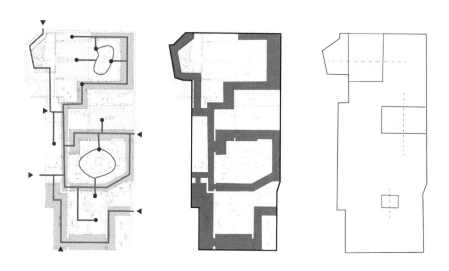

从左至右：

图 4-76 石林小院中三处建筑的空间与轴线

图 4-77 石林小院中的廊子示意图

图 4-78 石林小院中的路径示意图

图 4-79 石林小院路径两侧不同类型的天井空间

图 4-80 石林小院中不同类型的界面

图 4-81 石林小院中院落和山石的围合关系

③贵有间

石林小院中的建筑、廊子与庭院之间人为地形成了很多小间隔（图4-79），在五峰仙馆和整个石林小院区域之间也插入了一个间隔。这些间隔既是可观景的对景，也照顾了建筑的外围关系，比如揖峰轩周围的间隔空间使得几个面的外围空间都有景照顾，所以我们称这个思想为"贵有间"。石林小院整个区域中只有三座建筑，建筑量很少，但是给人的总体感觉却是这里面好像内容挺多，人于廊下游走的时候，空间变化纷繁。这片区域的廊子始终处在一大一小两个空间的对比关系之中，但这个位置是变化的，一会儿大的在这边，一会儿大的在那边，忽左忽右，所以造就了整个观景体验的丰富性。

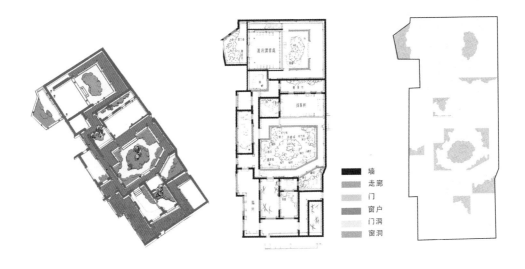

④界面的控制

墙的介入调整了空间的归属关系。石林小院中廊子两侧的墙忽左忽右出现，不断调整着廊下空间与庭院空间的归属关系。整片区域内墙的形式也比较丰富，有实墙面、开有洞口或花窗的墙面和木装修的立面，这使得空间中界面的变化更加复杂。（图4-80）石林小院中的廊子两边始终都有景观空间的不同变化、界面虚实的不断变换，具体的空间形式及空间要素的搭配方式极大地丰富了人在其中的方向感和观景感受。

（3）小结

石林小院的四点空间设计策略体现出以下优点。

①无中生有，小中见大

客观地讲，石林小院的造园基础条件并不理想，几乎无所凭借。它是在用地十分局促的平地中造园。虽然没有大型假山叠石，也没有一小块水面，但它"无中生有"地通过院落与院落间各种要素的精心布置营造了十分丰富的空间体验，既是无中生有的典范，也是小中见大的体现。

②巧于因借

高超的空间布置的技巧使得这块用地在外部几乎无所凭借的条件下产生了独特的效果。园林中讲"巧于因借，精在体宜"，"因借"就字面意思来理解，因是继承，借是借用，"因借"的要义就是借助外部因素形成联系。借景概念其实有两层含义，我们往往只理解其中一种：借外面之景。如拙政园的梧竹幽居，借园外苏州城北寺塔之景。除此之外，造园其实也非常强调园内局部之间的相互配合借资。

③营造出游遍群峰之体验

从具体的设计思维上看，留园石林小院的设计首要处理的仍然是人在游走时和"山水"的关系。石林小院虽然看上去建筑的比重很大，但实际上仅有三处建筑。整个院落空间展开的逻辑仍然是围绕院落内不同的"山"展开的。（图 4-81）建筑以及串联建筑之间的路径围绕"山"所在的庭院空间，形成了极富戏剧性体验的石林小院的空间意向。人在这组空间中游走，颇有迷醉于山林间、游遍群峰之体验。

石林小院虽然是一处复杂的空间，但通过分析可以看出，它其实仍是基于简明的院落逻辑展开的。它利用有限的面积不断地分割空间，空间层级多而密，让人感觉变化莫测。

4.2.7 留园闻木樨香轩景区

(1) 闻木樨香轩的立意

①位置及环境特点

图 4-82 闻木樨香轩

A. 闻木樨香轩在留园中的位置

闻木樨香轩位于留园西园山池景区的池西山腰上，从涵碧山房西循爬山廊可上至西部假山高处。此处桂树丛生、古木参天，山径随势蜿蜒起伏，人行其中颇有置身山野、目不暇接的感受。中有亭名"闻木樨香轩"。山为土筑，叠石为池岸蹬道。假山用石以黄石为主，整体看来，山石嶙峋，气势深厚，尤以西岸一带较好，但在黄石上列湖石峰，大致为后来修缮增置。（图4-82）

B. 闻木樨香轩所处的环境特点

闻木樨香轩和池北山顶可亭遥遥相望，花墙楼阁高低错落，逶迤相接，池中倒影，组成了一幅绝妙的画卷。真可谓"奇石尽含千古秀，桂花香动万山秋"。

闻木樨香轩东侧的山体体量相对小，空间层次明了单一，又不乏趣味，形成一系列高低错落的线状山石空间。此山原与西部土山相连，后经改造穿深为池，增高为山，造就了现今这样的轮廓。山为南北走向，与可亭处假山以一涧相隔，山长二十七米，东西宽十六米，高米余，沿云墙有爬山廊可至山顶。

②空间叙事的立意

A. "闻木樨香轩"名字缘起

"闻木樨香轩"匾额出自苏州当代书法家郑定忠书额，取闻桂香而悟禅道的禅宗公案故事名额，富有禅道理趣。《罗湖野录》曾载黄鲁直从晦堂和尚游："时暑退凉生，秋香满院。晦堂乃曰：'闻木樨香乎？'公曰：'闻。'晦堂曰：'吾无隐乎尔。'公欣然领解。"这段话说的是晦堂启发弟子脱却知见与人为观念的束缚，体会自然的本真，生命的根本之道就如同木樨花香一样自然飘逸，无处不在，自然而永恒。

B. 楹联立意

"奇石尽含千古秀，桂花香动万山秋。"上联取自罗邺诗，奇石含蕴着千古秀色，咏叠石之秀美。魏晋士大夫崇尚玄学，求高雅，尚清淡，常搜寻奇石置于闲庭，成为一时风气。唐宋亦然，所谓："爱此一拳石，玲珑出自然，溯源应太古，堕世又何年？"下联取自明代谢榛《中秋宴集》诗句："江汉光翻千里雪，桂花香动万山秋。"一个"动"字将香气写活了，和宋代秦观《好事近》中"花动一山春色"异曲同工，把虚景写活了。联语对仗工切，富有音乐感，且切合实景。

（2）闻木樨香轩的设计策略

①高点建造

"闻木樨香"强调的不是"闻"，而是"木樨香"。"香"字重点隐喻的是缥缈之意，所以其空间叙事手法也是配套的：闻木樨香轩之所以建在高处，就是缥缈之意的起点。（图4-83、图4-84）

②复杂的路径分叉

通往闻木樨香轩的路径层层分叉，带来一种不定性，也是一种动感，这是飘渺之意的第二重。此外，立体且交错的路径体系与山上遍植的植物配合形成了一种形势，其"形"体现在对于山石、植物形态风貌的刻画上，其"势"则体现在立体交错的路径与桂花丛植物配置关系的流动性的把控上。此处设计使得人在其中是流动的、汇聚的。（图4-85、图4-86）

③偏移的轴线

闻木樨香轩通过轴线上的游移关系来体现其缥缈之意。山体南部一条步道逐级抬高，向北延伸，形成两条竖向高度不同的游步道贯穿山体，至北侧则形成不同高差的支路，形成向水面渐低的总体两层、局部变化的台层结构。不同高差层次的支路分别连接多处平桥，或高为山涧渡桥，或为低近水面连接岛的小桥。通过分析山体的几条控制性流线，可以看出山体的路径组织分布：总体上南侧较为舒朗，北侧较为密集，两侧形成舒缓与紧张的疏密对比关系。另外，场地与路径形成连接关系，路径由场地散发出去。（图4-87）

图 4-83 闻木樨香轩之所以建在高处，就是缥缈之意的起点

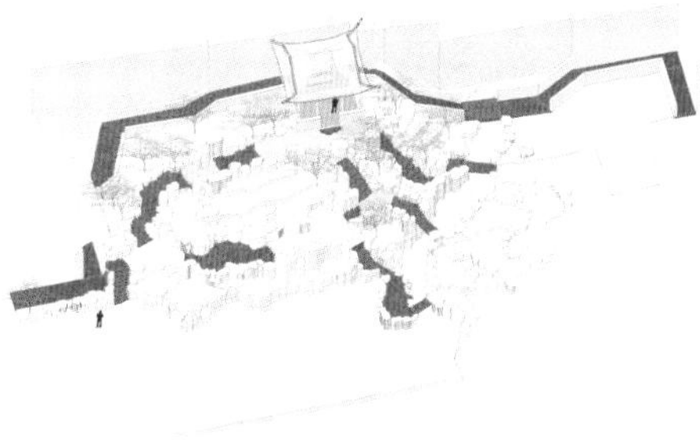

图 4-84 闻木樨香轩场地、路径与植物

图 4-85 闻木樨香轩复杂的路径分叉关系

图 4-86 闻木樨香轩路径停留点的方向性

图 4-87 闻木樨香轩偏移的轴线

图 4-88 网师园小山丛桂轩—濯缨水阁

图 4-89 网师园小山丛桂轩—濯缨水阁

4.2.8 网师园小山丛桂轩—濯缨水阁

（1）小山丛桂轩—濯缨水阁的立意

计成在《园冶》"厅堂基"一节中写道："凡园圃立基，定厅堂为主。"在园林中，厅堂是重要的核心建筑。厅堂在园林中的主要作用是会客雅集，就需要有较为良好的景观环境与之配合。因此，厅堂另一个重要的空间职能可引申为"观看山水"。（图4-88）

网师园现有的格局是晚清时形成的，它的用地面积十分局促，若是采用通常的方式来构造主厅堂建筑的话，由于主厅堂轴线感很强，空间上就稍显局促。实际上，网师园园林部分并没有传统意义上完整的厅堂。园林中的建筑有时候不以厅堂来命名，但是能够起到厅堂会客雅集的作用。通过分析，可以将网师园"小山丛桂轩—濯缨水阁"两个建筑一起，理解为一座完整的厅堂建筑。（图4-89）

（2）小山丛桂轩—濯缨水阁的设计策略

濯缨水阁和小山丛桂轩，就像一座完整的厅堂体量被拆分与错动，分别形成面南朝北两座建筑相错开的空间布局。相比于一座完整的大型厅堂，这样的方式有利于降低厅堂的尺度感。濯缨水阁朝北面水，微向东南倾斜，构成一个完整的厅堂视野。小山丛桂轩北面靠云冈假山，西侧亦有一组假山，群山环抱，构成一个朝南的视野。小山丛桂轩南侧院落有湖石为主的假山，配以桂花等香花型的植物，通过叠石、植被等造景要素形成围合的空间关系，符合庾信《枯树赋》中"小山则丛桂留人"的说法，《楚辞·招隐士》也有"桂树丛生兮山之幽"之句，以喻迎接、款留宾客之意。

错动后的水岸南侧立面尤有中国画之意。云冈假山位于水岸南侧偏东，小山丛桂之轩在其后露出一个屋顶。假山将建筑推远，建筑与山叠加，形成深远感。南岸偏西，濯缨水阁探出水面，水伸入榭之下，层次感就显得相当明显。

图 4-90　本节主要研究范围示意图

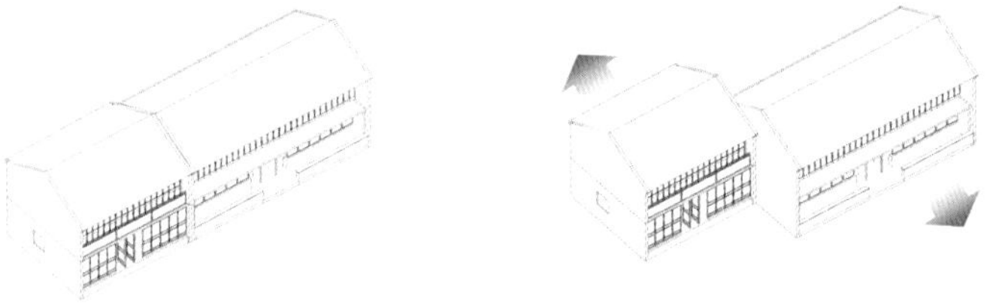

图 4-91　建筑的位置错动前后对比图

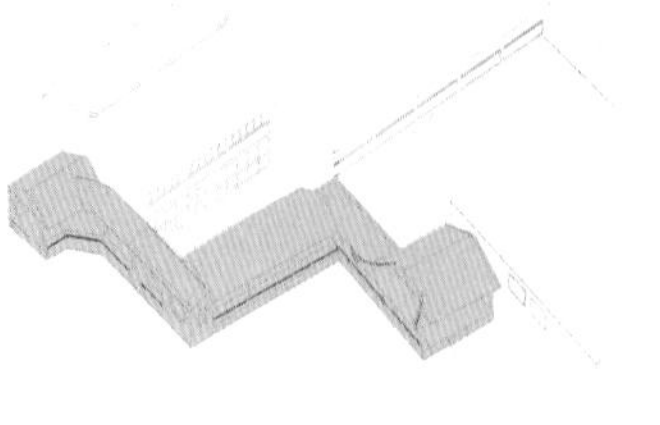

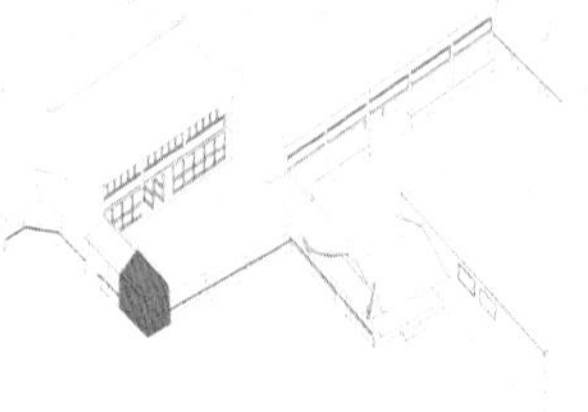

图 4-93　转角处介入有窗洞的白色实墙

图 4-92　廊子与两组错动的建筑共同形成新的院落空间组合

4.2.9 网师园射鸭廊—竹外一枝轩—集虚斋—五峰书屋

（1）射鸭廊—竹外一枝轩—集虚斋—五峰书屋的立意

周维权先生的《中国古典园林》一书是国内影响力较大的园林史著作。他在第七章第七节"江南私家园林园林实例——网师园"中指出："类似的情况也存在于东北角，这里耸立着邸宅的后楼和集虚斋、五峰书屋等体量高大的楼房，与园中水池相比，尺度不尽完美，而又非堆叠假山所能掩饰。"[18]明确了网师园水岸东北角处尺度失调的问题。

本节内容围绕射鸭廊—竹外一枝轩—集虚斋—五峰书屋这组由建筑、轩、廊组成的空间关系展开。（图4-90）集虚斋和五峰书屋为两幢二层建筑，前者西侧有廊连接竹外一枝轩，并可通向射鸭廊。

总体来说，集虚斋和五峰书屋的建筑体量较大，在网师园山水空间布局中占据较大的比例，易形成压迫感，使整个园林空间布局失调。为应对建筑带来的压迫感，并保证网师园小而精致的空间感受，该处采取了三组有效的空间设计策略。

（2）射鸭廊—竹外一枝轩—集虚斋—五峰书屋的设计策略

其一，两处建筑位置前后错动，削弱了建筑的体积感。（图4-91）

其二，轩、廊、墙、竹子等要素的介入，呈现出虚实掩映的院落空间层次，并形成建筑退后的视觉效果，使建筑的尺度感得以进一步缩小。（图4-92）

其三，在转角处介入有窗洞的白色实墙，调和人们对于这组院落空间的感知。（图4-93）

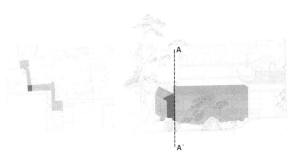

图 4-94 廊子在 AA' 处被分成左右两部分

图 4-98 竹外一枝轩西侧白色实体窗洞建筑暗示的方向感

图 4-95 围廊空间的虚实节奏

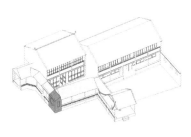

图 4-96 围廊连续做法（左）与围廊断开做法（右）对比图

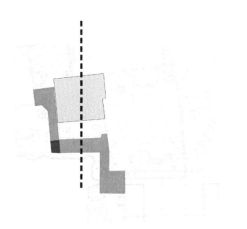

图 4-97 被强化的集虚斋一路所对院落空间的轴线感

200

具体的做法如下：从平面上看，该处将小体量的廊子放在最前面，分成左右两部分；从立面上看，廊子在虚线 AA' 处断开，相当于将廊子分成两节。（图 4-94）转角处做成实体，其他部分的廊子做虚体，形成了有虚有实的空间节奏。（图 4-95）

这样的做法不同于将廊子连续着做的方式。（图 4-96）通过比较可以看出，现状做法有效地调整了人对这组空间环境的感知效果。具体体现在三个层面：对轴线的感知、对围廊方向的感知、对建筑尺度的感知。进一步来看，对轴线的感知强化了集虚斋一路所对院落空间的轴线感（图 4-97）；对围廊方向的感知，转角处的这组围廊空间也暗示了两种不同的方向感，使得围廊空间既朝向水边，又朝向濯缨水阁（图 4-98），同时也使建筑的造型更显生动。（图 4-99）对建筑尺度的感知，由于濯缨水阁微微向东侧偏转，所以当人处于濯缨水阁中时，视线所对的焦点正好是水面东北角这处白色的实体小建筑。（图 4-100）因此，当人从濯缨水阁望向对岸时，视觉焦点不

图 4-99 竹外一枝轩和射鸭廊的造型处理十分生动

图 4-100
濯缨水阁与白色小建筑之间
的对应轴线

再是大体量的建筑，而是这个有窗洞的白色小建筑。位于水岸部分的廊、轩空间被再次强化，无形之中降低了人们对后方集虚斋和五峰书屋这两座大体量建筑的尺度感知。

（3）小结

总体来看，在建筑总体量不变的情况下，现有的空间设计策略有三大优点：

其一，有效地削弱了集虚斋和五峰书屋两座建筑过大的空间体量所带来的压迫感。

其二，转角有窗洞的白色小建筑使人的感受无论是在视觉层面还是在空间层面，都变得更加细腻且精致。如同人们在做机械产品时，往往会在结构咬合处增加关节，使机械产品显得更加精美。

其三，围廊空间的介入充分地考虑到和周围环境之间的衔接关系，使得这组廊子并不显得孤立。

因此，该区域实际上是一处精致且富有个性的设计空间，既形成了丰富的空间层次效果，同时在总的布局中又显得十分自然与精妙，充分体现出网师园"小园极则"的个性，显示了极其高超的空间处理手段。（图4-101）

此外，周维权先生还认为："池西岸的月到风来亭体量似嫌过大，屋顶超出池面过高，多少造成与池面相比的尺度不够协调的现象。"对于这部分的看法，笔者将在"以楼代山"一节中专门论述。（图4-102）

图
4-101
网师园西岸

图
4-102
网师园北岸

4.2.10 网师园住宅区的院墙

由于网师园用地面积小，我们可看出：网师园采用的基本观看方式是对视的逻辑。（图 4-103）其院落基本的空间模式也是以南北向为主。

在住宅部分，为保障室外院落的环境品质，网师园在建筑和建筑之间增加了两道白色实墙。（图 4-104）白色实墙遮挡住前面一座建筑的背面，并由此带来三个好处：其一，保证了院落两侧建筑的独立性；其二，人从每一间院子走出来，再从建筑中望出去的对景，可以有效地被这堵白色的实墙衬托；其三，形成的天井空间可以适度满足采光和通风的使用需求。

此外，这种院落式模件化的空间处理法也成为后来大宅院的一种基本建造标准。

因此不难看出，上述对于网师园住宅区院墙的设计策略，有效地调和了网师园因空间用地局促而不得不面临的环境品质下降的潜在问题。

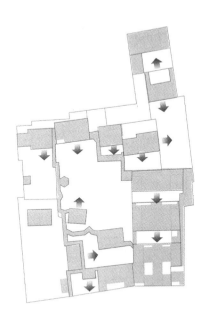

图 4-103 网师园院落空间中对视的观看逻辑

图 4-104 网师园住宅区轿厅和大厅后方的院墙

图 4-105 网师园月到风来亭西侧实墙背面的披檐

图 4-106 网师园月到风来亭
（图片来源：《中国园林艺术：历史·技艺·名园赏析》）

图 4-107 沧浪亭复廊研究范围图　　　图 4-108 沧浪亭复廊

4.2.11 网师园月到风来亭的披檐

网师园月到风来亭的西侧紧临着一道实墙，从墙的西侧看过来有道披檐，披檐处开了几个小洞口。这个局部设计的好处在于，在功能层面解决了月到风来亭屋面排水的问题，同时在形式层面暗示了屋顶的空间关系。（图4-105）其下方湖石围合的树池正好起到收集雨水的作用。

在上述的几处关于网师园的案例中，我们大致可以看出，网师园中即便是如此小的细部做法，也是围绕着"小而精致"的空间个性展开的。总而言之，案例中具体的空间形式及建筑要素的搭配方式，有效地显示了网师园细腻的尺度关系和精致的空间处理手法，同时也体现出网师园设计的精妙。

4.2.12 网师园月到风来亭

（1）月到风来亭的立意

网师园园林部分的主景建筑是月到风来亭。（图4-106）其名"月到风来"蕴含独特的观看方式：亭子位置相对较高，中秋可在此亭赏月，而赏月方式并不是毫无意境地仰头对天望月。

（2）月到风来亭的设计策略

在亭子里赏月，若是低头，向水中望月，通过月亮在水中的倒影来观赏，能够表现出一种非常闲适的状态。同时因为在水中望月，所以能够理解月到风来的意境。风是望水而生，凉意之风，月到风来，就是在水面上看月亮，会有清风徐来的感受。中国园林的意境便体现在这里，需要一定的理解力去体会其中非直白的表达方式。网师园的园林性格亦在此得到体现。

4.2.13 沧浪亭复廊

沧浪亭复廊位于园北侧，是整个沧浪亭的边界。（图4-107、图4-108）

图 4-109　从沧浪亭看向复廊，复廊微微拱起

图 4-110　沧浪亭复廊

图 4-111　翠玲珑研究范围（左）和沧浪亭翠玲珑位置（右）

沧浪亭取"清风明月本无价，近水远山皆有情"之意。对联也暗含空间设计中对视线的控制关系，显示了悠远意境。远山是凭眺，水是近观，俯视体现了近水，强调的是看水的方式。人透过廊子看水，实际上看不到水，正好通过花窗，所以这水又隔了一层媒介。视线上下游走，俯仰之间的控制构成了景观的丰富性。沧浪亭接外部水入园，借景入园，而非直接把院子打开就让水入园。沧浪亭里看水，是通过园子边界的这道双面廊花窗看到水。水面不是很大，视线越过廊子定的适合范围，就看不到水了。这是一种隐秘、曲折但是有效的渗透方式，控制了人的视线。（图 4-109）

另外，沧浪亭作为园林的边界，也无形中扩大了园林的空间尺度感知。（图 4-110）

4.2.14 沧浪亭翠玲珑

（1）翠玲珑的立意

翠玲珑楹联云："风篁类长笛，流水当鸣琴。"

苏舜钦《沧浪亭怀贯之》有"秋色入林红黯淡，日光穿竹翠玲珑"句。"翠玲珑"指的就是竹子。竹子自古以来就是用典的元素，象征着遗世独立、不逐名利的性格，有清高的寓意。很显然，翠玲珑就是以竹子为主体营造的空间。（图 4-111）

（2）翠玲珑的空间叙事策略

①空间序列的收放

从北侧进入翠玲珑，首先要经过一道长廊，然后进入第一个矩形空间，南北两侧均开长窗，窗外种植竹子，西侧开方形漏窗，空间感受上是南北通透，东西向长而幽深。第二个空间为正方形空间，南北两侧各开两个六边形窗，东西侧开长窗，南北较为厚重，整个空间通透性降低，内部空间范围变大。然后进入翠玲珑，朝北各有左四个、中六个、右三个长窗，形成一个观竹的界面。东西两侧为方形漏窗，朝南为正门，正对竹林院落，又形成了南

图 4-112 沧浪亭翠玲珑

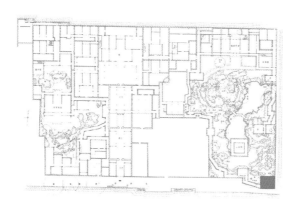

图 4-113 耦园听橹楼研究范围（左）、听橹楼位置（右）
（底图来源：刘敦桢《苏州古典园林》）

北通透、东西幽深的空间。空间方向经过两次转化，使人在其中感受到显著的空间差异，动感强烈。

②竹子高度的控制

翠玲珑以及进入翠玲珑的空间都被竹子环绕着，竹子的高度控制在两米左右。竹叶翠绿的部分正好投到建筑的窗户上，有利于形成竹影婆娑、绿意盎然的赏竹效果。（图4-112）

③主要界面光线控制

翠玲珑所在的空间就是空间叙事的高潮。前两个空间不能让人满眼翠绿，人在空间转换中酝酿了情绪。翠玲珑前后种植了竹子，进入空间，朝北望是满眼绿意的。因为向北侧望墙面是暗的，竹子的对光面投向了长窗，明亮的翠绿色与墙上的木窗框界面形成对比，翠玲珑之意便呈现在人们眼前。

4.2.15 耦园听橹楼

苏州耦园是园林史上少见的体现爱情主题的园林。园林用文学性手法表现爱情主题。园中有一处匾额上面写有"耦园住佳偶，城曲筑诗城"，就用来点明园主夫妇绵长的情意。耦园南、北、东三面临水，听橹楼是一个二层小楼，空间上位于耦园的东南角，恰好临园外东、南水系，二楼东侧设置长窗，可望见园外水系。从园内另一楼阁魁星阁经过连廊，步行可至听橹楼。（图4-113）宋代陆游《发丈亭》有云："参差邻舫一时发，卧听满江柔橹声。"在此楼卧听苏州城内河中的摇橹声，颇有水乡意境。园林女主人在此楼登高等先生回家，若听到橹声传来，便知先生将至。

听橹楼位于耦园一角，临水，可望水，可听橹声，表达了卧听橹声的意境以及园主夫妇的爱情主题，这是空间手法对抽象关系的表述。

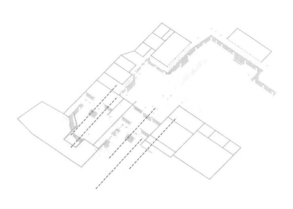

图 4-114 秋霞圃的不对称性强化了院落动感

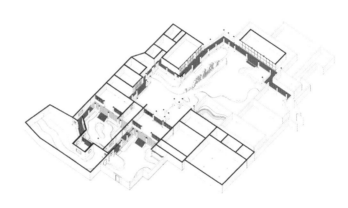

图 4-115 秋霞圃游骋堂

图 4-116 秋霞圃游骋堂围廊

4.2.16 秋霞圃游骋堂

（1）游骋堂与聊淹的立意

"聊淹"之意，带有散淡之意趣，聊以淹留，即人进入到院子里愿意停留下来。"游骋"之意一方面强调的是观景，另一方面强调的是一种动感。

从布局来看，该景区位于数雨斋南，南向，中为天井，西三楹为游骋堂，东三楹为聊淹堂，原系沈氏园景物，其旧址及废弃年代无考。民国九年（1920年）重建，时为七楹，中楹为启良学校校门，上悬浦泳隶书额"启良学校"。民国十一年（1922年），后悬时任嘉定县知事刘宝寿"敬教劝学"额，有跋谓："启良学校校董侍轩朱先生年逾古稀，热心兴学，慨助巨资，钦佩之余，书此以赠。""聊淹"二字出自《楚辞·招隐士》"猿狄群啸兮虎豹嗥，攀援桂枝兮聊淹留"之句；"游骋"二字出自王羲之《兰亭集序》"所以游目骋怀，足以极视听之娱，信可乐也"之句，均由周承忠撰额，现今已佚。

游骋堂长7.57米，宽7米，高5.75米。1986年嘉定县文化馆袁寿连重题"聊淹"篆书额，沪上书法家赵冷月重题"游骋"行书额。聊淹堂前乔松疏竹；游骋堂前合抱雪松，绿阴如盖。

（2）游骋堂的设计策略

①强调不对称性，强化院落动感

强调每个院落的不对称性是秋霞浦在造园设计上比较成功的一点。通常园林会强调一种对称感，但是秋霞圃则不然，我们无论从入口区域界面还是内部空间都能够感受到这种不对称性，并形成一种动感的趋势。（图4-114）同时，院落之中的模糊性也强化了动感。（图4-115）

②空间界面运用互文方式

对于空间界面的使用，秋霞圃游骋堂用了一种互文的方式，人在路径上走的时候，能够同时注意到两个院落，在一组院落中实际上形成了一种框景的效果，平面上的不对称性形成了一种不对称感。（图4-116）

图 4-117 豫园东部与中部景区之间三道腰门形成的过渡空间

图 4-118 三道腰门与题字
从北往南三道门题字：
「山辉川媚」「引胜」「绀宇琳宫」
（上排左中右）
从南往北三道门题字：
「点春」「咏归」「跨鲤」
（下排左中右）

③院落之间的对偶手法

游骋堂的庭院内有一处下沉的空间，我们可以将它理解为水的旱做方法。聊淹则隐喻着水，聊淹堂—游骋堂庭院中本无池水，但匾额立意与旱水的做法相联系，形成一种行外之意的联想。从园林审美的角度来讲，这种做法恰到好处地将观者的心理认知与场景氛围契合在一起，更好地体现了此处景区的意境。

4.2.17 豫园中部三道腰门

豫园东部点春堂景区与中部山水景区之间设置有三道腰门，起到衔接过渡的作用，具体设计策略分析如下。（图 4-117）

（1）三道门形成两个空间，完成空间转换

豫园两个景区空间性格不同，东部景区由藏宝楼、点春堂、打唱台、和煦堂呈轴线排布，空间堂皇。中部景区以山水为主，空间疏阔自然。两个景区以围墙分隔，本可用一道门衔接，但园主采用三道门形成两个过渡空间，增加了空间层次，目的是为两个景区之间的衔接留足酝酿情绪的过程。

三道腰门有一道为东西方向，另两道为南北方向，穿行路线呈"L"形，使得两个区域入口不会正对着，更加增加了空间过渡的曲折效果。另外，每道腰门正对墙上皆留石刻漏窗，对面区域景致借窗上空隙略有显露，也是为空间过渡预留的一点序曲。

（2）门额题字作为文学叙事的介入

三道腰门每一道门额上皆有题字，从东部点春堂景区走向中部园林景区，三道门门额题字由北向南依次为"山辉川媚""引胜"和"绀宇琳宫"，是对中部山水景区的提示。其中"绀宇琳宫"又指寺庙和道观，是对过道空间紧邻的"老君殿"建筑的暗示。

从中部景区走向东部景区，由南向北三道门额依次为"点春""咏归"和"跨鲤"。第一道题字与点春堂建筑呼应；"咏归"出自《论语》，后多

作文人雅集吟诗作赋之典；"跨鲤"出自"琴高骑鱼"的神话，明代有李在的《琴高乘鲤》图。此处"跨鲤"与"咏归"结合，亦表达了园主人的文人志趣。两个方向三道腰门的不同题字，分别呼应两个区域的景观特征，基于对人的心理暗示，实现了两种不同性格空间的衔接和转换。（图4-118）

4.2.18 园林中的月洞门

（1）豫园月洞门

月洞门在传统园林中是非常重要的空间界面形式。虎丘、艺圃、拙政园等均有月洞门的设计。

豫园中，连接中园和山水景区的月洞门将门两侧截然不同的景观分割开来，界定了两个完全不同的空间。门额北侧为"引玉"，南侧为"流翠"，采用互文手法，分别点出园中南侧玉玲珑一石和北侧园林水景，反映山水相映的环境特质，以此言园林之性格。（图4-119）

人经过此门，被带入另一个环境截然不同的空间，有穿越之感。透过门，可看到由湖石驳岸、水中石矶、贴水平桥、临水垂柳组成的山水园林景观。同时，此门将叠石余脉从门的一侧渗透至另外一侧，增加了空间环境的连续性，强化暗示了园林的山水观念。

图 4-119 豫园月洞门门额"流翠"（左）和门额"引玉"（右）

（2）拙政园别有洞天

"别有洞天"出自唐代章碣《对月》诗："别有洞天三十六，水晶台殿冷层层。"拙政园中园与西园之间有一处加厚的园墙，上有一月洞门，门额"别有洞天"，这是从中园至西园的主入口。（图4-120）

拙政园别有洞天的设计策略稍不同于豫园，除透过门看另外一个完全不同的景观空间、给人造成穿越感觉之外，月洞门本身所在的墙是加厚的，门本身形成了具有纵深的透视感，与别有洞天的名称相配。在这里，人的直观感受就是一种强烈的透视感，不知不觉便被强调了空间的深远感。

从中园穿过别有洞天门到达西园，眼前展现的是两侧随地形起伏的长廊，正面一侧向远处纵伸开来。正面迎着水岸对面的小型景观建筑——与谁同坐轩。这个空间的设计策略也值得研究。首先，在本来不大的空间尺度上，视点与建筑约十米的距离通过比较狭窄的水岸向两侧延伸，视觉上给人一种远的感受。其次，在视线可及的范围之内没有通向这座建筑的路径，又密植植物，通过直观的空间形式给人造成可望不可及的遥远感。

在文学意境上，长廊取名自辛弃疾的词："秋水长廊水石间，有谁共我听潺湲。"跟与谁同坐的意趣又是完全吻合的，充满了一种自得感，构成此园清高和孤傲的性格。

图 4-120 拙政园别有洞天

图 4-121 虎丘别有洞天内外空间对比

（3）虎丘别有洞天

月洞门"别有洞天"较早的使用地是虎丘景区。别有洞天外有一块名叫"千人座"的巨石，是一个室外广场，形成一个空旷的空间。别有洞天里是一个幽深的山林，有悬崖深壑。如同豫园、拙政园的月洞门，此处内外空间的反差也很大。两个空间之间加了一堵墙和一个洞门，使得这两个景区各自的空间品质模式有所提升，同样使人在其中游览的时候，提升了前后差异感，带来了穿越空间的感觉。（图4-121）

注释

1   刘敦桢.苏州古典园林 [M].北京:中国建筑工业出版社,1979:53

2   文征明在《拙政园三十一景图》诗题中评若墅堂:"临顿为吴中偏胜之地,陆鲁望居之,不出郭郭,旷若郊墅,余每相访,款然惜去,因成五言十首奉题屋壁。"若墅堂是王氏拙政园的厅堂,在今远香堂位置,曾为唐代陆龟蒙居住的地方,故文征明引唐代诗人皮日休对陆龟年居所的评价。

3   陈从周,蒋启霆.园综(新版上)[M].上海:同济大学出版社,2011:182.

4   苏州市园林绿化和管理局.留园志 [A].上海:文汇出版社,2012:274.

5   曹林娣.苏州园林匾额楹联鉴赏 [M].北京:华夏出版社,2011:28.

6   (宋)郭思.林泉高致 [M].杨无锐,编著.天津:天津人民出版社,2018:54.

7   周维权.中国古典园林史 [M].3 版.北京:清华大学出版社,2009:479.

8   成玉宁.中国园林史 20 世纪以前 [M].北京:中国建筑工业出版社,2018:458.

9   赵御龙.扬州古典园林 [M].北京:中国建材工业出版社,2018:326.

10 李坦.扬州历代名贤录 [M].南京:江苏人民出版社,2014:183.

11 刘敦桢.苏州古典园林 [M].北京:中国建筑工业出版社,1979:55.

12 谢永芳.辛弃疾诗词全集汇校汇注汇评 [M].武汉:崇文书局,2016:584.

13 (明)计成.园冶注释 [M].陈植,注释.北京:中国建筑工业出版社,1981:80.

14 曹林娣.苏州园林匾额楹联鉴赏 [M].北京:华夏出版社,2011:94.

15 曹林娣.苏州园林匾额楹联鉴赏 [M].北京:华夏出版社,2011:93.

16 曹林娣.苏州园林匾额楹联鉴赏 [M].北京:华夏出版社,2011:95.

17 曹林娣.苏州园林匾额楹联鉴赏 [M].北京:华夏出版社,2011:124.

18 周维权.中国古典园林史 [M].3 版.北京:清华大学出版社,2009:624.

* 本章图片由黄子舰、贾珊、钟巍、梅勇强、郭宗平、张晓婉、刘峰、杜心恬、胡清淼、陈玉凯、刘贺玮参与拍摄绘制。

第五章
中国传统园林空间叙事理论归纳

5.1 托物言志

托物言志是一个广泛的文化传统，文学中的比兴就是托物言志的具体手法。中国园林中的托物言志体现在具体的山水环境里。具体就是，如何塑造山水环境，形成了何种空间特征，赋予山水何种园林性格，在园林空间呈现怎样的志向情趣。

传统文化中讲究山水比德，是以山水诉说人的高尚品格。"先生之风，山高水长"，表示人既有气节又影响深远。就如同山高水长，是一种拟人化的逻辑，却将抽象概念与具象结合在一起。园林同样需要这种中国传统的拟人逻辑，拿塑造好的山水环境与人格比较。

托物言志手法在园林中强调每座园林都有自己的性格。每个园林都如同一篇以山水环境所塑造的不同层次的空间为字、词、句、段所组成的文章，叙事可感知。皇家园林、寺观园林、私家园林因其山水环境不同，各自的园林性格气质区分明显：皇家园林的山水环境或大气恢宏，或繁复壮丽；寺观园林山水中的山林气息更加浓郁，幽深隐逸；私家园林则呈现出移天缩地、微缩精致的山水环境。富商园林、文人园林、退休官员的园林之间也有比较明显的差异：前者山水环境繁复多样，园林布局透露出富裕气质；中者山水环境画意盎然，文学意境深远；后者山水环境有田园隐逸之气。

托物言志，必定是对人的个性的一种具体的表达艺术。用托物言志的手法解读园林，需要跟园子主人关联起来，从园林空间解读出园主人所要表达的气质性格。在皇家园林里，康熙的皇家园林跟乾隆的皇家园林也是截然不同的，各自带有很强的个人色彩和印记。同样是文人的园林，侧重点也可能不一样。例如徐渭的青藤书屋如同徐渭本人，具有文人写意画的气象，清幽淡雅；艺圃的山水属裁山剪水一类，轩临水面，在轩内可观轩外山水，人文气息更重。但两者都是文人园林。扬州商人园林如晚清第一名园——何园，山水空间格局在不同院落间连绵，建筑环境有西式风格。

在篇章层级中，拙政园的叙事主题如其名——"拙政"，表达了园主的隐逸思想。从空间叙事的设计策略中，可以看出园中细微之处皆体现了"堂皇"。园主虽以隐逸为名，但实际又表现出对修身、齐家、治国的执念。而留园以"留"为名，全园山水连贯，院落中遍布石林，不乏奇峰名石，其空间叙事的设计策略通过一系列的观石空间达到全园赏石最高，足以见证当年园主的爱石之心。网师园如其旧名"渔隐"，以水为心，假山和园林建筑在其周边以院落形式围合，与园名相契合。

在小层级上，具体到某个小景区之间，园林性格也不尽相同，例如拙政园与谁同坐轩，通过"与谁同坐"表达清高孤傲的抽象性格，十分具有典型性。再如园林里大量使用的船厅，其实也是以高度符号化来表达隐逸思想的一种标志物。围绕船厅，又发展出旱船。旱船周围的铺地做成水波纹状，就是通过铺地的机理去向来表达水的意象。南京煦园不系舟为女眷所用，做法小巧、秀雅。豫园船舫位于假山边上，空间虽然很拘束，但有一个想象的空间。

鹤亭：个园夏山上有一个鹤亭，亭子角做得很大，柱子直接落在石头上，略微有些象形，表达闲云野鹤的抽象感。

还我读书处：意为读书之地。藏在一个最深的空间里，表达一种远离城市的感觉。读书的地方放在犄角旮旯，书房的尺度也做小，放在最隐蔽的地方，通过这种关系就更能表达园主内心想要读书的真实感受。

看松读画轩：通过在建筑前布置五棵松树，彰显园主人看松读画时的理想。

中国文化的绝妙之处在于，即使是楷书这样被公认的标准书法，也有不同的楷体。类比到园林上，对园林内容、材料的选择，景点的命名等，构成了园林的完整系统。从园林的现状也可以看出来，每一座园林的空间性格是不一样的，都各自有各自的审美取向，并且审美取向的差别还很微妙。设计园林，如果从各个名园抄一个局部来拼凑成一个园林，既没有尊重名园本身的山水环境所形成的空间性格，也没有对需要设计的园林进行空间叙事主题立意。

5.2 小中见大

5.2.1 小中见大是一种直观的游园体验

1743 年，时任清廷画师的法国传教士王致诚（Ferire Attiret）写了一封信给他的法国朋友，信中对圆明园进行了较为详细、直观的描述。这封信于 1979 年在法国发表，在欧洲引起了巨大的反响，信中写道：

其别墅则甚可观，所占之地甚广，以人工垒石成小山，有高二丈至五六丈者，联贯而成无数小山谷，谷之低处，清水注之，以小涧引注他处，小者为池，大者为海……谷中池畔各有大小匀称之屋数区，有庭院，有敞廊，有暗廊，有花圃花池子及瀑布等，一览全胜，颇称美妙。

由山谷中外出，不用林荫宽衢平直如欧式者，而由曲折环绕之小径，径旁有小室小石窟点缀之，进入第二山谷，则异境独辟，或由地形不同，或因屋状迥别也。

山丘之上遍栽林木，而以花树为多，盖为此间泛常之品，真人世之天堂也。涧流之旁，叠石饶有野趣，或突前或后退，咸具匠心，有似天成，非若欧洲河堤之石，皆为墨线所裁直者也。其水流或阔或狭，或如蛇行，或似腕折，一若真为山岭岩石所进退者。水旁碎石中有花繁植，恍如天产，随时令而变易焉。

涧流之外，复有匀铺小石之山径，通行于山谷间，或近水旁，或离稍远，均取曲折蜿蜒之势。……世传之神仙宫阙，其地沙碛，其基磐石，其路崎岖，其径蜿蜒者，惟此堪比拟也！

…………

河流之上，逐段皆有桥梁，以便往来。桥梁砖石为多，亦有用木者，必略高以便舟行。桥用白文石为栏，石皆琢磨细致，雕刻起花，其造法又各不相同。且有回环曲折者，每将直径三四丈之桥，增至十丈二十丈之多。有时在桥梁中段，或在两端，筑有四柱、八柱、十六柱之休憩小亭。当以有亭之桥为最美观，亦有在桥两端建有木坊或白石坊者，其形制美妙，与欧洲人思想迥乎不同。

余于上方曾言涧流有通至蓄水池及海者，诸蓄水池之中，其一向各方之直径约长半里，而以海名之，是为墅内最玮丽处。各大宫殿，山石相间，河流相隔，若远若近，皆环绕此海焉。

最可宝者，为海中之岛，乃一朴野嶙峋之巨石……上立之殿，虽以小称，然有屋百间以上，四面出向，其华美精妙处，正不知如何称述也。是处形势最佳，环列四周之宫殿，逶迤而下之山麓，入海出海之河流，河流两端之桥梁，桥梁上之亭舍牌坊，用以间隔两处宫殿所植之林木，皆可于此一览得之。

海之四周，景象各不相同：或为平岸，砌以整石，接以长廊林荫路与大路；或为碎石斜坡，拾级斜登，匠心独运；或为正大高坡，列一阶即登殿宇，坡上复有高坡及其他殿宇者，层列如半圆形看台焉。其外又有着花之树围簇呈列，历历可睹，其较远处则更有自荒远山中移来之野树成林，且也栋梁之材，异方之树，花木果木。固无一而不备也。

…………

神仙宫阙之忽现于奇山异谷间，或岭脊之上，恍惚似之，无怪其园之名圆明园，盖言万园之园，无上之园也。[1]

从信中我们可以看到王致诚对曲折环绕、变幻无穷、包罗万象的园林空间赞叹不已，中国造园从自然观到审美观完全不同的差异给王致诚带来了很大震撼。虽然他可能不理解中国园林背后的哲学背景，但是他的描述仍然试图去揭示园林的丰富意义。中国园林不论真实空间的大小，往往在其有限的空间中展现更为放大的意象，打破空间的真实局限。

作为苏州小园林之一的网师园被誉为"苏州园林之小园极则，在全国的园林中，亦居上选，是'以少胜多'的典范"[2]。它占地仅六亩，园中布局紧凑，空间精巧，但是游览之时不觉局促，倒让人感觉空间"大"而丰富。网师园中亭阁临水而筑，黄石假山错落参差，道路回环曲折，让人感觉移步换景、意趣盎然；并且道路的来与回、去和往呈现出不同的面孔，不同高度的视点也呈现出不同的景致，来来回回之间，只觉得园中景象万千，颇可玩味。

中国传统园林往往让人在有限的空间内感受到变化万千的景观效果。在私家园林中，片山勺水皆传神写意，力求尽曲尽幽、含蕴深远；皇家园林气魄宏大，亦追寻"移天缩地入君怀"的气度。园林将曲折有致的美景悉数呈现于人眼中，却让人又似有"不能尽观"的错觉，将无限的客观世界展现于有限的空间中，给人以变幻无穷的体验。

5.2.2 小中见大是传统艺术的一种创作技巧与审美方式

中国古代文论中很早就体现了小中见大的思想，殷末周初的《易传·系辞》中说："其称名也小，其取类也大。其旨远，其辞文，其言曲而中，其事肆而隐。"[3]《文心雕龙》中说道："观夫兴之托谕，婉而成章，称名也小，取类也大。"[4]"是以诗人感物，联类不穷……故灼灼状桃花之鲜，依依尽杨柳之貌，杲杲为出日之容，瀌瀌拟雨雪之状。皎日、嘒星一言穷理；参差、沃若两字穷形：并以少总多，情貌无遗矣。"[5]在我国古代文学中，诗歌是最为简短的一种体裁，所谓"人声之精者为言，言之精者为诗"[6]。汉高祖刘邦的《大风歌》云："大风起兮云飞扬，威加海内兮归故乡，安得猛士兮守四方。"全诗只有三句，却雄豪悲壮、意蕴深长。诗歌自身的文体短小且文字少，反映的内涵却十分丰富，且外延深广。诗以简法语言作为自己的本色语言，然而，简省绝不意味着简单。诗歌的价值不在其简，相反却在其简所带来的繁。《艺概》中提到："以鸟鸣春，以虫鸣秋，此造物之借端托寓也。绝句之小中见大似之。"[7]如宋代诗人叶绍翁的《游园不值》："应怜屐齿印苍苔，小扣柴扉久不开。春色满园关不住，一枝红杏出墙来。"用小景写大景，以杏花写出了早春时节春色满园、花开竞姿的风光景色。唐代诗人杜牧的《泊秦淮》："烟笼寒水月笼沙，夜泊秦淮近酒家。商女不知亡国恨，隔江犹唱后庭花。"以小事寓大事。《后庭花》是陈后主荒淫享乐所作，而繁华的秦淮河边，歌女却还在唱这种亡国之音。杜牧便借此事讽刺当朝政治昏聩、权贵纵情声色，表现对千疮百孔的唐王朝的忧虑之情。可见古代诗学的简省之中包含了丰富与复杂，诗在短小的篇幅之内用简法语言表达出了丰富的内容与穷深不尽的意境。正如《诗品》中提到的："悠悠空尘，忽忽海沤。浅深聚散，万取一收。"[8]即通过博观约取、取一于万、收万于一，以小景寓大景，写小事寓大事，以有限写无限，用"以小见大"来达到"不著一字，尽得风流"的境界。

"咫尺有万里之势"的绘画原理与"以少总多"的诗歌原理亦有相通之处，宋代沈括《梦溪笔谈》卷十七《画卷》中说："大都山水之法，盖以大观小，如人观假山耳。"[9]认为作画时要化大为小，看画时要以小观大。明代李东阳《麓堂诗话》说："予尝题柯敬仲墨竹云：'莫将画竹论难易，刚道繁难简更难。君看萧萧只数叶，满堂风雨不胜寒。'画法与诗法通，此类是也。"[10]南朝时期宗炳在其《画山水序》中提到："竖划三寸，当千仞之高；横墨数尺，体百里之迥。"[11]姚最在其《续画品》中说道："咫尺之内，而瞻万里之遥，方寸之中，乃辨千寻之峻。"[12]唐志契《绘事微言》说道："盖山水所难在咫尺之间，有千里万里之势。"[13]可见以小见大亦是古代绘画创作的普遍规律。古代文人爱石也与小中见大的创作与审美取向有关，如白居易爱石，曾道太湖石："则三山五岳、百洞千壑，覼缕簇缩，尽在其中。百仞一拳，千里一瞬，坐而得之。"[14]"远望老嵯峨，近观怪嵌崟。才高八九尺，势若千万寻。"[15]从相关文献记载中可知唐代文人园林中已有小中见大的体现：唐代文人李华在《贺遂员外药园小山池记》中说道："悦名山大川，欲以安身崇德，而独往之士，勤劳千里，豪家之制，殚及百金，君子不为也。贺遂公衣冠之鸿鹄，执宪起草，不尘其心，梦寐以青山白云为念。庭除有砥砺之材、楚质之璞，立而象之衡巫；堂下有畚锸之坳、圩冥之凹，陂而象之江湖。……一夫蹑轮，而三江逼户；十指攒石，而群山倚蹊。智与化侔，至人之用也。其间有书堂琴轩，置酒娱宾。卑埤而敞，若云天寻文，而豁如江汉。以小观大，则天下之理尽矣……"[16]白居易在《题牛相公归仁里宅成新小滩》中说："平生见流水，见此转流连。况此朱门内，君家新引泉。……深处碧磷磷，浅处清溅溅。碕岸束鸣咽，沙汀散沦涟。……巴峡声心里，松江色眼前。今朝小滩上，能不思悠然。"[17]山阴密园主人祁承㸁在其《澹生堂文集》的《密园前后引》中提到："园宜水胜。而其贮水也，即一泓须似于弥漫；园宜竹多，而其种竹也，虽万竿不令其遮蔽。园之内，一丘一壑，不使其辄穷；园之外，万壑千岩，乃令其尽聚。若夫地不足，借足于虚空；巧不足，借足于疏拙；力不足，借足于淡雅。"[18]综上可见，小中见大是中国传统艺术中较为常见的一种创作方法，亦是中国古代美学的一种审美观照方法。

5.2.3 园林中小中见大产生的背景

（1）隐逸思想的出现

中国园林在空间成就上最为人津津乐道的特点就是小中见大，这与文人士大夫们的思想情趣、文艺创作与审美方式密切相关。文人士大夫在中国传统园林的建造中扮演了重要的角色，园林的建造亦因为文人士大夫的参与而具有很强的艺术特色。文人士大夫们为了规避封建社会的政治风险和压力，选择隐逸作为摆脱束缚、维护自身意志、追求心灵宁静、实现独善其身的现实途径，园林便成为文人士大夫们实现隐逸理想的现实载体。魏晋南北朝时期是中国历史上一个比较长的分裂时期，政权变动频繁、内外斗争激烈，文人士大夫们生处乱世之中，林泉之隐、山水田园之乐成为他们生活和感情的寄托。文人雅士们摈弃了对社会功名利禄的追求，隐逸于山泉林木之间，曲水流觞，俯仰天地，看到了远离政治风波的自然山水之美，并有了"非必丝与竹，山水有清音"[19]的审美发现，在林泉之隐中获得了人格的解放及心灵的自由。中唐时期的士大夫阶层置于集权制的控制之下，但"从道不从君"的文化品格又使其在专制制度的钳制中寻求相对的精神独立，士大夫们虽身居市井，但心却向往山林。唐代著名诗人白居易有诗《中隐》以叙志："大隐住朝市，小隐入丘樊。丘樊太冷落，朝市太嚣喧。不如作中隐，隐在留司官。似出复似处，非忙亦非闲。"宋代苏轼在《灵璧张氏园亭记》中说："古之君子，不必仕，不必不仕。必仕则忘其身，必不仕则忘其君。"[20]道出了白居易"中隐"思想的真谛。

中国文人的隐逸思想并不是纯粹的超脱，而是一种虚静淡泊的姿态，实则仕隐兼达。文人的仕宦生涯未免俗务缠身，缺乏诗意，但要真去山林里做隐士，代价又太大。"人间有闲地，何必隐林丘"[21]，园林正是出处之间的一方"闲地"。他们想要的是"不下堂筵，坐穷泉壑"[22]，他们并不是真正意义上的"隐士"，这种避世居只是表面现象，而他们的内心一直渴望自己的政治理想得以实现。

从园林的题名中我们就可窥其一斑，如"拙政园""退思园""网师园"等。退思园之名出自《左传》："林父之事君也，进思尽忠，退思补过。"园林的所有者以古代贤者自比，借题寓意，寓情于物，以园林寄托他们强烈的社会情感[23]。此后历代文人争相模仿中隐之道，在城市甚至闹市中找个不近不远的场所修建园林，凭借其进退有据，超然于宠辱，寄情于山水。对于大部分文人来说，他们并不愿意去追求完全出世超脱的生活，而是在城中筑立高墙，建造属于自己的一方世界。此外，由于社会经济发展带来的人口激增和城市用地紧张等原因，园林的规模逐渐减小，文人们仅求"一枝之上，巢父得安居之所；一壶之中，壶公有容身之地"。园林不仅仅是住屋的后院或花园，还是代表园主人性情的完整天地，正所谓："不闻世上风波险，但见壶中日月长。"[24]

（2）园林的小型化发展

一般认为中国园林起源于皇家的苑、囿和灵台，其雏形在殷周时期形成，并得到诸侯的效仿。秦汉时期，帝王们修建皇家园林，达官贵人们也仿效修建庄园，私家园林亦应运而生。唐宋时期由于经济的繁荣、文化的发展等原因，园林建设活动兴盛，造园水平也得到了很大的发展。明清以降，造园活动日趋兴盛："明朝苏州园林有园貌记载下来的约有二百六十处……其中有一百二十处散布在方圆百里的县区；在苏州城区的地面上约有一百四十处，其中五十多处在城西南的湖山之间和府城近郊，八十多处在府城范围之内。"[25]到了清代，江南传统城市中的园林多不胜举，分布亦密集，诚如康熙进士沈朝初在《忆江南》词中所写："苏州好，城里半园亭。"据清代同治年间《苏州府志》所载，当时吴县、长洲、元和三县私家园林有两百多处[26]。"乾隆之际，扬州园林出现了鼎盛的局面，城市山林，遍布街巷；湖上园林，罗列两岸。但这个时期的园林，尤以湖上园林为盛。从城东三里上方山禅智寺的'竹西芳径'开始，延着漕河西向延伸到蜀冈中峰大明寺的'西园'，另由大虹桥南向，延伸到城南古渡桥附近的'九峰园'，约有大小园林六十余座……'两岸花柳全依水，一路楼台直到山'，几无一寸隙地。"[27]明清以来由于经济的发展、人口的增加等原因，城市内用地日益紧张，大中型园林逐渐被割据占用，城市荒基隙地以及靠近城墙的边缘用地也多被开辟为园。其间小型园林数量快速增长，园林规模亦日益小型化（表5-1、表5-2），大量私家园林规模仅为几亩、十几亩，小者甚至不足一亩。从"勺园""半亩园""一亩园""十笏园""残粒园""芥子园""壶园""容膝园"等园林名称，就可见一斑。

表 5-1　明代私家园林空间尺度

园名	所在地	占地面积（亩）	占地面积（公顷）
影圆	扬州	5	0.33
寄畅园	无锡	15	1
休园	扬州	50	3.33
拙政园	苏州	62	4.1

表 5-2　清代私家园林空间尺度

园名	所在地	占地面积（亩）	占地面积（公顷）
余荫山房	番禺	2.4	0.16
竹山书院桂花厅	歙县	3	0.2
可园	东莞	3.3	0.22
小盘谷	扬州	4.5	0.3
半亩园	北京	6	0.4
网师园	苏州	6	0.4
个园	扬州	9	0.6
林本源园林	台湾	19.5	1.3
留园	苏州	30	2
梁园	佛山	31.8	2.12

　　造园活动的兴盛带来了园林文化的普及，园林已不再像传统的士人园林那般高不可攀，造园者的身份也更为广泛，官宦、文士、富商、隐士乃至平民都有喜好园林者。有文字记载："至今吴中富豪，竞以湖石筑峙，奇峰阴洞，至诸贵占据名岛以凿，凿而峭嵌空妙绝，珍花异木，错映阑圃。虽闾阎下户，亦饰小小盆岛为玩。以此务为饕贪，积金以充众欲。"[28] 可见园林文化正向下推移，平民小户虽无财力建造大园林，却也能在园中摆弄一些盆

景。明代闽中名士谢肇淛曾记载："吾闽穷民有以淘沙为业者，每得小石有峰峦岩穴者，悉置庭中。久之，甃土为池，叠蛎房为山，置石其上，作武夷九曲之势，三十六峰，森列相向，而书晦翁棹歌于上，字如蝇头，池如杯碗，山如笔架，水环其中，蚬蛳为之舟，琢瓦为之桥，殊肖也。余谓仙人在云中，下视武夷不过如此，以一贱佣，乃能匠心经营以娱耳目若此，其胸中丘壑，不当胜纨绔子十倍耶？"[29] 民间寻常百姓亦受到士人喜爱造园的风气影响，在社会中下层出现了叠山造园的现象，园林向民间发展、向小型化发展已成必然之势。造园活动从富贵走入平常人家，并进而泛化为更为普及的日常审美活动，成为中国传统文化的一个重要部分。也正是在民间造园持续而广泛的实践中，造园技艺得到不断的发展。

5.2.4 小中见大的三个层次

有了小中见大的技巧，园林的普及也有了坚实的基础。有了小中见大，方可体会精雕细琢之韵味，自然之美与人力之胜由此达到统一。园林虽然受限于相对局促和封闭的空间环境，却通过运用多种设计手法来延展和扩张园林的空间与意境，使其能以有限的面积营造出无限之空间，创造出"咫尺山林""以小见大"的艺术效果。空间的大和小是相对的。中国传统园林尤其重视小中见大的做法，并以之作为衡量园林的重要标杆，可以说园林中所有的空间设计都是围绕着以小见大这一点进行的。中国园林"壶中天地"之成立、"城市山林"之价值，莫不出于小中见大的实际效果。若无此，则一切美好的说法都不能成立。所谓小中见大，从感受方面来讲可分为三个层级。

（1）直观上感受空间的大

其一，是直观上的空间感受之大，整体虽小而各个局部无逼仄之感，从感知层面给人以一种错觉。如苏州网师园的引静桥，从彩霞池东南角往西北角看，拱桥横跨水湾，两岸陡崖岩岸，藤葛蔓蔓，桥下涧水幽邃似深不可测，桥后水势浩渺开阔。然而此处涧宽不足一米，小桥可三步而逾，此桥亦称为"三步桥"。引静桥桥身石栏、台阶、拱洞一应而俱，桥身小巧却"五脏俱全"，这座袖珍的小桥与幽碧的窄涧、陡峭的岩岸构于一处，显得相得益彰，互不见其小。以小桥为前景，彩霞池开阔的水面则与小桥深涧形成对比，加上池周围驳岸低砌，水湾、暗洞虚设，映衬得彩霞池烟波浩渺，水势弥漫宽广，更显得深远幽长。拱桥在江南水乡到处可见，此处利用了人们日常经验中熟知的事物，微缩尺寸后与周围的景观环境相映衬，给人尺度上的错觉。景观尺度缩小，然则凡是人活动之处都有相当余裕，舒适性却不受影响。（图5-1）

拙政园海棠春坞位于枇杷园玲珑馆东北处（图5-2），是一处雅洁的小庭院，也是园中书房所在之处。院中植有两株海棠树，院内南墙白壁上镶有匾额，其上镌刻"海棠春坞"四字，墙下有翠竹与湖石相依，略成小景。从庭院里看主体建筑物，两开间的书房建筑面朝庭院，两侧连有檐廊和天井。（图5-3）从海棠春坞南侧看书房建筑，则呈现另外一番清净幽雅的山水景色，只见水潭往建筑底部婉婉延伸，建筑临水似架于小溪之上，周围草木与碧水相映。（图5-4）同一座建筑，建筑本身没有做大的变化与调整，而是通过建筑两侧环境关系的变化，给人带来很不一样的视觉体验与空间感受，在有限的空间里面呈现出丰富的景观层次，可以说是一种"四两拨千斤"的造园手法。

此外，拙政园的绣绮亭在拙政园周边三个景区中都是"配角"，它位

图5-1 苏州网师园引静桥

图5-2 海棠春坞在景区中的位置（底图来源：刘敦桢《苏州古典园林》）

图 5-3 拙政园海棠春坞鸟瞰图
（图片来源：摘自《江南园林图录》）

图 5-4 海棠春坞北侧景色

于园中三个景区的交界之处，却通过对建筑与环境配置关系的不同处理，将三个景区各自的景观气质在一个景点上兼顾与呈现出来，并且进行了很好的衔接和过渡。人们可以从周围不同的三条路径游至绣绮亭，它本身也因地形变化、植物配置、明暗控制等产生了丰富的景观变化（详见第三章）。

（2）空间层次的丰富

小中见大的第二个层次是空间层次的丰富，空间层层叠叠，似有无穷无尽之感，这种丰富性主要是在空间组织方面下功夫。

园林中常见以建筑、山石、漏窗、疏林、空廊等的大量介入来增加空间层次，墙与廊一起纳入园林山水的系统性营造之中，则气象自然不同。所以廊忌平直，墙有云墙，将较大的景园划分成若干较小的景区，使之空间充实、层次丰富。廊作为园林中路径的一种特殊形式，是相对建筑化、几何化的，常用来连接园林中比较重要的建筑物和景点。它既使路径本身的形式产生变化，同时亦作为一种分隔或围合空间的媒介出现。廊通常依凭山或建筑墙体的形势展开，它可以是两侧透空的形式，也可以封上墙，制造出空间渗透穿插的效果（图5-5、图5-6）。如拙政园中的小飞虹为一拱形廊桥（图5-7），它横跨于园中南北向的狭长水面之上，沟通了沧浪池南北两岸的主体建筑，划分水面，形成了该区域以桥为中心的景观，增加了水面空间的层次。它与

图 5-5 怡园复廊花窗　　　　　　　　　　　　　图 5-6 怡园复廊花窗

小沧浪、得真亭、听松风处等围合成一处相对幽静的水院，水院周围廊子的处理也较为细腻，有开敞的，有做实墙的，使得空间富有虚实、主次的变化。（图 5-8）作为水院北侧的边界，小飞虹廊桥的形式隔中有透，从小沧浪处往北望，透过廊桥、荷风四面亭，视野却很通透，能远眺北端的见山楼，使人感觉景色深远、层次丰富。

　　边界的弹性对于园林空间丰富性的营造至为重要，园林空间常与边界保持距离，园林中很少的局部会让人走至墙根处，以避免产生尽头感。园林路径跟边界之间往往种有植物，一方面是为了增加景观层次，另一方面是为了控制人的游览范围，跟边界保持距离。若有墙面不得已作为空间边界时，常于墙上做假窗，让人感觉墙后空间不尽。沧浪亭中边界的处理别具匠心，沧浪亭园中的复廊作为园林的边界沿河而置（图 5-9），长廊沿纵向用墙分割成内、外两个部分（图 5-10），墙上开有虚隔的漏窗。沧浪亭中原本水景较少，此长廊的设置却借城市中的河流景观入园内，站在沧浪亭中往下俯视，视线可穿过花窗看到园外水面（图 5-11），可谓"远山近水皆有情"。复廊既围园内之景，亦借外部景色，此处边界的处理既无局促之感，又显得空间层次丰富多变，妙趣横生。

　　再者如网师园东岸（图 5-12）的处理，网师园东岸场地从水面到墙大概只有两米左右的距离。假山靠水而做，花木临水而植，一方面控制了人与

图 5-7 拙政园小飞虹廊桥　　　　　　　图 5-8 小沧浪水院

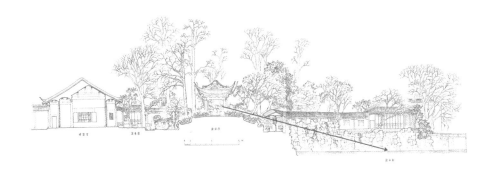

图 5-11 沧浪亭中透过花窗看水面
（底图来源：刘敦桢：《苏州古典园林》）

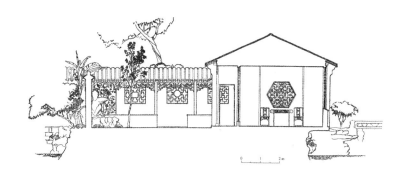

图 5-15 拙政园海棠春坞西视剖面
（图片来源：《江南园林图录》）

图 5-9 沧浪亭复廊边界

图 5-12 网师园东岸景色

图 5-14 海棠春坞外侧

图 5-13 海棠春坞书房两侧的天井

图 5-10 沧浪亭复廊

水池沿岸的亲疏节奏；另一方面，假山均与墙面保持了一定的距离，阳光照射下，花木阴影投于墙身，无形中把墙推远了一个层次。假山之后，两层楼高的建筑物山墙两相连绵，原本形成一块很大的界面。墙面门洞处往外挑出一个半亭，半亭亦与假山之间有距离，让人直感亭于山后，墙于亭后。此外，墙面沿半亭顶部往外做了一道通长的檐口，让这两个屋顶又往后退了一个层次，墙上另有假窗两对，恍若屋顶跟墙之间还有一个空间，因而整体上给人一种空间上层层叠退的视错觉。

园林设计常围绕一个景观元素来调整不同的观赏媒介形式，以产生尽

图 5-16 扬州个园春景

图 5-17 扬州个园夏山

可能丰富的视觉感受和空间感受，给人步移景异的感受。如拙政园海棠春坞中书房建筑两侧各置一天井，其内植有树木，建筑两侧的山墙面设置有六角形的花窗，天井北侧有花墙。因此，同样的一株植物在三个不同的角度都可以看到。从海棠春坞的庭院中，视线穿过游廊观之（图 5-13）；从山水景区过来，可隔花墙窥之（图 5-14）；从书房内部，可透过六边形的花窗赏之。（图 5-15）观看同一棵植物的媒介形式不一样，给人的视觉感受也完全不同，景观丰富性由此大幅提升。在有限的空间中，这种方式能很有效率地提高景观的丰富性。

（3）小空间见大气象

小中见大的第三个层级即小空间中见大气象，小中见大之"大"乃是一种气象、格局之大，即空间要有想象的余地，气象的宏大与尺度无关，而与意境相关。这是小中见大最高级的目标，也是文人们汲汲于此道的重要原因。园林中讲"山贵有脉，水贵有源，脉源贯通，全园生动"[30]，山、水有来龙去脉，形成一个完整的山水格局。就像网师园虽是一个小园，山体量很小，但很有气势，便源于它的格局之大。在园林山水格局的营造中，一个理想生存环境的模型隐然成形，大气象者舍此无它。

小中见大的核心技法即是造山技术。在园林的山水营造体系中，山无

图 5-18 扬州个园秋山

图 5-19 扬州个园冬山

疑是空间成本最高的因素，也是影响小中见大效果的关键因素。因此，如果简化园林史的话，造山技法的演变便构成了中国传统园林发展的主轴。总体上来说，早期园林疏阔而后期紧凑密致，对应造山则是由土山而取片段，再至土石结合、叠石为山、叠石建筑化。这一路的演变，两者密切相关。以土为山，占地较大，山形难以高峻，整体形态必然柔曼，而可林木葱郁，疏阔之感因此得之。存世者苏州沧浪亭可以一窥，虽有后世改造，基本面貌尚存。山为主景，水取诸外，内仅山东北麓置一小渊潭，山水相间，气象苍古。裁山一角之法由张南垣光大，平实简易，空间上大为节约，但未成为主流。因为此法虽得山之意趣，但无法成就大格局，局部可用，难成体系。土石结合在山体形态塑造上更胜一筹，可出峰峦抑或石壁，以石结构，以土填充，节地与花木培植兼具，应用较广，艺圃可为范例。山据园之南，山北侧面水，以层叠的湖石形成石壁，隔山相望，森然成画。石壁至南墙皆以土填充，高大乔木与灌木相间，山野之气浓郁。至清代，叠石为山成为主要手法。叠石一技也是中国园林最为特殊、显性的元素，关于叠石的论述最多，最显技艺者亦莫过于叠石。

位于扬州的个园曾是清代扬州盐商宅邸的私家园林，纯以石为山，以不同种类的石材取象春、夏、秋、冬，构想奇绝，名重一方。个园在整个园林里面营造了象征四个季节的假山景区，构成了一个春夏秋冬的轮回。开篇

图 5-20 冬山景区北侧院墙圆孔

为春景（图 5-16），用石笋和竹子来表现春天生气盎然、朝气勃发的生机，给人一种蓬勃向上、富有生命力的感受。夏景用玲珑的湖石累叠成临水的假山（图 5-17），日光照射之下山体黑白分明，形成强烈的对比，正应夏天光影强烈、日影斑驳的感受。山腹洞谷如屋，其下水面深邃而幽，水面之上曲桥委婉延伸而入其中。行走于折桥上，由外走进山洞时，会感受到一种清凉阴翳的感觉。此外，夏山背后高大的树木绿荫如盖，绿意丛丛，更加增添夏日凉爽之意。而秋山部分则用了黄石堆就（图 5-18），山势如刀劈斧削，磅礴峻峭。山隙间红枫斜伸，与黄石相映，营造了秋天绚烂的色彩关系。秋山之上有亭翼然，登临可俯瞰群峰于脚下，乃"方寸之中辨千寻"。冬山选用了一种非常特殊的石头——雪石，这个石头白中带黑、体型浑圆，看上去恍若石上积雪微融，透出凛凛寒意。（图 5-19）且冬山景区北侧院墙上面开了四排圆孔（图 5-20），当有风之时，圆孔呜呜作响如北风呼啸，更增添了一种寒冬来临的感觉。透过冬山景区的窗洞，可见春景绿意，"一元复始，万象更新"的意味由然而来。个园中运用四季物象置景，四季空间性格各异，相映成趣。宋代郭熙在《林泉高致·山水训》中说："春山澹冶而如笑，夏山苍翠而欲滴，秋山明净而如妆，冬山惨淡而如睡。"[51] 个园造园来源于自然，却并不一味地模仿自然，春夏秋冬的景色在视觉上无缝衔接，四季更替轮回，构成了园林的大气象。个园呈现的不仅仅是简单的空间感受层

图 5-21 环秀山庄平面图
（底图来源：刘敦桢《苏州古典园林》）

面上的大，而是进一步让人在游园过程中体验到时间的轮替，是一种气象和格局的大。中国画论中论及："肇自然之性，成造化之功。或咫尺之图，写百千里之景，东西南北，宛尔目前。春夏秋冬，生于笔下。"[32] 个园也是如此这般地在有限的空间中创造了无限，在流淌的时间中留住了四季春秋。

位于苏州景德路的环秀山庄（图 5-21），又名颐园。《长物志》云："石令人古，水令人远，园林水石，最不可无。要须回环峭拔，安插得宜。一峰则太华千寻，一勺则江湖万里。"[33] 环秀山庄占地三亩，全园以山为主，池水辅之，假山占地不过半亩，然咫尺所至却见千里之势。苏州环秀山庄园中叠石假山主体纯以石构，为清代叠山大师戈裕良所作，山势峥嵘遒俊、浑然天成，在有限的空间中构建出了山的各种形态，节奏紧凑而转换自然，真可谓移步换景。尤为难得者，在于以湖石起拱解决山洞的跨度，不见平梁，以皴法对应叠石肌理，浑然一体，称冠叠石、名不虚传。园中花木成荫，植有松、柏、玉兰、芍药，建有补秋山房、问泉亭等园林建筑，"环秀"二字意指秀色。园中涵云阁有对联云："风景自清嘉，有画舫补秋，奇峰环秀；园林占优胜，看寒泉飞雪，高阁涵云。"将园内景色描绘尽致。

环秀山庄的叠石假山以池东为主山，山体并不大，从庭院西南处折桥顶端走进假山直至山顶，路长仅 70 米。园林掇山受绘画的影响。《画山水序》中提到："竖划三寸，当千仞之高；横墨数尺，体百里之迥。"[34] 王维《山

图 5-22 环秀山庄湖石假山

图 5-2 环秀山庄湖石假山

水论》中云："凡画山水：平夷顶尖者巅，峭峻相连者岭，有穴者岫，峭壁者崖，悬石者岩，形圆者峦，路者川，两山夹道名为壑也，两山夹水名为涧也，似岭而高者名为陵也，极目而平者坂也。依此者粗知山水之仿佛也。" [55] 宋代郭熙在《林泉高致》中提出的观点，说山有"三远"：自山下而仰山巅，谓之高远；自山前而窥山后，谓之深远；自近山而望远山，谓之平远。在中国园林中堆山叠石亦是如此，环秀山庄的假山在方寸之地，70 米路径中构建出谷溪、石梁、悬崖、绝壁、洞室、幽径等山的各种形态，环山而视，气象万千。（图 5-22、图 5-23）假山整体布局较为紧凑，但由于山体不在一个标高上面，让人在游走的过程中感觉疏朗有致。通过水面之上的折桥进入假山，沿山而行，道路往上拱起，山体石壁往外倾斜，令人如临危崖。水中倒影相衬，更显高耸，营造出一种险峻的感觉，充分调动了人的情绪，给人以紧张感。舒缓顺行至水边，折行进入山洞，穿行与停驻间只觉石室幽雅，穿过山洞见小涧现于两山之间，给人以惊喜感。（图 5-24、图 5-25）整个假山的观看顺序和路径被造园者精心控制与安排，在有限的空间范围内通过

图 5-24、图 5-25 环秀山庄湖石假山局部

叠石与池水关系的变化，让人的情绪被调动起来。叠石造景在中国园林造景中扮演了重要的角色，《园冶》中提到："借以粉壁为纸，以石为绘也。"叠石假山好似模仿古人笔意的山水小品，其与流水、花木、建筑相映衬，仿佛是一幅精美的立体画。叠石假山是对自然山体的象征与模仿，讲究"虽由人作，宛自天开"，园林中的山石来源于自然，却并不一味地模仿自然。环秀山庄占地较小，富于技巧叠石的处理将园中游线延长，同时结合空间的形态变化，让人觉得气象万千。在园中我们不光感觉到景观的丰富层次和空间的放大，更能进一步感受到一种宏大的气象。

乾隆花园是故宫中著名的园林，园南北长160米，东西宽37米，格局规整，狭长的空间之中群峰迭起。乾隆花园分为四进院落，格局很是规整，布局却精巧灵活。（图5-26、图5-27）从空间叙事的角度来看，前面第一进院落中分布有小型叠石，假山与建筑交错，作为整个花园的前导序曲。院落中抑斋和矩亭围合出一个小庭院（图5-28），使得空间多出一个层级来。此外抑斋和矩亭本身建筑体量较小，通过对比把周围环境空间尺度适当放大。第

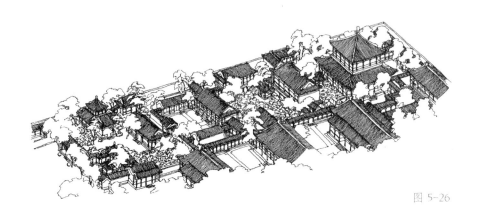

图 5-26

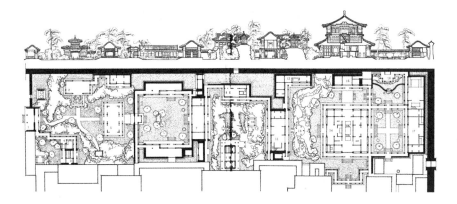

图 5-27

图 5-26 乾隆花园鸟瞰图
（图片来源：天津大学建筑工程系
《清代内廷宫苑》）

图 5-27 乾隆花园总剖面图、总平面图
（图片来源：天津大学建筑工程系《清
代内廷宫苑》）

图 5-28 乾隆花园衍棋门、古华轩景
区平面图

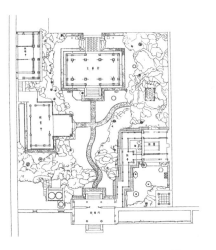

图 5-28

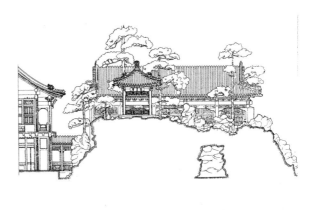

图 5-29 乾隆花园耸秀亭正立面图
（图片来源：《清代内廷宫苑》）

图 5-30 乾隆花园翠赏楼剖面图
（图片来源：《清代内廷宫苑》）

二进院落较为规整而平缓，院中设有遂初堂，乃不忘初心之意。到了第三进院落之中，叠石陡然增多，几乎填满院落，石室藏于其内，假山围绕建筑整体迭起峥嵘。拾级登山，可临亭中环览园中景色，耸秀亭立于假山之上，如楼阁立于山峰。（图 5-29）第四进院落中建筑体量最大的符望阁坐落于叠石之后，有如最高峰，其上可俯瞰群山，这里是整个花园空间叙事的高潮部分。园内群山迭起之处，建筑做出两层楼高，进深皆小，楼阁建筑与假山相互合围、挤压空间，人游于其中能感受到一种群峰高峻环绕的空间体验。（图 5-30）院落的分割使得空间节奏明确、有开有合，空间层级丰富。园中以山石为主展开，水景略微点缀其中，使得山水相依。狭长的用地之内，叙出了皇帝爱好山水初心的情怀。

　　位于苏州的艺圃始建于明代嘉靖年间，全园占地不到六亩，是小型园林的代表作之一。艺圃虽小，整体气度却较大，整体来看艺圃采取了三方面的策略来实现不同层次的小中见大。其一是对山水格局的控制。艺圃比较突出的特点是它不像其他园林那样建筑和景观的杂糅感那么强，而采取的是一

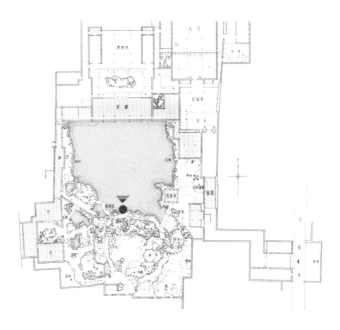

图 5-31 艺圃平面图

种建筑和山水景观两相对望的视觉方式。在这个基础上，艺圃中的山做得比较充分，假山部分与水的占地面积大致相当，且分布相对集中。因此在整体格局上，它并没有强调山重水复，而是表现出一种大开大合的山水关系。（图5-31）因此，艺圃采用的是一种大山水的手法，这也是艺圃气势上很特别的一点，尤其从延光阁水榭这边看过来，是非常完整的一张山水长卷（图5-32），气势十足。其二是裁山剪水的策略。艺圃中山的体积较大，且做法讲究。园中整个山的区域由三个分区组成：第一个分区是靠近水面的叠石区，这一分区以叠石与路径相结合，从对面水榭看过来，只见叠石假山嶙峋、林木葱郁，不见土山痕迹，叠石的部分就像是一个围挡置于土山之前；第二个分区是叠石之后的土山区，土山区域进深较大，上面植有高大乔木，树下设有小亭一座；第三个分区是位于墙后的缩微区。三个分区给人的感受都不一样。叠石区给人以一种游山之感，土山区塑造出一种很茂密的林下空间，高大的乔木掩映之下，山林之气十足。叠石区与土山区相隔很近，几步上来之后让人感觉恍若进入真山。土山区角落有一隐蔽小门可至缩微区，缩微区其实重复了

图 5-32 艺圃延光阁对望假山

外面的关系，但是尺度整个降下来，所以给人一种幽深之感，让人觉得是从一个大山水走到一个小的局部里面来。空间尺度的变化实际上就产生三种完全不同的游园体验，也是叠石、土山、缩微景观三种不同策略的连用。艺圃用一道高墙裁山剪水，实际上是非常大胆的做法，一般人不敢采用。但是它恰恰又是通过这个高墙，给人裁山剪水的提示。所以整个艺圃的造山，让人感觉是裁切大山之一角，顺着标高而下，到缩微景观区又通过墙体从土山之上裁切出来一小块。它是土山山形的延续，只不过尺度缩下来了，所以实际上整个区域是切了两刀。整个缩微景区中的三个建筑体量围合出了一个小空间，形成了一组更小、有如盆景的山水关系。因而整个山的区域营造出几种不同的山的意象，既有丰富性，节奏上亦富有变化，整体上给人以层层嵌套、园中有园的感受。其三是亲水点的精确控制。整个园中真正能让人亲水的点实际上就只有一个。此外水池沿岸都是植物和叠石，它通过这种方式严格控制了人的视域，并不总是让人看见开阔的水面。除了此亲水点，水池边视域开阔之处只有土山之上的亭（图 5-33）和水榭延光阁。它通过对比的方式，

245

图 5-55 土山之上亭中对望延光阁

给人豁然开朗的感受。

艺圃的小中见大，主要是通过这种裁剪的方式让人去感受格局的大和气象的大，在某种程度上保留了很多真实山林的做法。它突出裁剪的方式，并不是都去缩减尺度，模拟山的意象，而是两种方式混用，增加了游园体验的丰富性。高墙之后的微缩景观区实际上是园林中书房所在之处，书房是园林中较为私密、幽深的区域，这一区域山水交融，可居可游。一墙之隔山水大开大合，客人行至水榭，观水势浩渺，假山峥嵘，可观矣。因而它是把可游跟可观适当做了分离。

5.2.5 小结

所谓小中见大，自有其大处，也难免露出其中的小。其中既有审美志趣上的追求，也有现实的约束。因为小方可为常人所消受，日益走向普及，并在普及的过程中凝练经验、得到更多的探索机会，也是一个相互促进的过程。在此进程中，文化身份与园林发生了关联，甚至可以说无园林，不文人。江南地区因此也成为小园林密布的地区，非关隐逸，而成为普通文人日常生活的一项审美追求，园林也成为江南文化的一个标志。

5.3 对偶美学

5.3.1 二元思维、奇正之道与对偶美学

　　二元思维是人类理解世界最基本的思维模式，我们的思维长期以来都和"真假""善恶""主观客观""心物"和"现象本质"之类的二元格式联系在一起。"也许二元格式真的有许多坏处，例如很容易导致思想的过分简单化，但是某些二元格式是思想中必不可少的，而且是思想中最基本的操作方式。"[36]通过将世界万物归纳为两种对立统一的属性，我们建立了万物的普遍联系，同时也形成了最基本的价值判断。

　　二元思维也是中国古代哲学的一个重要特点。《易经》载"易有太极，是生两仪"[37]，《庄子》曰"一盛一衰，文武伦经；一清一浊，阴阳调和，流光其声"[38]。二元思维方式在中国人的意识深处形成了解读世界的基本图式，这种图式强调从"阴阳""正反"两方面来界定事物，进而构建起一套基于对称和稳定的审美图式。

　　在中国人的审美图式中，"中正"二字尤为重要，以中为贵、以正为美形成了我们的基本审美标准。但是，中国人的图式中对构成事物的二元属性不是完全对等的"镜像"和"复制"，因此"中正"之外还有更为丰富的内容。如果一味地强调中与正，显然会失之呆板，所以艺术中还要强调"奇正之道"[39]。所谓奇正之道，南朝刘勰的《文心雕龙·定势》有精辟的解读："然渊乎文者，并总群势，奇正虽反，必兼解以俱通；刚柔虽殊，必随时而适用。若爱典而恶华，则兼通之理偏，似夏人争弓矢，执一不可以独射也；若雅郑

图 5-34 太极图

而共篇，则总一之势离，是楚人鬻矛誉楯，两难得而俱售也。"[40] 如果说二元思维强调了事物属性的"两分"和审美标准的"中正"，那么奇正之道更关注"两分"之间的联系和"中正"之外的变化。

二元思维和奇正之道相结合，形成了更为完整的审美图式，"太极图"便是对这种图式的生动表达。图中"阴阳鱼"的黑白图形之间既构成了对立，同时又互相依赖和纠缠，并形成一种运动的趋势。（图 5-34）"太极图"式的思维范式深深植根于中国人的意识深处，构建起一套基于"对偶美学"的造物逻辑。"天地之道，阴阳而已。奇偶也，方圆也，皆是也。阴阳相并俱生，故奇偶不能相离，方圆必相为用。道奇而物偶，气奇而形偶，神奇而识偶。"[41]"对偶美学"渗透到生活的方方面面，从文学创作到绘画艺术，从器物造型到装饰纹样，从建筑空间到园林营造，对偶在形式层面和内容层面都显示了强大的生命力。

二元思维和对偶美学的价值意义在于：第一，揭示了世界万物的相互联系，以朴素的思维将事物的属性进行划分，通过对偶关系使事物成对，并相互界定；第二，通过对偶找到事物的相似性，同时发现其差异性，使之构成一个系统；第三，对偶的事物置于某一属性的两极，或成为某一属性的两面，二者在对比中寻找一种平衡与稳定，形成"中正""和谐"的审美取向；第四，对偶的事物之间具有互相弥补与相互转化的可能性，形成运动的态势，从而产生"气韵生动"的生命意识。

这里特别要强调的是，对偶不等于对称。对称是对立面之间的完全镜像，是一种静止不动的形态，从意义表达来说，对称只是信息的简单"复制"，

也就意味着信息减半。而对偶不只包含对称的基本形式，更重要的是对立面之间的差异和运动，对偶的事物之间形成一种运动趋势，形成"活"的生命形态。在意义表达方面，对偶的两面分别承担一半的功能，二者互为补充，在信息表达的过程中能够产生"0.5+0.5 > 1"的效果。

5.3.2 作为叙事策略的对偶

对偶概念并非中国所独有，作为一种修辞方法，它在东西方文学中普遍存在。西方文学也不乏运用对偶的例子，但不如中国文学那样频繁和严谨[42]。对比英语的诗歌和汉语的诗歌，在对偶的运用方面二者实在不能相提并论。英语诗歌的音节多少不等、语句长短不一，只是意对而已；而汉语的对偶是形、音、义三者俱对，字数相等、句法相似、平仄相对、意义相关，并且有一套严格的对偶法则[43]。浦安迪认为："在中文对偶里，二者常为一个自足整体中互补的两面。俯仰、天地、山水等常见的对偶形式，代表的不是不同层次的真理，而是一个自足的文学境界里相等而相成的两面。"[44]

对偶一直被中国古代文人视为天地造化的自然规律，并且成为文学创作理应遵守的一条基本法则，正如《文心雕龙·丽辞》所言："造化赋形，支体必双，神理为用，事不孤立。夫心生文辞，运裁百虑，高下相须，自然成对。"[45] 起于汉末、兴盛于南北朝时期的骈体文将对偶用到了极致，而唐宋时期的律诗和绝句也将对偶作为主要的修辞手法，明清章回体小说则以对偶句式概括章回内容，十分精彩。

具体而言，文学中的对偶分为多种类型，所用之处各有不同，优劣高下自可相比。刘勰将对偶分为"言对、事对、正对、反对"两组四种："故丽辞之体，凡有四对：言对为易，事对为难，反对为优，正对为劣。言对者，双比空辞者也；事对者，并举人验者也；反对者，理殊趣合者也；正对者，事异义同者也。"[46] 并对四种对偶的使用技巧和修辞效果进行了总结："是以言对为美，贵在精巧；事对所先，务在允当。若两言相配，而优劣不均，是骥在左骖，驽为右服也。若夫事或孤立，莫与相偶，是夔之一足，趻踔而行也。若气无奇类，文乏异采，碌碌丽辞，则昏睡耳目。必使理圆事密，联璧其章，迭用奇偶，节以杂佩，乃其贵耳。类此而思，理自见也。"[47]

从五代到明清时期出现了一种直接脱胎于对偶的文学样式——对联。此时对偶已不仅仅是一种修辞技法，而是通过对联这样一种独立的文体显示了它的叙事能力和美学特征。对联的真正价值在于其可以脱离书卷，用于建筑和园林作为一种环境陈设，与空间本身一起承担着叙事的功能，起到解读景观、点明主题、诉说心志的作用，成为空间叙事不可或缺的文本。

清华园工字厅北面面向荷塘处，一副对联堪称经典：

上联：槛外山光历春夏秋冬万千变幻都非凡境

下联：窗中云影任东西南北去来澹荡洵是仙居

匾额：水木清华

该联上联"春夏秋冬"写时间，下联"东西南北"写空间；上联用"山光"实写山，下联用"云影"虚写水。山与水、时间和空间全部囊括在上下两联一共三十四个字之中，不但形式上工整严谨，而且内容上形成互文。立于平台，近看荷塘涟漪，遥望北岸山石，顿然领悟对联之深意。匾额上"水木清华"四字又以互文的修辞将园林意趣怡然点出，文学叙事和空间叙事互为表里，浑然一体。（图 5-35）

中国古代绘画也讲究对偶的美学法则和叙事策略。清代书画家笪重光《画筌》有言："空本难图，实景清而空景现；神无可绘，真境逼而神境生。位置相戾，有画处多属赘疣；虚实相生，无画处皆成妙境。"[48] 在画家眼中，实景与空景、真境与神境分别构成了对偶关系，成为绘画中尤需关照的内容。

图 5-35 清华园"水木清华"工字厅北面对联与荷塘风景

在构图与技法层面，对偶的巧妙运用能够让画作呈现中正安然的沉稳气势，亦可使其形成跃然活泛的生动气韵。宋徽宗的《瑞鹤图》便是对偶在书画中运用的造极之作。

《瑞鹤图》在整体构图上以一条中轴线将画面分为左右两部分，画面下方建筑只露屋脊，呈完全对称之态。二十只鹤大体分为两组，每组十只，其中有两只分别立于屋脊两端鸱尾之上，其余九只盘旋于天际。这二十只鹤在画面上的布局最为精妙，不论是从头尾朝向看，还是从飞翔态势看，左右十只鹤总能找到对应关系，或单只成对，或组群成对，无一例外。总体观之，建筑的对称形态、鹤的数量以及形态对应营造了一种中正沉稳的基本格局，显然是宋徽宗作为帝王画家对堂皇气势的刻意表达。从对偶的角度进一步分析，此画之所以被誉为神作，就在于二十只鹤数量和形态虽然对称，但细察之却发现对称之中妙存差异。首先，天空中鹤的位置并非左右等距排列，每只鹤与中轴线的距离无一相等；其次，鹤的飞行方向并非完全对称，飞行方向与中轴线的角度全然不同；再次，每只鹤的翅与腿形态虽然接近，但是颈部扭曲之姿却各有差异。正是这二十只鹤的位置、飞向、颈部姿态的差异，在画面总体中正沉稳的格局中又多了一分高洁隽雅、飘逸灵秀之气。二十只

图 5-36《瑞鹤图》对偶图式分析

鹤在天空做出盘旋状，仿佛听到了美妙的乐曲而凌空起舞，宋徽宗在御题中所言"如应奏节"正是对此妙景的生动概括。从《瑞鹤图》中我们可以看到，对偶作为叙事手段可以利用有限的语言和易于控制的布局表达极为丰富的思想内容。（图5-36）

对偶作为一种修辞手段和叙事策略，除了为文学与绘画所采用之外，亦在城市规划、建筑设计、工艺美术等领域内广泛使用。《周礼·考工记》记述了营建国都的规制："匠人营国，方九里，旁三门，国中九经九纬，经涂九轨，左祖右社，前朝后市。"[49] 以此规制，国都规划呈现典型的对偶形态。左祖右社是中国古代礼制思想的体现，同时也说明对偶美学与礼制思想在形式层面的契合。明清皇家建筑群故宫的规划布局是运用对偶手段来表达封建礼制思想的典型案例，形式上的对称和内容上的对偶几乎被用到了整个皇城的每一个空间。大到城市规划层面的天坛与地坛，中到建筑布局层面的太庙与社稷坛、文华殿与武英殿，小到每一座建筑的平面与立面，都有对偶来控制着空间形态的塑造和美学意向的展现。此外，寺庙的钟楼与鼓楼、民居的东西耳房与东西厢房，甚至陵寝的空间格局，几乎没有能脱离对偶而存在的。

5.3.3　园林中的对偶

中国古代住宅、衙署等建筑更多体现的是礼制规范下的秩序化，对偶成为表达秩序的最佳选择。而中国园林呈现出完全不同于住宅、衙署类型建筑的性格与气质，以山水营造来模仿自然，可观、可居、可游的空间设计是园林的审美诉求。园林成为文人、商人、官员甚至皇帝的一块自由领地，在其中不同的人通过不同的途径表现自己的爱好、品行以及理想化的追求，这里似乎没有了等级、轴线、对称的观念[50]。因而从表面上看，园林空间中对偶似乎远不若建筑中使用的多。

事实上，如果我们从"奇正之道"来深入理解对偶的概念，则会发现中国古代宅邸、衙署、寺庙所用的对偶与园林中的对偶侧重点有所不同。建筑的对偶更多强调"正"的概念，而园林的对偶却偏爱"奇"，二者各有特色。如果对照刘勰《文心雕龙》中关于"言对、事对、正对、反对"四种类型对偶的概括，建筑的对偶较多使用"言对"和"正对"，是视觉层面显而易见的对偶；而园林中更善用"事对"与"反对"，是行为和心理层面需要感知所得的对偶。当然，因为园林亦离不开建筑，园林中的宅院区域依然遵守"正"的逻辑，甚至一些园林因园主人对"官气"和"堂皇"的叙事要求，对园林中的厅堂、楼台、水榭、山石等要素亦强调"正"的意向，因此园林中更多是对四种对偶的综合使用，而且要具体情况具体分析。具体而言，园林中的对偶包括界面层次的对偶和空间层次的对偶。

（1）界面层次的对偶

园林空间的界面丰富多样，围合空间的元素如墙体、柱廊、植物、叠石皆可形成界面，但园林的界面更多是借用建筑或构筑物而形成的。中国古代建筑不强调体积，而更关注界面，鳞次栉比的屋顶、层次丰富的柱廊、雕镂精致的门窗都可被园林空间用作界面。界面层次的对偶意味着界面由两块体量相当的部分形成，通过造型、材质、虚实等对比来产生对照关系，亦可由界面通过框景将远处风景引入视野，通过所引之景的对照形成对偶。

广州番禺的余荫山房在立面处理上多处使用了对偶。最可称道的是其作为书房的临池别馆的立面设计，西侧墙上的圆形窗和东侧墙上的方形门洞形成了造型上的对偶，使对称的建筑立面呈现一圆一方的形态变化。圆形窗墙面上题有"印月"二字，方形门顶上则写"吞虹"一词，将文学手法的对偶介入园林空间，"印月"暗示了透过圆窗可观池塘月影，"吞虹"则呼应了立于门内可望对面虹桥。界面形态的对偶、匾额文字的对偶、真实观景体验的对偶在此相互印证，将对偶的空间叙事功能发挥得淋漓尽致。作为园林主厅堂的深柳堂，室内空间划分采用了不对称的界面做法：西侧采用立柱形成虚界面，只装饰花罩作为与中间主厅花罩的呼应；东侧为木板隔断嵌装书法字画，中间开设门洞。如此一虚一实的对偶，让原本成对称格局的室内空间产生了丰富的空间变化。（图5-37）

利用界面框景来实现对偶的例子更是不胜枚举。园林中复廊上的开窗目的是从窗外借景，每一个窗洞景致不同，最宜形成对偶的妙景。框景对偶中最为典型的是园林中的月洞门，圆形门洞作为对偶的媒介，两侧往往呈现截然对比的景致，帮助游者在不经意的穿越间品味迥然相对产生的体验。豫

图 5-37 余荫山房临池别馆墙面两侧
"印月""吞虹"对偶（左）与深柳
堂室内界面的虚实对偶（右）

图 5-38
豫园月洞门两侧空间形成对偶关系

园月洞门连接东部和中部两个区域，以月洞门为界，两侧空间形成"反对"。一边是湖石堆叠的驳岸和地面，一边是细小的卵石铺地，月洞门两侧分别题名为"引玉"和"流翠"，对应着两侧的空间主题，"引玉"是引导游者去欣赏对面园中的湖石"玉玲珑"，"流翠"则暗示游者另一边园中是绿柳成荫、池水清流的景致，一道月洞门衔接着对偶事物之间的联系。（图 5-38）

（2）空间层次的对偶

对偶作为古典园林设计中的基本策略，在空间布局中运用尤为常见，且灵活多样，颇显造园匠心。空间元素的设置多用山与水、路与廊、亭台楼阁等形成对偶关系。

山水作为造园的底层逻辑，二者的对偶关系自不必说，有山必有水，有水必有山，即使由于场地限制或经济原因无法用叠石造山，也要通过建筑形态的"拟山化"或者观游路径的"拟山化"来营造山水关系。香山见心斋对山水对偶的处理可谓匠心独用。形制规整的围廊将水池与厅堂几乎完全围

图 5-39 香山见心斋的空间对偶关系

图 5-40
拙政园远香堂与雪香云蔚亭形成对偶关系

合，围廊之内的半圆形水面与围廊之外的山势形成东西方向的对偶关系。待游者沿北部爬山廊登临西部山地之上，进入正凝堂三合院后，分别从南北两处楼阁俯视整个园子，可见南侧围廊之外有叠石成山，而北侧则只可望园中池水，至此山水关系又在南北方向形成了对偶关系。（图 5-39）

　　园林中建筑之间亦多形成对偶关系，虽然不如宫殿、府邸、宅院那样严整规制，也要注重多座建筑之间的成对与呼应。还以见心斋为例，园子格局以西部主厅堂见心斋和东部方亭的连线为轴线基本成对称格局，明显的视觉轴线营造了皇家园林堂皇规整的气质，但从东向西看，见心斋主厅堂南北两侧建筑皆不相同，园子入口与出口空间也形制各异，主厅堂的"正"与其余空间的"奇"相结合，形成统一中有变化的对偶关系。又如，拙政园远香堂与雪香云蔚亭隔水对望，自成对偶之势。若论建筑体量，雪香云蔚亭与远香堂本不在一个层级，但由于前者建于山顶，并有向南伸出的平台，使其在视线上和空间感受上形成与后者的可比性。（图 5-40）与此类似，网师园濯缨水阁与竹外一枝轩（图 5-41）、余荫山房的深柳堂与临池别馆皆为由建筑形成的对偶。

除了山水、建筑等元素之间的对偶，园林设计中的对偶更多运用在对空间中每一组矛盾属性的深刻理解和巧妙处理上，如空间的大与小、旷与奥、虚与实、明与暗、动与静、藏于露、疏与密等，皆为对偶策略的处理对象。如拙政园远香堂南北两侧空间，北侧以宽阔平台衔接池岸，视野开阔，南侧以叠石成山与腰门之间形成屏障，幽深曲折，南北之间形成旷奥对偶。

耦园是将对偶运用到极致的园林作品，若研究空间对偶，此园值得研究。

耦园是清代同治年间辞官隐退的苏松太道道台沈秉成所建，是在原建于清初的涉园的基础上扩建营构而成的。从园子的取名"耦园"，可知其为夫妻、佳偶营造之园，正是沈秉成、严永华夫妇双双避世偕隐、啸吟终老之所，同时"耦"字亦对应着园林布局、造景的对景手法[51]。耦园是对偶美学和手法在园林设计中运用的经典之作。

在总体布局上，耦园呈"一宅两园"的格局，中部住宅基本按照礼制秩序将各个对称空间从南向北渐次形成序列，东西两园分列左右，形成对偶格局。在空间体量和气质上，东园大而朴略，西园小而精致。具体的营造策略如下。

第一，东园以黄石假山与受月池形成大的山水格局，山势连绵，气势险峻，城曲草堂、双照楼、听橹楼等建筑分布于四周，呈建筑环绕山水之势，为山水格局的形成留出足够的空间；西园湖石假山体量较小，且化整为零，分布于主厅堂织帘老屋周围，山势低矮且呈环抱建筑之势，织帘老屋延伸出宽阔月台，更显厅堂之开阔。东西两园以完全相反的图底关系形成对偶关系。（图5-42）

第二，东园山势较高，水面在群山环抱之下，空间成低洼幽奥之势，山水间作为水榭建于两山夹峙之下，且一侧凌于水面之上。顺山而下入水榭，

图 5-42
耦园东西两园山水图底关系对偶

环顾四周，更显清幽静谧。西园假山低矮，对比中衬托出厅堂开阔高大，空间成旷达之势。东西两园以完全相反的旷奥关系形成对偶。（图 5-43）

第三，东园水面占据近三成面积，水系延接，自成体系；西园未造池塘，而凿义井一口，山水关系未有遗漏，设井引水更为精绝。东池西井，两园水势又成对偶。

第四，东园假山以黄石砌筑，材质坚硬，轮廓犀利，显露锋芒，纹理古拙，象征刚强坚硬之感，寓意男主沈秉成的高洁德操；西园假山以湖石堆叠，石材多孔洞，形态玲珑婉转，具有柔韧之气，寓意女主严永华才思不凡。东西两园以石材之色彩与软硬形成对偶。（图 5-44）

此外，耦园在诸多纹理层面的细节设计上也运用了对偶手法，包括东西两园的植物配置、室内陈设、装饰设计等诸多方面。如此普遍的使用对偶作为一种叙事策略，一方面彰显了园主人为表达恩爱主题和夫妻人伦的情感

图 5-41 网师园濯缨水阁与
竹外一枝轩形成对偶关系

诉求，这在封建社会男尊女卑的思想桎梏下着实难能可贵；另一方面映射着园主人作为文人士大夫阶层的代表，二元思维、奇正之道已经成为深入骨髓的观念意识，对偶美学作为一种审美标准，早已成为其日常生活和造物行为的基本参照。

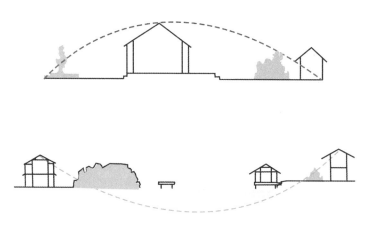

图 5-43 耦园东西两园空间旷奥对偶

图 5-44 耦园东西两园叠石色彩与铺装对偶

5.4 以楼代山

5.4.1 叠山艺术的历史演进

曹汛曾在《略论我国古代园林叠山艺术的发展演变》一文中总结了古代园林叠山的三个发展阶段。第一阶段以人工筑土累造大山,追求"有若自然"的结果:"叠山手法是整个地摹仿真山,面面俱到,尺度则尽力接近真山……这种叠山风气,春秋末到战国时期已经出现,秦、汉已很普遍,后汉更形成高潮,到南北朝时期这样蛮干的仍大有人在。再后,隋、唐以降逐渐少起来,但皇帝、贵戚、大官僚,有这种条件、有这种癖好的仍然还在叠造这种大家伙。"[52]第二阶段的叠山尽量往小叠造,又再现出大山的意象:"这种小山富于夸张、象征和浪漫的想象。侧重于写意,不注重细节的真实,这种手法自晋以来开始出现,至唐大盛,唐、宋以降,仍然很流行,并且后来一直延续发展到明、清……这种叠山风格一言以蔽之曰:'小中见大'。"[53]第三阶段"是写实的,接近原尺度的,可是再现部分大山, 大山的一角"[54],即通过"裁山剪水"的方式,再现真山大壑的局部一角。中国古典园林中关于叠山的技艺是在逐渐演化的,从真山真水到假山假水,再到裁山剪水, 实际上有一个历史演进的线索。曹汛认为:"最重要的就是必须看到,我国叠山艺术是一直不断地向前发展着的……这三段演变过程,从过于追求真,到过于追求假,一直到最后达到了'有真有假,作假成真'(计成语)。这样不断推陈出新, 终而摸索到叠山艺术最成功的规律:生活真实与艺术真实最终圆满地结合起来了。我们总结叠山艺术的传统和规律,应该注意到它同任何文化艺术一样,是自有其历史背景和阶级背景的。"[55]

现存的园林实例中不乏富有个性以及无法解读的园林现象,如位于东莞的可园,格局较为规整和几何化,园林构成高度建筑化且围合感较强,园中几乎没有叠石,亦没有较大的水池,因此也没有很明显的山水特点,但是人们进入园中又感觉到有明显的园林体验。再以退思园为例,园中叠石较少,前辈学者将其视作"贴水园之特例"[56],实为对现象的直觉感受。后继学者多沿袭了这一说法,评价中流露出对该园掇山理水的游移矛盾[57],而单纯的

"水园"似不符合古人的文化心理。以上所述两个案例中的园林现象无法用现有的知识结构来解读。存疑之处在于：园林中的山水关系是否消失了？园林中的"山"是否消失了？

5.4.2 晚清造园社会背景的变化

（1）民间造园的普遍化

明清时期经济发展，工商业繁荣，市民文化勃兴，带动了民间造园的兴盛，直至晚清时期民间造园活动仍十分活跃，并日趋普遍。随着经济的繁荣，越来越多的人来到城里生活，因而城中用地也越来越紧张，造园场地越来越小，五亩以下的地都在造园，小型园林俯拾皆是。明清时期，江南一批优秀的造园家不断总结园林经验并著书刊行于世，如《园冶》《一家言》《长物志》等，使江南园林文化广为传播，推动了民间造园的发展。明末清初，叠石假山流行，促使写意山水园不断出现，丰富了造园技巧。对于小型园林造园来讲，它的山水关系怎么处理成为一个大问题，不用山水观念支撑，小型园林的造园逻辑是什么也讲不清楚。

（2）石材昂贵

"江南园林叠掇石山所用的岩石材料，基本上可分为两大类，即山石和湖石……不论是山石还是湖石，石料的花费总是比土为大的。清代崇尚石山，主要也就是因为石比土名贵，园主可藉（借）以夸耀财富，商人、地主园林尤其喜爱纯石大假山。"[58] 叠石作为造山的主要手段，趣味盎然，但其弊在所需花费甚多，常被认为是一种相对风雅的炫富手段。《史记·姚坦传》记载："王尝于邸中为假山，费数百万。"[59] 计成在《园冶》中也提到："凡采石惟盘驳、人工装载之费，到园殊费几何？予闻一石名'百米峰'，询之费百米所得，故名。今欲易百米，再盘百米。复名'二百米峰'。"[60] 可见园林叠石靡费甚巨，这一弊端必然影响园林的普及。文人造园毕竟取意高雅，而非炫富，相对而言，财力方面也并不见长。

（3）堪舆理论中的相似观念

过去，都邑、宫庙、民宅、坟茔等的相地布局都受到风水堪舆意识的影响，堪舆本身也影响到人们对环境格局的审美和对环境审美的判断。风水堪舆之说始于秦汉，后逐步发展完善，至明清已较为泛滥。"从清代康熙、雍正之后，到乾隆、嘉庆年间，经济长期繁荣，社会长期安定，加之统治者带头修撰《四库全书》，风水地理之书也出现了一个编著刊行的高潮。据今天能够看到的资料，在乾隆、嘉庆年间，起码刊刻发行的阳宅类图书就有十种之多。如《阳宅集成》《阳宅必用》《阳宅十书》《八宅明镜》《阳宅撮要》《阳宅大全》《阳宅三要》《阳宅图解》《阳宅要览》《阳宅爱众篇》等。"[61] 古之风水，把奔腾逶迤的山脉定义为"龙"，龙行必然呼啸而生"风"，即产生动态之势；龙止必有界"水"，即有静止之象，所以"风水"的本意是指龙的行、止。龙有行有止，行止有度则才有生气。

"明清时期很大一部分宅园建于城镇市井地段，存在着既无山、又无水的局面，这种城郭、市镇中的井邑之宅，风水师也有进一步的因地制宜变通，即将千家万户的屋脊视为'龙脉'，把宅周围的街巷比拟为'水'。"[62] 龙脉即有山脉之意，在堪舆理论中，建筑在某些情况下是有"山"的意象在其中的。清代乾隆十六年（1751年）刊行的姚廷銮编撰的《阳宅集成》中说："万瓦鳞鳞市井中，高屋连脊是真龙。虽曰汉龙天上至，还需滴水界真宗。"[63]《阳宅集成》是姚廷銮"将他当时能看到的阳宅图书、资料广为搜集，细加考究，去伪存真，删繁就简，归纳总结"而成。清代林牧的《阳宅会心集》亦说："一层街衢为一层水，一层墙屋为一层砂，门前街道即是明堂，对面屋宇即为案山。"[64]《阳宅觉》中讲："城市之中，万家比户，虽有来龙，则为公共之物，可验大局之兴衰，不关一家之祸福。此等之宅，又不以脉脊论龙，只以街巷割截论气……收来气之法，盖以街巷作水论。"从这些风水古籍中可以看出，当时将市井之中的建筑视为"山"，将城市街道视为"水"已较为普遍。

此外，明末清初的风水学家蒋大鸿在其《天元五歌·阳宅真机》中提到"矗矗高高是峤星，楼台殿阁亦同评"。[65] 峤者，山尖而高之意。《阳宅指南》中说："宅内高楼名峤星，兜拦风气下门庭。若攀旺气隆隆起，煞气来时一旦倾。"风水堪舆中认为比自宅高出许多的建筑、高山等成为峤星。

"风水学认为，'有诸内而形于外'，就是说有什么样的外形，便会有什么样的内涵，起什么样的作用，既然城市的楼房建筑有山峦一样的形状、街道有水流一样的特征，它们就有山、水的内涵，起着类似的作用。"[66] 在风水学说中，山、水的概念并不一定指大自然之真山真水，至近代，这种现象在民间也仍有类似记载。《海州民俗志》中写道："平行几家建房，必须在一条线上，俗叫一条脊，又叫一条龙，又必须同样高低。……若高低不同的，叫高的压了低的气。左边的房子可以高于右边的的房子；绝不允许右边的房子高于左边的房子。俗规是左青龙，右白虎，宁叫青龙高万丈，不让白虎抬了头。"[67]

可见明清时期的风水理论较为普遍地存在"以楼代山"的说法。用楼指代山在今天的人看来可能是一种特殊的现象、技巧，但是在当时的人们心中是具有一种普遍性的，有一种不言而喻的感觉在里面。

山水关系是园林里面二元补衬的一对概念，中国古典园林中山水为一体，山水也是空间的主要两种材料。园林中山水相依、互相交融，不可分割。从大量的园林实践里，我们可以发现"旱园水作"的方式。由于受到很多具体条件的约束，有些地方造园无法筑池引水，"北方地下水位低，水源缺，故私家宅园多采用旱园水作之法，即挖一水塘，点缀些山石，沾点水气"[68]。旱园水作的案例在南方也较常见，如豫园的"不系舟"为不临水的船舫，建筑本身模仿的是画舫的形式与布局，船头前用瓦片小砖铺地，呈波浪状，给人以水波荡漾、舫于水中行的暗示与联想。扬州何园的船厅，周围地面都比厅低，厅前铺地用瓦片与鹅卵石铺成水波浪纹，船厅廊柱上有楹联"月作主人梅作客，花为四壁船为家"，更是达到了"无水而有水意，无山却有山情"的艺术境界。此外，北京地安门外帽儿胡同的可园、上海嘉定的秋霞圃、扬州的二分明月楼，都较典型地运用了旱园水作之法。无水当然少精神，所谓"水随山转，山因水活"，"旱园水作"从表面上看是一反中国园林"无水不成园"的传统，但从另一方面讲，它也体现出造园中对水的珍视。造园时即便无水生波，也要给人营造一种水的体验，实际上是运用了一种更写意的方式弥补无水的缺陷，这可看成是明清时期造园手法的一种进步。

从大量的已有的案例里面我们可以看到，引水造园有困难时，便产生了"旱园水作"的造园技巧，园林中水的形式产生了异化。作为山水相依的关系来讲，山水不可分割，有水地旱作的做法。当园林造山有困难的时候，山的异化亦成为一种可能。

5.4.3 以楼代山的案例

（1）以楼代山的先声

叠石为山，要点在于结构的建筑化，占地趋小，形态多变，同时山体往往做出洞穴，可以经营出明、暗两个系统的游线，大大丰富了游的趣味和变化，在较小的空间范围内腾挪出丰富的空间层次。又因材料性质的差异，在环境中虽紧凑而无拥堵之感。半山半亭，沧浪亭里面的看山楼下面是个假山的石室，上面是亭，退思园边上的亭子也是这样。紫禁城中的乾隆花园在方正、紧凑的格局之中，还要立起体量不小的楼阁，但叠石小山的介入不仅照顾到了楼阁登临时的景观，更增添了峡谷间行进的幽密氛围，是个典型的案例，也是北方皇家园林师法江南名园的佳作。至若上海豫园的内园，在这方面也颇可称道。

叠石作为造山的主要手段，趣味盎然，但其弊在靡费甚巨，常被认为是一种相对风雅的炫富手段。此弊端必然影响园林的普及，文人造园毕竟取意高雅，而非炫富，相对而言，财力方面也并不见长。因此，在晚期的园林中，也可大量看到这样的案例：园中并无大体量的山体，如网师园仅小山丛桂之轩北面有一黄石假山，但高不足四米，占地仅数十平方米。这并不是山水观念的终结，而是造山技艺的升华，山的形态更趋抽象，山水观念仍是支撑园林布局和形成整体意象的核心要素，其中端倪在环秀山庄中已有显露。

以楼代山的现象并非凭空而现的。从前文中可以看出，以楼代山的观念在晚清已较为广泛地存在于堪舆理论之中。

但关于楼山相互关联的论据其实早有所论及。《新序》中记载："纣为鹿台，七年而成，其大三里，高千尺，临望云雨。"[69] 古人认为体量高大的山岳是天神所在之处,建高台可与天对话,表达了对山岳的崇拜和向往《楚辞·招魂》中亦有"层台累榭，临高山些"的诗句。山取其高，高台建筑渗透了古人关于山岳崇拜的意识，山的意象很早就与建筑本身有一定的联系。

"高台榭，美宫室，以鸣得意"，便是春秋至魏晋时期的建筑风尚。建筑建于高大的台基之上，并以高为美。楼阁式建筑和高台紧密相连，并兼具观赏"山水"的重要作用。

唐代诗人白居易曾作《高亭》一诗："亭脊太高君莫拆，东家留取当西山。好看落日斜衔处，一片春岚映半环。"[70] 可见在古人看来，在特定的环境、特定的视角中，亭子可以被看作"山"，建筑有"代山"之意的文学描述清晰可见。

进一步看晚清现存的实例，也可体会到以楼代山作为一种现象在晚清造园史中演变的基本历史脉络。

① 拥翠山庄中的以楼代山现象

拥翠山庄始建于清代光绪年间，是一处文人集资建造的园林。园林位于虎丘景区，是一座藏于山林地之中的台地园林。拥翠山庄整体的形式呈现出一种几何化台地状。建筑布置在较为规整的院落之中，总体上拥翠山庄依托于虎丘山起伏的山势而建成。对于拥翠山庄，可以通过台地标高的变化和进入场地的路径方式来理解这座台地园林。（图 5-45）

其一，从建筑与台地的组合方式来看：山庄约略形成四个不同的台地标高，同时台地呈现于高度几何化的院落形态之中。场地和不同类型的建筑相互配合，形成具有方向感的场所特征。同时，不同的场地方向暗示出不同的视线方向。基本的布局也暗示出场地周围的环境和拥翠山庄之间的视觉联系。（图 5-46）

图 5-45 拥翠山庄中主要的三层台地关系
（图片来源：刘敦桢《苏州古典园林》）

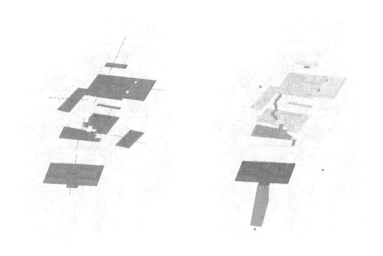

图 5-47 拥翠山庄的路径形态与进入方式

图 5-46 拥翠山庄内不同标高的场地与建筑所暗示出的场地的方向感

其二，从人游览拥翠山庄的路径特征来看：人从拥翠山庄下面进入后，先到达一层过渡性的平台，之后再经由"之"字形楼梯，通往颇具山林之气的问泉亭。该处是拥翠山庄内的最佳观景点。进而，经过湖石堆叠的假山到达灵澜精舍所在的平台。在这组路径中，一方面位于园林的中部叠石体量不大，是人经由园内上山的必经之路。同时，这组湖石区别于周围环境中的黄石，并与环境形成鲜明反差，塑造了拥翠山庄园林雅致的气质，体现了拥翠山庄文人园林的空间品质。另一方面，这组叠山实际上又是一组路径，起到枢纽的作用，兼具效率。（图 5-47）人通过此处，由山下通往到更高处。更妙地是，这组院落仍然以山为核心，此处对于登山路径的模拟可以看做是虎丘外部登山环境的微缩。但是差异化的处理方式使得拥翠山庄院落内高度人工化的景致和山庄之外自然朴野的地貌形成互文的关系，也进一步体现了拥翠山庄的精致与秀丽，并暗示出园之后可得见真山的意趣。

从上述的做法中可以看到，中部的湖石假山完全以路径的方式介入，台地、建筑及路径组合在一起，共同完善了拥翠山庄与外部虎丘山环境关系的塑造。拥翠山庄既被虎丘山所拥，即"翠"拥"石"；拥翠山庄中对湖石假山的处理方式也使得山庄有效地融入虎丘的环境，丰富了登临虎丘山的意趣，即"石"亦拥"翠"。

②狮子林中的以楼代山现象

位于今苏州城内的狮子林始建于元代。狮子林的假山有"假山王国"的称号，解读它不能不提到它的山石。清代乾隆年间沈复在《浮生六记》中对狮子林假山的评价如下："石质玲珑，中多古木，然以大视观之，竟同乱堆煤渣，以积苔藓，穿以蚁穴，全无山林气势，以余管窥所及，不知其妙。"[71] 个雨量也从技术上说"石洞皆界以石条，不算名手"[72]。类似的看法主要是从远观山的大效果、或近察山石之质的视角来评价这座假山。那么应如何来理解这座假山的造山逻辑呢？

换一个角度来看，整个假山的逻辑跟其他园林假山的逻辑不完全一样，强调的是这是一座可游的山。具体来讲：

其一，狮子林假山的设计很有特点，强调路径的丰富性与可游性。（图 5-48）基于路径的丰富性与可游性可以约略感知到，各种路径最终通往假山的真正高潮——卧云室。

其二，卧云室为一个二层的小楼阁，是一处非常独特的意境的塑造。"安卧在峰石的禅室。取金元好问'何时卧云身，因节遂疏傲'诗句意。此假山中央的平地上原为寺僧静坐敛心、止息杂虑的禅室。四周环以酷似群狮起舞的峰峦叠石，小楼恰似卧于之上。古人以云为石，故小楼与清幽的环境相得益彰，创造了"人道我居里，赖身在万山"的神秘意境。可见卧云室也是一种对神仙境界的描摹。（图 5-49）

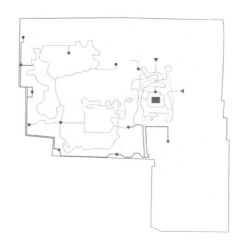

图 5-48 狮子林流线图

图 5-49 狮子林卧云室

图 5-50 狮子林卧云室二层观看周围假山的视觉控制方式图示

其三，卧云室如楼阁被群山所环抱。假山的高度其实只有一层楼多一点，人在二层看出去，正好在一堆湖石之中，人会有仿佛在顶端飘着的感受，好像睡在云端。（图 5-50）目前二楼建筑虽不开放，但是完全可以想象人在二层所能感受到的周遭假山如卷起的"云石"般的意境。

因此，狮子林对于假山的营造呈现高度建筑化的倾向，整座假山的建造逻辑强调可游性，而究其原因恰恰就在于这座假山的造山逻辑跟其园林中的造山逻辑不一样。假山在此处实际上具备了一种异化的路径的特征。其实这种特征是晚清造园很重要的概念，也是后来以楼代山兴起的一种证据。

③沧浪亭中的以楼代山现象

沧浪亭始建于南宋，现状格局以清代留存为主。园林整体呈现出较为古朴野趣的面貌。园林中有一座体量较为完整的土石结合的湖石假山。山体高两米有余。整座假山位于乔木之下，乔木使得园内假山的气势愈发幽奥，并拔高了山的高度。类似的做法，在艺圃假山、怡园主假山之中也有所体现。此外，园南侧有一座三层楼阁——看山楼。（图 5-51）

沧浪亭总体上呈现出较为疏朗的面貌，园内山不高，但山的体量较大；水体也较少，仅有一池小渊潭。为适应这样的山水环境，沧浪亭中形成了一种独特的路径系统。

整个路径顺应假山的山势展开，并且围绕假山有一座环形交圈的路径。起伏的廊子和主假山的登山路径形成同构的逻辑关系，是对登山体验的模拟，也强化了人们在山中游览的意味。（图 5-52）尤其是渊潭处爬山廊的设计，其一，当人沿着起伏的地形从低点走向高处，通过山势地形的营造，人和渊潭之间的高差增大；其二，渊潭周围适当种植林木，使得渊潭幽奥的意象在树木的阴影之下得以强化；其三，主体假山和小渊潭一大一小，山林的清旷与渊潭的幽奥形成互文关系。从复廊外侧看水，为之旷，从渊潭周遭看水，为之幽，这种对比也强化了沧浪亭古朴自然的空间氛围。

　　因此，即便是小渊潭和外部水面的高差几乎持平，但就现状来看，人在游览至此处时仍可体验到较为幽奥的山林意趣。这与沧浪亭中对路径标高的控制息息相关。廊子的标高变化与两侧环境之间形成互文关系。（图5-53）

　　此外，沧浪亭的楹联写道"明月清风本无价，远山近水皆有情"。远、近实际上暗示了人对于园林的观看方式，近对应俯水，远对应仰山。

　　远山可从看山楼一处看出。建筑有三层楼阁，架于"印心石屋"之上，人们通过黄石基座的爬山廊，由地面层通过二层平台，再由二层平台通过楼

图5-51 沧浪亭渊潭（左）、外侧复廊（中）、看山楼（右）

图5-52 沧浪亭立体化的交圈流线　　图5-53 沧浪亭立体化的交圈廊与两侧环境关系的变化序列

图 5-54 沧浪亭看山楼下的印心石屋与看山楼横剖面
（图片来源：刘敦桢《苏州古典园林》）

梯通往顶层。此处的做法类似半山半亭，登楼过程类似登山，楼代替山及其路径，显现出以楼代山的意味。（图 5-54）

（2）楼山融合

①环秀山庄中的以楼代山现象

环秀山庄始建于 1807 年，苏州环秀山庄的假山主体纯以石构，相传为戈裕良手笔，在方寸之地 70 余米路径中，把山的种种形态一一呈现，真可谓移步换景，节奏紧凑而自然转换。尤为难得者，在于以湖石起拱解决山洞的跨度，不见平梁，以皴法对应叠石肌理，浑然一体，称冠叠石，名不虚传。（图 5-55）

环秀山庄的整个用地面积不大，东西不过 30 米左右，南北 60 余米。它的布局十分独特，南为厅堂，北出月台，赫然占去小半面积，北部为假山区，截然两分。整个园子水面很小，配合假山布置，但跟随人的游线，又几乎处处有水。所谓山无水不灵，此园可为范例。假山区只有三座建筑，问泉亭、补秋山房和一个方亭跨在水上，布置在不同的标高上，建筑之间辅以叠石形成的水涧，通过跨水廊子连接。山体也大致分为南北两区，南区几乎纯

图 5-55 环秀山庄主假山　图 5-56 环秀山庄园西边楼

图 5-58 环秀山庄从假山之中望向边楼形成深远的空间效果

图 5-57 环秀山庄假山区和边楼立体交错的路径系统

为石山，北区则填土植树，几座建筑都掩映在高大乔木的阴影之中。同时，高大乔木也拉高了整体山体的天际线，这个做法与艺圃有相似之处，山的景观层次十分清晰。园西有一座边楼，几乎贯通了大半个园子的进深，绵延在边界上。进深很浅，略宽于普通的廊子，只做前檐，形式上属于"半边楼"，南端拐成曲尺形，高度在局部达到三层，是非常罕见的做法。（图 5-56）

边楼以及山房共同参与对山趣的描摹。山建筑化，楼亦补充山的层次，

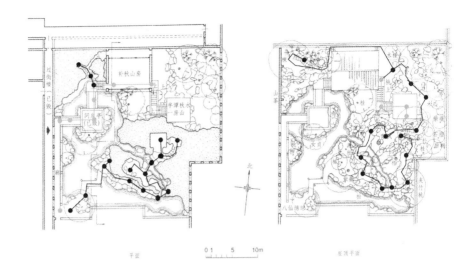

图 5-59 环秀山庄游走的空间格局图示：
一层路径关系（左），二层路径关系（右）
（底图来源：刘敦桢《苏州古典园林》）

房与山互补。（图 5-57）

环秀山庄以叠石闻名，一般认为如此布局尽显主人对于小山的自信。边楼的存在增加了许多不同高度看山的视点，环秀之名可以理解为环视秀山，这当然没有错，但还不够全面。这座边楼的存在不仅是为了提供观景的视点，同时在造景方面也意义重大。一重意义是柔化了边界，以建筑形象处理的边界给人空间上的想象。楼非尽头也，而是可以视作山，形成深远的空间意向。（图 5-58）这是小中见大的常用手法。

另一重意义则是，这座边楼也在营造山的意象，其中上下的楼梯不是以贯通的方式布置在一处，而是故意拉开，形成游走的格局。（图 5-59）同时起伏的建筑轮廓线也是对山的隐喻。（图 5-60）假山与边楼在此形成了一种互文的关系，相互映衬，共同完成了山的意象。如此，则环秀之名方得正解，这是"环滁皆山也"的环秀。坐于厅堂之中，环视周遭，不同层次的山景渐次道来，山水的故事抚慰人心，也足以令主人自得。

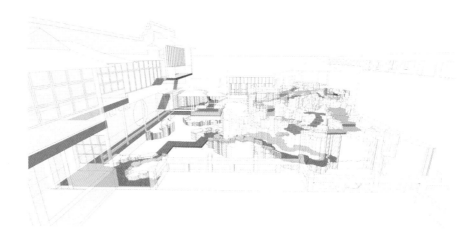

图 5-60 环秀山庄假山与建筑构成一座完整的山的意象，
房的轮廓线是另一层山的轮廓线

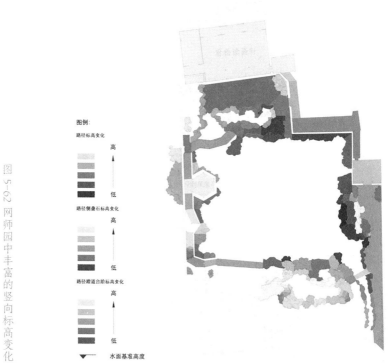

图例：

路径标高变化
高
低

路径侧叠石标高变化
高
低

路径蹬道台阶标高变化
高
低

▼ 水面基准高度

图 5-62 网师园中丰富的竖向标高变化

②网师园中的以楼代山现象

网师园现存格局具有典型的晚清特色,建筑密度较高,园林部分面积较小。由于造园面积被压缩,用地有限,平缓的网师园其实很难借山水之势,叙文人之心。(图5-61)

图 5-61 网师园从月到风来亭望向对岸

有学者认为:"不过池西岸的月到风来亭体量似嫌过大,屋顶超出池面过高,多少造成池面相比较的尺度不够协调的现象,虽然美中不足,毕竟瑕不掩瑜。"其后又言:"网师园的建筑密度高达30%,人工的建筑过多势必影响园林的自然天成之趣,网师园却能够把这一影响减小到最低限度,置身主景区内,并无囿于建筑空间之感,反之能体会到一派大自然水景盎然生机。"我们可以从上述评论中看出作者仅对现象进行了描述,同时存在一种较为矛盾的说辞,对于月到风来亭以及对岸建筑的处理方式并无进一步的解读。

笔者认为:按照以楼代山的理论说法,网师园也有以楼代山的空间意味。如果将月到风来亭与对岸的环境整合在一起,并将其理解为一座立体的山,或可更好地理解网师园的造园思路。

其一,整个网师园的地面有着丰富的竖向标高变化。(图5-62)主要的活动围绕水面展开。可以看出:沿水面一圈驳岸的标高有着丰富细腻的竖向变化。这种丰富的标高变化塑造出一种山的氛围。整个网师园虽然是平地造园,但丰富的高差关系实际上是对于"登山"体验的一种描摹。

其二,月到风来亭在水塘西侧是一处标高抬升的点。(图5-63)由月到风来亭望向对面,可以看到几个层次的山的轮廓的变化。如近处的石矶、稍远的住宅区建筑的山墙面,以及五峰书屋和集虚斋一组建筑的轮廓。(图5-64)

其三,现状五峰书屋这座建筑中没有楼梯,集虚斋中有一处通往二楼的楼梯。但是可以发现在五峰书屋东侧的梯云室所在的院落内有一处立体化的假山。这座假山兼具交通的职能。(图5-65)

综上,网师园实际上通园看下来没有大山,但在某种程度上我们可以

琴室　　　　　　　小山丛桂轩

灌缨水阁

0　　　　5　　　　10m

图 5-64
网师园中以楼代山的空间关系

图 5-65　网师园五峰书
屋东侧湖石假山蹬道

图 5-66 网师园东侧立面轮廓线丰富的层次变化

月到风来亭

看松读画轩

图 5-63 网师园月到风来亭在西侧立面上微微拱起
（图片来源：《苏州古典园林》）

把月到风来亭和对岸的环境理解为一座完整的山。这座看不见的山其实体现了晚清在造园技艺上的特色与跨越。（图 5-66）

③怡园画舫斋中的以楼代山现象

画舫斋作为怡园中的船厅，属于园林的标配，目的是表达园主人"渔隐"的意向。

"作为全园重点的西部，山池建筑各部的比重过于平均，相互之间缺乏有力对比。园景内容，而欲求全，罗列较多，反而失却特色。结果，山比环秀山庄大而不见其雄奇，水比网师园广而不见其辽阔。"[73] 同时，画舫斋曾是园主人的会客空间，有楼梯通向二层，登楼的过程有如登山，且二层楼建筑与周围山势形成互文关系，在此局部空间中已经有以楼代山之意。（图5-67）

（3）楼山一体

①退思园中的以楼代山现象

江南水乡古镇同里有一座名园——退思园，始建于 1885 年，园名的出典是"进思尽忠，退思补过"。园子建于清代光绪年间，面积不足十亩，一直以水园闻名，主景区以水面为中心，假山只有很少一点，主要的建筑都临

图 5-67 怡园画舫斋与周围地形环境形成围合之势

　水，与水面贴得很近，亲水的感觉很好。在主厅堂退思草堂前的月台上，或者从船厅"闹红一舸"的船头上望去，整个园子仿佛都是浮在水上的，形成其主要特点。与退思草堂形成对景的，除船厅之外，就是南岸的一组建筑。这组对景建筑的处理十分罕见，没有一座特别突出的单体建筑，而是由小楼辛台、两层的复廊与东边的一座小轩"菰雨生凉"接在一起，并且呼应水岸的形状做出折线的平面，临水在建筑前置了一座叠石小峰。建筑的屋顶形式都是硬山，似乎平淡，又似乎余味无穷。平淡者在于这组建筑中无以形成视觉的焦点，视线总是在游走；回味者在于这组建筑形成了一种少见的组合关系，其中隐含了许多微妙的变化，很多处理手法很决绝，两层高的复廊至东端戛然而止，非常理可以解释。（图 5-68）

　　中国传统园林的一个重要特点是可游，非常理可以解释的建筑设计，在一番游走之后，常令人茅塞顿开。小楼辛台中有楼梯可登临，二层与复廊相接，行至东端，面壁而折弯，有叠石台阶引入建筑南侧的场地，复入一层廊中，通菰雨生凉，穿堂而过，水池的东边是唯一的一组小假山，山上有亭，名叫"眠云"。假山面东则是石室开口。辛台不临水，前有叠石小峰和植物障景，而在二层复廊处视野最为开阔。小轩菰雨生凉则亲水，至"眠云"处回望，正是一山望一山的感受。如此再看这组建筑的设计，虽每个单体的形

图 5-68 退思园辛台与天桥

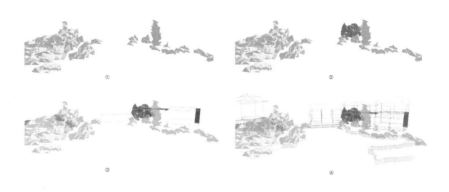

图 5-69 退思园以楼代山生成过程示意图

式简单，但高低、虚实开合、与水的远近关系、视野的收放等几个方面都变化多端，独具章法。尤其是天桥那段廊子，就好像人走到山的山脊上面，倘若廊子并非用来隐喻登山的路径，廊子后面下楼的叠石也不必在做一段湖石假山，所以这段廊子本质上是对山的模拟。（图 5-69）更深入一层看，这组建筑实则是将人们游山的体验以更为抽象的方式提炼出来进行再现，包括建筑的形态都是对山的不同形态的概括，实在是高明的设计，可谓以楼代山的典范。（图 5-70）由此也形成了迥异于前人的园林景象，整个园子显得清淡而更有雅韵，少量的叠石起到提示和隐喻互文的作用，并且节奏也更为紧凑。类似的做法在拙政园见山楼一处也有体现。（图 5-71）

因此我们也能看出退思园的山水观念仍然存在，建筑异化为山，前人

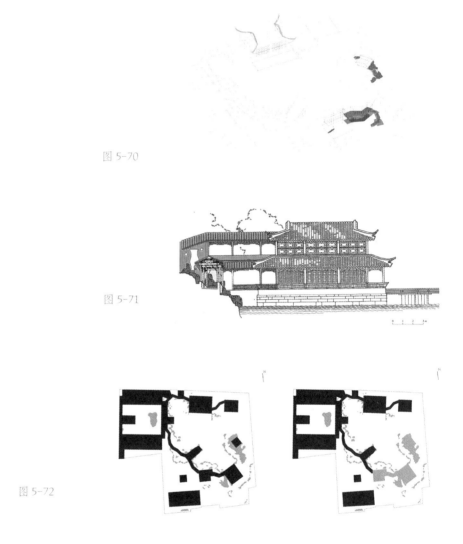

图 5-70

图 5-71

图 5-72

图 5-70 退思园以楼代山图示　　　　图 5-71 拙政园见山楼与退思园以楼代山相类似的处理手法

图 5-72 退思园建筑异化为抽象的建筑之山，山水的比例关系再次平衡　　　图 5-73 耕乐堂边廊

图 5-74 耕乐堂边廊（左）和退思园边廊（右）处理方式的差异

关于"贴水园"的说法并不严谨。在退思园中仍然有一座我们看不见的"山"，只是它的呈现方式更为抽象。（图5-72）

我们以山水观念再来审视整个退思园的设计，可谓豁然开朗，环水皆山也，正可谓道是无山却有山，不识山林真面目，只缘身在此山中。这种意境，也更加深了对陶渊明诗句"此中有真意，欲辨已忘言"的感受。

②耕乐堂中的以楼代山现象

以楼代山无疑是中国传统造园技艺的又一次升华，也是文人造园的一大优胜之处，虽皇家园林亦不可得。退思园由当地画家袁龙设计并主持建造。[74] 袁龙（1820—1902），字怡孙，号东篱，又号为隐君子。[75] 其人长诗词，喜书画，富藏书，亦是同里复斋别墅的主人，精于此道可以想见。

在同里游访耕乐堂，对退思园的设计可有更好的理解。耕乐堂系明代成化年间处士朱祥所建[76]。朱祥，字廷瑞，号耕乐，堂名取其号。耕乐堂占地约六亩四分，建时有五进五十二间，现尚存三进四十一间。

此园格局紧凑，边界方正，建筑绕水而建，意趣并非上佳，但建筑形式的组合很有特点。退思园南岸那组代山的建筑组合，其原型应出于耕乐堂，复廊与楼房结合的形式十分相近。但两相比较，可知耕乐堂只是建筑形式上的一次探索。耕乐堂与退思园在地域上相近，对于连廊的建造形式也相似，（图5-73）甚至有人称在耕乐堂游园时会有在退思园的错觉。其实两处园子的差异很大。耕乐堂的廊子是挨着墙做的，退思园的廊子是腾空做的。（图5-74）但总体上仍可显示出耕乐堂以楼代山的处理方式在晚清造园中的运用。（图5-75）

图 5-73
图 5-74

图 5-75
耕乐堂以楼代山示意图

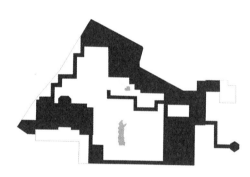

图 5-76
可园的山、水及建筑布局

图 5-78 可园邀山阁外悬挑的
楼梯对山的意趣的模拟

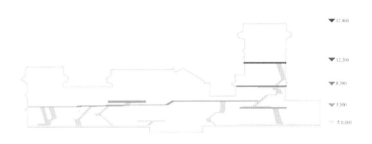

图 5-77 可园的标高变化

（4）以楼代山的顶峰

①可园中的以楼代山现象

可与退思园以楼代山做法相印证的，还有东莞的可园。可园主人是清代江西布政使张敬修，园兴建于道光末年，建成于同治三年（1864），后世有改扩建，现存格局是1961年修复后的面貌。可园与顺德清晖园、番禺余荫山房、佛山梁园并称"岭南四大名园"，但其格局有自己鲜明的特点，与其他三园有较大差异。可园的特点在于建筑密度高，格局规整，园内连花池都是几何化的方正花池。建筑沿外围边界成群组布置，向内围合形成一个大庭院，形成"连房广厦"的形式。（图5-76）粗粗看去，实在谈不上山水意趣，水借诸外景，园内仅在可轩前置一方小水池，山更是不见踪影，仅拜月台后有叠石小假山一座，区位也不显要。形式上最突出者，在于可轩之上有一座四层高的楼阁"邀山阁"，为一般园林中罕见。（图5-77）

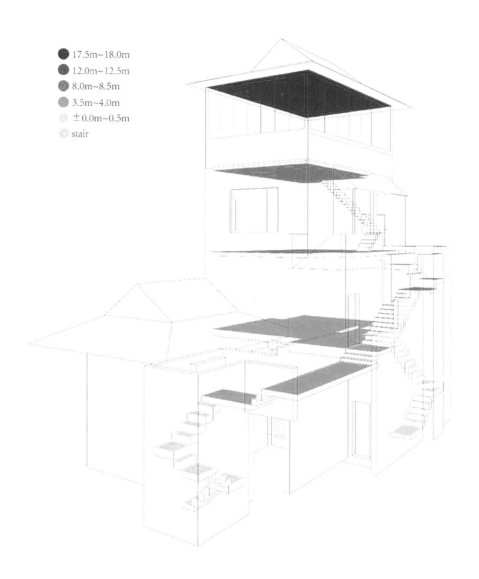

17.5m~18.0m
12.0m~12.5m
8.0m~8.5m
3.5m~4.0m
±0.0m~0.5m
stair

图 5-79 可园邀山阁对立体化的登山路径的模拟

图 5-80 可园邀山阁与周边建筑屋顶共同构成对山的意象的描摹

图 5-81 可园中立体化的路径系统与不同的平台标高抽象化图解

图 5-80

图 5-81

　　此阁檐口高度为 15.6 米，平面近方形，其登临路线是精心设计的。可轩旁有隐藏于墙内的露天石级，上石级可登二层平台，由平台让出楼阁一侧的采光天井，沿楼的北面墙壁盘旋而上，并且这段台阶故意做出一小段悬挑，增添险峻之感。(图5-78)让出天井的这段空间，正好使游人折而面向邀山阁，再上一段台阶进入阁内三层，此处建筑完全是登山路径的模拟，十分精妙。(图5-79)从室外进入室内后，由明至暗，再上一段室内的楼梯，登上最高层，豁然开朗，四面都是通透的窗，可以极目远眺。这条登临游线直观地说明了邀山阁本身就是一座山的意象。（图5-80）同样，这里也是以高度概括的、建筑化的抽象方式来再现山的意趣。（图5-81）不仅是路径的组织，在很多局部的形式细节上都有考虑，可谓以楼代山的极品。如在入口处的庭院天

图 5-82

图 5-82
从可园内庭院望向邀山阁

图 5-83
可园邀山阁外侧砖墙的叠涩处理

图 5-84 余荫山房临池别馆对岸深柳堂的
山墙面与远处山墙面构成一组山的意象

图 5-85 余荫山房立体化的路径系统与
二层平台处眺望远处的景象

图 5-86 余荫山房浣红跨绿桥两侧的置
石（左）和玲珑水榭（右）

图 5-83

井，可直接望见邀山阁的一角。这种体验也类似于初入深山时高远的空间
意味。（图 5-82）另外，在邀山阁侧边的登楼路径中也能看到墙面叠涩的
处理技法对于山的意象的描摹。（图 5-83）

可以说，在整个园中，邀山阁由于其体量和位置起到了统领全局的作用，
山水观念仍然是造园的核心。

②余荫山房中的以楼代山现象

余荫山房对于山的表达也并不是按照常规方式来处理的。具体体现在：

其一，临池别馆作为主要的厅堂与深柳堂相对，深柳堂将其巨大的山
墙立面面向临池别馆。山墙立面的处理既避免了两个大体量的厅堂直接对
望的格局，同时也是对山的意象的描摹。（图 5-84）

图 5-84

图 5-85

图 5-86

285

其二，在其内院的小姐楼，二楼的平台部分按照山的逻辑来组织。几个平台方向标高都不一样，并且几个平台之间并不完全连通，突出了朝向不同方向观景的意趣。（图 5-85）

其三，水榭对面是一组小山石。小山石位于桥东侧，大水榭位于桥西侧。（图 5-86）二者是一组相对的关系，也有一种对于山的隐喻。水池所围绕的八边形的水榭，也是对山的体量的一种模拟。余荫山房整个以楼带山的做法更为抽象。

注释

1　王致诚.乾隆画师王致诚述圆明园状况 [J]

　　中国营造学社汇刊, 1931, 2（1）: 105-113.

2　陈从周.园林谈丛 [M].上海: 上海人民出版社, 2016.88.

3　金永译解.周易 [M].重庆: 重庆出版社, 2016: 426.

4　刘勰.文心雕龙 [M].杭州: 浙江古籍出版社, 2001: 193.

5　刘勰.文心雕龙 [M].杭州: 浙江古籍出版社, 2001: 249.

6　何香久.中国历代名家散文大系——辽金元·明卷 [M].

　　北京: 人民日报出版社, 1999: 392.

7　刘熙载.艺概 [M].上海: 上海古籍出版社, 1978: 74.

8　司空图.二十四诗品 [M].杭州: 浙江古籍出版社, 2013: 43.

9　沈括著.梦溪笔谈 [M].南京: 凤凰出版社, 2009: 156.

10　李东阳撰.麓堂诗话 [M].北京: 中华书局, 1985: 6.

11　（南朝宋）宗炳, 王微著, 陈传席译解.画山水序 [M].北京: 人民美术出版社, 1985: 5.

12　姚最.续画品 [M].北京: 中华书局, 1985: 8.

13　（明）唐志契.绘事微言 [M].北京: 人民美术出版社, 2003: 5.

14　程国政编注.中国古代建筑文献集要——先秦——五代 [M].

　　上海: 同济大学出版社, 2013: 334.

15　黄勇主编.唐诗宋词全集第 3 册 [M].北京: 北京燕山出版社, 2007: 1412.

16　（清）董诰等编.全唐文第 2 册 [M].上海: 上海古籍出版社, 1990: 1414.

17　黄勇.唐诗宋词全集第 3 册 [M].北京: 北京燕山出版社, 2007.

18　夏咸淳.明清闲情小品（二）[M].上海: 东方出版中心, 1997: 84.

19　《魏晋南北朝诗观止》编委会编.中华传统文化观止丛书——魏晋南北朝诗观止 [M].

　　上海: 学林出版社, 2015: 77.

20　程国政.中国古代建筑文献集要——宋辽金元（上）修订本 [M].

　　上海: 同济大学出版社, 2016: 168.

21　邵丽鸥.中华古诗文——白居易 [M].

长春：北方妇女儿童出版社，吉林银声音像出版社，2013：67.

22　（宋）郭思．林泉高致 [M].杨无锐，编著．天津：天津人民出版社，2018：9.

23　曹林娣．苏州园林匾额楹联鉴赏 [M].北京：华夏出版社，2011：264-265.

24　邵雍．伊川击壤集 [M].上海：学林出版社，2003：45.

25　魏嘉瓒．苏州古典园林史 [M].上海：上海三联书店，2005：202.

26　李时人．中华山名水胜旅游文学大观（上）诗词卷 [M].

　　西安：三秦出版社，1998：371.

27　朱江．扬州园林品赏录 [M].上海：上海文化出版社，1984：58-59.

28　黄省曾．吴风录 [M].北京：中华书局，1991：2.

29　谢肇淛．五杂俎 [M].上海：上海书店出版社，2001：56-57.

30　陈从周．说园 [M].上海：同济大学出版社，1984：3.

31　郭思．林泉高致 [M].济南：山东画报出版社，2010：26.

32　王维．山水诀——山水论 [M].北京：人民美术出版社，1962：1.

33　文震亨．长物志 [M].重庆：重庆出版社，2017：66.

34　宗炳．画山水序 [M].北京：人民美术出版社，1985：5.

35　王维．山水诀——山水论 [M].北京：人民美术出版社，1962：10.

36　赵汀阳．二元性和二元论．社会科学战线 [J].2000（1）：66.

37　宋元人．四书五经·周易本义 [M].北京：中国书店出版社，1984：62.

38　郭庆藩．庄子集释 [M].北京：中华书局，2012：505.

39　方晓风．奇正之道．建筑风语 [M].北京：水利水电出版社，2007：94.

40　周振甫．文心雕龙今译 [M].北京：中华书局出版社，1981：277.

41　李兆洛．骈体文钞 [M].上海：上海书局，1998：19.

42　浦安迪．中国叙事学 [M].北京：北京大学出版社，1996：49.

43　傅佩韩．中国古典文学的对偶艺术 [M].北京：光明日报出版社，1986：1.

44　浦安迪．中国叙事学 [M].北京：北京大学出版社，1996：51.

45　周振甫．文心雕龙今译 [M].北京：中华书局出版社，1981：314.

46　周振甫．文心雕龙今译 [M].北京：中华书局出版社，1981：315.

47　周振甫．文心雕龙今译 [M].北京：中华书局出版社，1981：316.

48　笪重光．画筌 [M].成都：四川人民文学出版社，1982：6.

49　周公旦．周礼·仪礼·礼记 [M].长沙：岳麓书社，1989：129.

50 方晓风.奇正之道.建筑风语 [M].北京:水利水电出版社,2007:95.

51 苏州市园林和绿化管理局.耦园志 [A].上海:文汇出版社,2013:1.

52 曹汛.略论我国古代园林叠山艺术的发展演变 [C]// 建筑历史与理论(第一辑).
    中国建筑学会建筑史学分会,1980:75.

53 同上,1980:77-78.

54 同上,1980:83.

55 同上,1980:83.

56 陈从周.园林谈丛 [M].上海:上海人民出版社,2016:49.

57 如顾凯既言亭廊轩阁削弱了山水主题,有喧宾夺主之嫌,掇山不佳,又言水景突出。
    见顾凯.江南私家园林 [M].北京:清华大学出版社,2013:134.

58 杨鸿勋著.江南园林论 [M].上海:上海人民出版社,1994:26.

59 (西汉)司马迁著,马松源主编.二十五史精华第 3 卷 [M].
    北京:线装书局,2011:1041.

60 (明)计成著,陈植注释.园冶注释 [M].北京:中国建筑工业出版社,1981:228.

61 中国环境科学学会,中国风水文化研究院主编.传统文化与生态文明——首届传统
    文化与生态文明国际研讨会暨第二十二届国际易学大会北京年会 [M].
    北京:中国环境科学出版社,2010:334.

62 侯幼彬著,中国建筑美学 [M].北京:中国建筑工业出版社,2009:206.

63 姚廷銮.阳宅集成 [M].台北:武陵出版有限公司,1999:39.

64 林枚.阳宅会心集,清嘉庆十六年(1811)刻本。

65 章仲山.图注天元五歌阐义 [M].呼和浩特:内蒙古人民出版社,2010:45.

66 任宪宝.中华民俗万年历(1930—2120)[M].北京:中国商业出版社,2012:275.

67 刘兆元.海州民俗志 [M].南京:江苏文艺出版社,1991.

68 曹林娣.江南文化史研究丛书——江南园林史论 [M].
    上海:上海古籍出版社,2015:316.

69 (汉)刘向撰.新序说苑 [M].上海:上海古籍出版社,1990:35.

70 张春林编.白居易全集 [M].北京:中国文史出版社,1999:146.

71 魏嘉瓒.苏州古典园林史 [M].上海:上海三联书店,2005:180.

72 同上。

73 魏嘉瓒.苏州古典园林史 [M].上海:上海三联书店,2005:370.

74　魏嘉瓒.苏州古典园林史[M].上海：上海三联书店，2005：396.

75　魏嘉瓒.苏州古典园林史[M].上海：上海三联书店，2005：394.

76　魏嘉瓒.苏州古典园林史[M].上海：上海三联书店，2005：394.

*　本章图片表格由贾珊、张晓婉、黄子舰、郭宗平、刘峰、钟巍、梅勇强、温芷晴参与拍摄绘制。

第六章
中国传统园林空间叙事理论的当代应用

图 6-1 由水面望向何陋轩（图片来源：赵冰，冯叶，刘小虎《与古为新之路：冯纪忠作品研究》）　图 6-2 透过弧形砖墙望向何陋轩入口

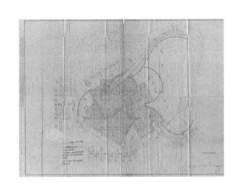

图 6-3 方塔园空间呈现几何化特征

图 6-4 何陋轩平面图（图片来源：史建.久违的现代[M].上海：同济大学出版社.2017：102-103）

6.1 松江方塔园何陋轩

6.1.1 方塔园何陋轩的立意

冯纪忠先生于 20 世纪 70 年代末期规划设计了上海松江方塔园。直到 1986 年，方塔园的重要景区何陋轩才得以落成。（图 6-1）

方塔园设计中以宋代古塔为核心，塔园、广场、园子之间非封闭关系，互相渗透、连续，组成一个互相连续的空间关系。广场地面空间、园中水面、草坪之间的空间也不完全封闭，空间形成序列，有旷、奥区别，兼具收、放效果。后落成的何陋轩的设计分量完全不低于园中其他景点，无论是从设计思想上还是从直观感受上，都融合中国古代的山水观念，其本身成为自然山水中的一部分，以空间叙事设计策略展现了中国传统文化。

在方塔园的规划中，设计师尊重的就是"与古为新"的精神，即体现尊古存真、古为今用，使宋代的自然山水精神得以在当今的设计中流动。整个设计以强烈的现代语言展现古代的精神，达到"化古为今"的效果。

方塔园的设计建造用了这个时代的工艺，并且不强调工艺的精致复杂，设计师表现了中国文化的一种成熟的高境界，即进入化境，无所不为。（图 6-2）

图 6-5
何陋轩台地的体块高低组合关系

图 6-6 何陋轩轴线与场地自由的放射状之间的对比关系

图 6-7 何陋轩的屋面与建成空间效果

6.1.2 空间叙事设计策略

（1）场地几何化特征

方塔园的场地采用规整的几何图形,表现了强烈的几何化特征(图6-3)。宋塔广场、何陋轩、嵌道、园中道路,采用直线、曲线构成打散、穿插、重复等手法,形成规整的几何图形语言,呼应与承接了现代主义思想。这与中国传统自然山水园林的特征是完全不同的。（图6-4）

（2）组合方式展现中国传统

中国传统园林设计的精髓,强调的不是单体,而是组合关系。方塔园在场地图形语言的组合方式上,展现了中国传统园林的自由之感。例如,何陋轩的台地做成几个几何体块错动跌落,图形语言是规整的,但其组合方式是自由的。这种组合方式也反映了地形的走向,增加了空间的引导,配合曲墙引入方向感,展现何陋轩所在的空间并非单一方向,而是面向各个方向的。（图6-5）

（3）场地相对正式的形式感

何陋轩的屋顶是一个完整的造型,体量较大,扣在标高不同的错落台地上。整体以竹子做结构,构造了一个很轻巧的支撑体系,愈发显出屋顶之重、空间之轻盈。（图6-6）这个完整的屋顶造型如同中国古代建筑造型中的大屋顶,表明何陋轩的设计是很正式的。为了说明立意"何陋之有",场地被赋予相对正式的形式感,几何化的语言也展现出设计的一种朴野之气。（图6-7）

6.1.3 小结

方塔园何陋轩的设计秉持山水观念,展现空间叙事主题,与古为新,化古为今,用现代语言诠释了传统精神。何陋轩是方塔园设计的精妙所在,其设计秉持山水精神,展现对山的模拟,调动了空间特征,激发场地气质,

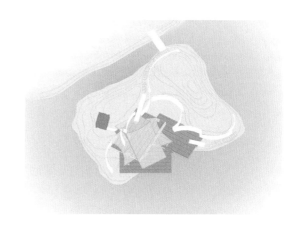

图 6-8 个园鹤亭

图 6-9 方塔园何陋轩自然地形，新置入的跌落的台地、四个不同大小的坡屋面暗示建筑依山而建的地形特征

图 6-10 方塔园嵌道

符合场所精神。纯粹的自然并不完美，人力能够使自然更加完美。其设计符合中国人的自然观，不是对自然的盲目崇拜，而是尊重自然，把自然的精神特质发挥出来。类似在地形上建亭的做法如个园的鹤亭（图6-8），鹤亭柱子直接落在夏山跌落起伏的湖石顶面上，类似半山半亭的做法有效地显示了中国传统山水观念在现当代环境设计中的应用。

（1）秉持山水观念

从何陋轩的设计可以看出，冯纪忠先生的思想来源是中国传统园林的山水观念。何陋轩选址处于被水围绕的环境，背山面水。何陋轩的设计用多种空间手法来拟山，本身又如同营造一座有容量的山。错落的台地下是一个更大的平台，层层跌落。屋顶大空间跨过了台地三个不同标高，具有依山而建的气象。（图6-9）

（2）遵循化古为今

化古为今不是简单地模仿古代，而是强调对古的转化。方塔园的设计遵循化古为今的设计思想，"皆有所本，皆不拟古"，有穿越古代的精神，又有当今时代的风格。设计师师古造化，深得中国古人的理想精神。如方塔园的嵌道是一条像峡谷一样的空间，颇有叠石之感，但处理手法上又是几何化、大体块的干净手法。（图6-10）

（3）设计师入化境

从方塔园的整体设计可以看处，冯纪忠先生希望使用现代设计语言与当今时代所具备的工艺，所以方塔园的设计中并不强调工艺的精致复杂，没有拘泥于中国传统建筑的形制，而是根据已有的材料和工人的水平去落实设计。这种思路展现了设计师纯熟的控制力，体现设计师有中国文化的最高境界，即进入化境，有所为，也有所不为。如方塔园的大门是一个错落的两坡顶，用的是很细很简陋的钢结构，铺装也很廉价。

图6-11 西南联大纪念碑西侧远景

6.2 清华大学西南联大纪念碑

6.2.1 设计缘起与空间叙事主题

　　1937 年"七七"事变后，日寇南侵，平津告急，北京大学（简称北大）、清华大学（简称清华）、南开大学（简称南开）三大名校师生奉命前往湖南，组成国立长沙临时大学，1938 年初夏又辗转迁往云南成立西南联合大学（简称西南联大），于 5 月 4 日正式上课。1946 年 5 月 4 日三校迁返平津，这场历时 8 年的文化人的长征最终告一段落。"联合大学之终始，岂非一代之盛事，旷百世而难遇者哉！"[1] 返回故园前，西南联大师生一致决定修建西南联大纪念碑，正书联大建校始末及历史意义，背刻投笔从戎的学子姓名，"以此石，象坚节。纪嘉庆，告来哲"。[2]

1988 年正值西南联大在昆明建校 50 周年，清华大学首先在校园内立碑纪念，但未仿原碑之制。1989 年"五四"运动七十周年之际，北京大学复制原碑立于勺园。为纪念和弘扬西南联大精神，清华大学于 2007 年西南联大建校 70 周年之际筹划复制立碑，由笔者负责纪念碑设计工作。

北京大学在复制西南联大纪念碑时，舍弃原碑拱形外壳，仅选取碑身部分置于基座上，下设两层规则的方形空地，背景辅以松林，空间层次混乱，整体空间相较单薄的碑体而言尺度过大，不可不谓是轻慢之举，未能体现出西南联大刚毅坚卓的精神和对历史的尊重。就具体设计而言：一方面并未建立起纪念碑与周边环境的有机联系，纪念碑的植入显得生硬而违和；另一方面则陷入了纪念性景观设计手法雷同的境地，传统纪念性空间往往采用规则式布局，在严肃的中轴线上布置空间节点，以均衡对称的空间秩序来塑造环境的距离感和庄严感，云南师范大学内的原碑亦是如此。

纪念性的本质是对过去和历史的表现，并期望这种表现能够延续。西南联大的精神已不仅仅局限于一所学校，而是映射出中国知识分子在民族危亡之际的价值选择，理应得到更合适的彰显。笔者希望对传统的空间纪念性的表达做出改进，不是单纯地通过空间形式来表达尊崇之心，而是用生动的空间语言使纪念之物的精神内涵得以彰显，以塑造新时代的纪念性空间。故而在保留原有碑体以体现对历史的尊重与记忆的基础上，笔者对整个空间环境进行重新设计，强调将整体环境设计置于碑体设计之上，注重景观系统和路径系统的完善，以环境审美意识整合空间关系，促成纪念性主题的抒发。

整个场所以中国知识分子宁折不弯的"刚毅"精神为核心，奠定出浑朴刚劲的基调，采用象征等表现手法，在形态语言和材料语言的选择上突出"直"和"硬"，与西南联大"刚毅坚卓"的校训相呼应；同时以诗意环境来增强空间亲和力，营造出庄重大方又亲近可人的新型纪念性空间。（图 6-11）

6.2.2 空间叙事设计策略

（1）对原有地形的因借

纪念碑选址在一片绿地之中，东侧有起伏的土坡，其后有南北向主干道，向西则面向校河开放，场地开阔平缓，以昆明所在的西南方为主朝向（图6-12）。设计时首先考虑对地形的改造，用两排挡土墙将缓坡转化为台地，以层层跌落的平台形成空间序列，突出场地的"硬"质。场地背后的南北主干道也被充分利用起来，增强断坎的感觉，开辟一条卵石铺地的小路，翻越断坎坡地到达主路，以上坡下坡的行为来隐喻西南联大学子跋山涉水的迁移经历，将人的活动纳入空间叙事中。场地南侧为团委办公楼，为适应学生活动聚会的需求，在设计时也注意削弱纪念性空间给人的疏离感。（图6-13）

（2）空间象征手法的运用

整个空间的形式语言以"直"和"硬"为核心，场地呈现不规则的几何形状，以折线取代曲线（图6-14），象征着国难当头之时中国知识分子宁折不弯的精神，所谓"莫道书生空议论，头颅掷处血斑斑"，与碑阴镌刻的投笔从戎的学子名录相呼应。

整个场地以碑体为核心层层放大，形成碑—圆形钢板—混凝土平台—三块放射状场地—山坡的空间序列，使空间形象具有发散的动势，意喻西南联大精神的发扬光大。三块放射状场地选取了三种不同的铺装材料，以指涉组成西南联大的三所大学的性格，灰砖代表北大，红砖意指清华，软石混凝土代表南开（图6-15），先以混凝土平台凝结起来，再以钢板铸就，碑体以清水混凝土直接脱模完成，形成浑朴厚重之感。但遗憾的是，近年修缮维护时将碑体刷为纯白，稍显轻佻，未能领会笔者设计之意。为妥善处理放射状场地与前方道路之间的衔接，笔者又在场地边缘设置若干放射状石条，既成一景，又可凭可坐，使空间边界的过渡显得自然生动，可惜在实际施工时，该设计未能成行。

植物的配置引入了中国传统比德思想，以植物来塑造空间性格。纪念碑后方的台地植以竹子，两侧栽之松梅，以象征知识分子的铮铮傲骨；又在坡前布置桃李，以应和西南联大高等学府的身份和光辉卓著的教育成就；保留场地后方原有的杨树，意在以杨树的高大挺拔和快速成材来象征西南联大学子为国之栋梁，以及清华大学作为以理工见长的高等学府所具有的学以致用、迅速形成产能的特质。

作为空间焦点，纪念碑的设计颇费心思，重视细节之处的暗示与提点，

图 6-12 纪念碑选址场地原有的缓坡地形（图片来源：Google Earth 2019）

图 6-13 改造后场地的地形

图 6-14 以直线为主的空间形式语言

图 6-15 三种不同的铺装材料

碑体朝向向西南偏移 10°，既暗示北京与昆明的方位夹角，又能将视线所及由楼变树，优化背景；同时外延钢板在正南、正北的方向做出四个标点，以提示碑体的偏移。（图 6-16）

为保证纪念碑的仪式感，设计仍在碑体之上加入外壳，但并未沿用原碑的古典拱券，而是选择了立方体形态，以现代主义的形式语言来诠释古典精神，给人以与历史对话之感，既追思过去，又与时俱进。原碑位于整个场地的中轴线上，朝向端正，分正、反两面，置于台基之上，下设台阶，极大地限制了观赏路径和视觉焦点，碑阴往往被人忽视。新碑不设台基，浑然一体的立方体带来了更多的表达空间。碑体置于立方体中央，左右两侧亦得到利用，一侧镌入西南联大校训"刚毅坚卓"，一侧刻有清华大学为复制纪念碑所立碑志，既有对空间精神内涵的点题之笔，又将新旧历史信息自然叠加起来，加强穿越时空的历史对话之感。整个纪念碑试图打破四个立面之间的主次关系，场地后方的卵石小路并不正对纪念碑的某一立面，但由于主碑身体积的后退，只可看到碑志的一面，由此形成一条环绕纪念碑的流线，形成"可游"的动观之趣，兼顾了信息的完整呈现与读取。（图 6-17）纪念碑立面的设计存在差异，主碑体两面的立方体外壳体积层层叠退（图 6-18），以光影效果的增强形成深邃感和隆重的仪式感，同时也呼应了原碑边缘的曲折叠退；左右两侧碑体微凸，外侧做出凹陷，形成富有节奏变化的剖面，以一种画框的立体意象赋予侧立面干净利落又不失隆重之感。

整个设计并非一味追求主体建筑和场地形态尺度的宏大，而是通过一系列视觉对比的手段来紧缩和限定观者的视域范围和尺度；场地的景观尺度变化有序，适宜的旷奥变化给人以丰富的景观空间体验。纪念碑亭亭而立，颇有几分"不依依而匿，不落落而傲"的意境，在纪念碑的自我彰显和隐于环境之间找到了绝佳的平衡点。整个设计并无多余笔墨，完全通过象征手法的运用，依靠构筑物和景观环境的配置来完成叙事，各种空间要素组织有序，以强烈的节奏感和秩序感塑造出连续性的纪念场所精神。通过诗意环境的营造，避免了纪念性场所千篇一律的严肃之感，增强了空间的亲和力和可达性，同时又巧妙地以材料语言和形态语言保留了纪念碑的独立性和庄重感，将两套空间叙事语言有机结合在一起，更有助于纪念意义的弘扬和传播。

图 6-16 碑体的偏移

图 6-17
主路通向纪念碑的卵石小路

图 6-18
主碑体两面的立方体外壳

6.3 英烈纪念碑改造设计

6.3.1 缘起与空间叙事主题

（1）原英烈纪念碑设立背景

清华大学英烈纪念碑是由清华大学为纪念在中国民族解放和人民民主革命斗争中牺牲的清华校友而修建的纪念碑，这座高两米的碑石落成于1989年9月28日。英勇献身的51位清华英烈长眠于此，他们不仅代表着中国先进知识分子的执着追求，也用青春和碧血诠释着清华爱国奉献的光荣传统。从震惊中外的"九一八"事变到抗日救国的"一二·九"运动，从"七七"事变到皖南事变，成千上万的清华学子为了国家独立、民族解放和人民幸福奋斗终身，甚至献出了自己宝贵的生命。英烈碑的设立也激励了同学们牢记自己身上肩负的责任，在当下国家发展的关键时期，为实现中华民族的伟大复兴而努力奋斗。

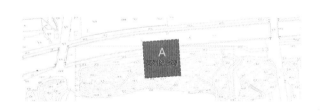

图 6-19 英烈纪念碑位置

图 6-20 改造前的英烈纪念碑

（2）改造前现状与设计问题

清华大学英烈纪念碑位于水木清华一区，在工字厅北小山的北侧。（图6-19）碑居山高处，而场地与山脚道路相平，场地两侧有常绿植物合围，植物两侧有环抱形上山小径。原设计较为简明，但也存在一些问题，因而有修缮改造之议，具体如下。

①环境配置突兀

原设计中，唯碑体平台挖山而成断坎，在绿意丛生的自然氛围中直接介入灰色花岗岩，使得场地边界衔接生硬，环境关系略显突兀。孤立的体块和单调的材质过于沉闷和庄重，增强了人与空间的距离感，使空间在举行活动时显得疏离与局促。（图6-20）

②缺乏可游性，空间略显单调

原碑体直接落于整块平台上，路径设置过于单调，只能沿平台石阶而上，使空间略显无趣，缺少对游人体验的考虑。两侧对称的台阶通向山高处，并未与碑体形成联系，难以使人停留，更无游览性可言。

③与古典园林和校园气质不符

原设计中对山体形态缺乏考虑，生硬地置入孤立的硬质体块有悖于古典园林的山水精神，强烈的对称性使环境仪式感过强而稍显沉闷，设计语言过于严谨规整，突显出的严肃与距离感与校园风光青春活力的气质并不协调。

（3）总体立意与指导原则

英烈纪念碑的修缮改造是与水木一区的山体整理工作一并作整体考虑的，大的指导原则是完善路径系统和景观系统，以中国传统的山水审美文化为核心，继承精神内核而适应当代使用。其中英烈纪念碑的设计是以山体的形态逻辑重新组织英烈纪念碑的环境，使纪念碑在保持独立性和庄重氛围的同时，更好地融入整体环境，以实现使清华英烈"托体同山阿"的审美意象；并通过材料语言和形态语言，增强空间亲和力，以中国传统的山水精神统领环境，以直观的环境形式教育人、服务人，寓教于山水审美之中。（图6-21）

图 6-21 改造后的英烈纪念碑融合在水木清华主山之阴

6.3.2 空间叙事的设计策略

（1）丰富立面

英烈纪念碑在选址上有所考究，首先它位于山的背面，取山之阴的意境，同时又面向校河对面的西操，希望英烈们能看到今天的清华学子生龙活虎的样子，河对岸的人群也能很容易地注意到这处别致的小景观，时刻提醒莘莘学子铭记英烈报国之志。（图 6-22）因此在设计中，设计师将隔岸对望这一视角纳入考虑之中，通过高低错落的平台和不同材质营造丰富的立面，并配置乔木、灌木环绕于碑体南侧作为背景，更加突显了英烈纪念碑的存在感。（图 6-23）

（2）修补山体

柔化场地与环境割裂感的主要思路是修补山体关系，减弱原有断坎的感觉，以叠落的平台相互交错咬合，形成空间序列，既与山体逻辑一致，又增加了空间层次。此外，碑体的位置保持不变，仍具有轴线的控制性作用。（图 6-24）

图 6-22 从英烈纪念碑望向西操

图 6-23 英烈纪念碑改造后跌落的场地平台

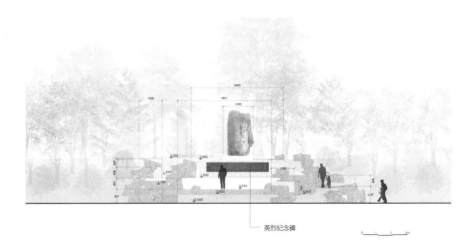

图 6-24 英烈纪念碑北立面跌落的平台

（3）延展场地面积

改造过程中适当扩大了场地范围，去除部分绿化，使场地向两侧延展，与南侧路面形成衔接，同时，扩大后的平台也充分满足了活动聚会的需求。（图6-25）

图 6-25 英烈纪念碑场地延展面积

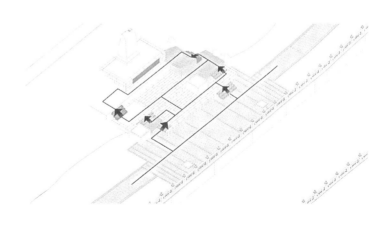

图 6-26 英烈纪念碑改造后的流线

图 6-27 以直线为主的空间形式语言

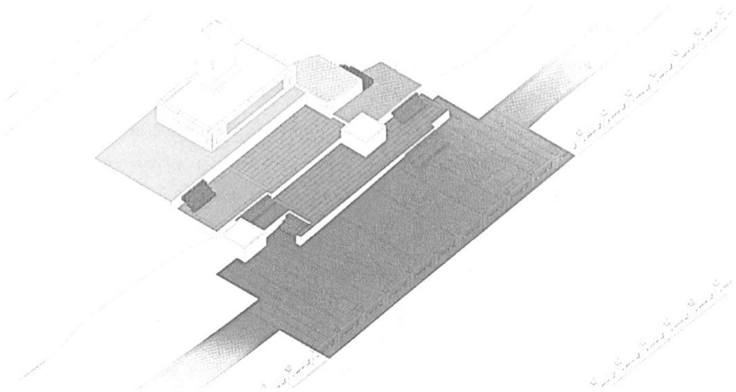

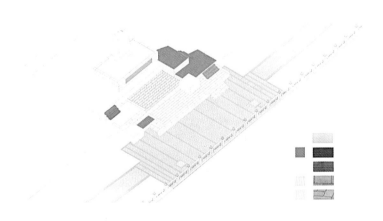

图 6-28 英烈纪念碑场地中对不同材质的使用强化了场地自由的氛围

（4）突显新时代的纪念性，增强场地亲和力

①丰富且开放的流线

②穿插错落的平台

此次改造的另一个重点考虑是如何塑造新时代的纪念性空间。设计在保留碑体和碑文的前提下，通过不对称穿插的平台形成多变的路径，使游人在游览过程中体会到微妙的节奏感。（图6-26、图6-27）

③引入多种材料

为了配合灵活穿插的台地，材料的丰富性也至关重要。设计师以多种材质组织形体，设计保留了它原来的灰色花岗岩，并新加入汉白玉、黄色和白色花岗岩、灰砖、黄石等，调和了原本过于刚性的材质，使整体材质变得更弱，更容易衔接，增强了空间的亲和力，使其成为一个平时也适宜于人们停留休息的场所，实现了清华学子与英烈精神的零距离接触。（图6-28）

④保留原有古树

二层平台两侧的两棵松树被保留了下来，设计中虽改变了场地的气质，却并没有对自然环境进行过度干预，体现出松与英烈的精神一样长青不朽的设计思路。（图6-29）

6.3.3 小结

设计师通过英烈纪念碑的改造，向清华校园里的师生展示出古典园林中的山水关系之美。错动的台面体现出的高低变化模拟了山体的起伏，丰富的路径增添了游玩的乐趣，在原本很具有距离感的场地突出表现了亲和力，使其在实现纪念性的同时，仍然具有一种可达性，以此更好地实现了纪念性的传播和传递。

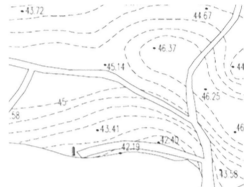

图 6-29 对二层平台两侧的松树进行保留

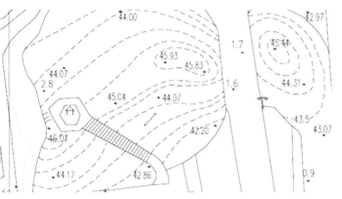 

图 6-30 三一八断碑在水木清华后山中的位置　　　　图 6-31 三一八断碑改造前现状

6.4 "三一八"纪念碑改造设计

6.4.1 空间叙事主题

（1）"三一八"纪念碑设立背景

在清华大学"水木清华"北面土山之阴，英烈纪念碑的西侧，建有"三一八烈士韦杰三纪念碑"。这是清华学生在 1926 年从圆明园遗址运来的一根大理石断柱，人们称之为"三一八断碑"，清华同学曾将烈士遗骨安葬于此，三周后移至圆明园与三一八诸烈士合葬，于是在原墓址竖起断碑。

（2）改造前现状与设计问题

①纪念碑体量与场地不协调

原场地地面平坦宽阔，又因断碑占地面积不大，体量较小，使得整个场地空旷感比较强，碑体体量与空间过大的尺度不协调，柱状碑在感受上更显孤立。（图 6-30）

②场地边界衔接生硬

场地的硬质铺装与外围的土地直接相连，边界衔接不加修饰，略显生硬，纪念碑与山体被区分成两个截然不同的空间，割裂感尤为突出。

③空间主题性较差

原三一八纪念碑主题性不强，地面铺装与环境缺少联系，孤立的碑体难以体现纪念性氛围与场所精神，因而有待修缮改造。（图6-31）

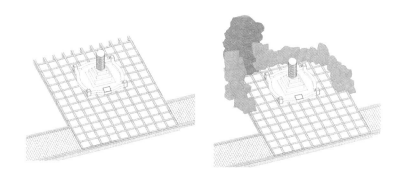

图 6-32 三一八断碑改造后的总平面图

图 6-33 改造前后场地的地形和围合关系

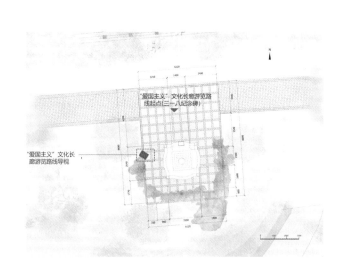

6.4.2 空间叙事的设计策略

（1）削减场地面积

通过改造后的总平面图（图 6-32）可以看出，针对纪念碑体量与场地不协调的问题，设计师在改造过程中有意识地将硬质铺装面积缩小，并用红、灰两色砖立砌划分出矩形图案，在感受上进一步缩小了地面面积（图 6-33），与三一八纪念碑形成协调的空间关系。（图 6-34、图 6-35）

（2）以黄石延续，以植物软化界面

场地铺砖的南侧边缘用黄石和植物环绕，以自然材料进行过渡，避免了石砖与土地直接衔接产生的割裂感，在植被与黄石的衬托下碑体的存在感进一步突出，使其成为视觉焦点，增强了主题性。（图 6-36）

（3）设置无障碍缓坡

设计师将北侧与道路相连的界面做成无障碍缓坡，与主道路自然衔接，铺装材料都采用红、灰两色石砖划分图案，与路面形成整体感。（图 6-37）

图 6-34 地面铺装用红、灰两色砖立砌划
分出矩形图案

图 6-35 改造后的三一八纪念碑

6.4.3 小结：纪念性景观的处理方式

纪念碑三处景观的整体立意都强调了纪念性，而纪念性的表达不一定是用一种非常强烈的、规整的语言来做，纪念性和亲和力之间没有矛盾，不需要把纪念性和环境的亲和力对立起来。

空间的亲和力包含两个方面：一是交通层面的可达性，即让纪念性景观作为整个校园路径系统的一部分，而非死胡同、盲肠路；二是感情层面的可亲性，弱化以往纪念性场地严肃与冷漠的刻板印象，增强人与场地在感情上的共鸣。

三处设计中，尤其是英烈碑和西南联大纪念碑，都更强调了纪念性空间的日常使用，如英烈碑扩大了场地面积，可以使更多的人停留于此，方便仪式的举行；同时设置了丰富的流线，使师生在游览过程中体会到微妙的节奏感，让它在实现纪念性的同时，仍然具有一种可达性和亲和力，并且用这个手段更好地实现了纪念性的传播和传递。设计师用一种空间形态、一种形式语言，去表达一种情绪，表达一种空间精神，既追思过去，又与时俱进，而没有突显很强的距离感和隆重感。

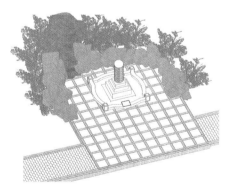

图 6-36 三一八断碑周围补种有小灌木，降低尺度，丰富空间层次

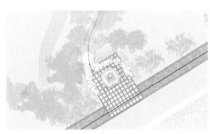

图 6-37 三一八空间纪念碑改造后的流线

图 6-38 在续园中通过鉴池看向立人黄石假山

6.5 续园

续园景观是荷塘山形水系的延续，传承了中国古典园林空间意境，又运用了现代造园手法和景观元素，与外侧道路景观相协调，形成一个融合古典与现代气质的山水校园景观。在空间设计上，设计师塑造了地形并增辟水体，增加了园中路径和休憩空间；植物配置选择适合场地气质和意境的植物，形成四季可赏的植物景观，营造了"鉴池""墨溪""花海漫步"等景观（图6-38），为这里增添了人文气息和无限的诗意。

6.5.1 续园空间叙事的主题

（1）选址与历史

该项目位于清华大学近春园东南角，西湖游泳池东侧平坦而幽深的小

图 6-39 乾隆三十二年（1767 年）熙春园改御园规划总平面图（图片来源：《熙春园考》）

图 6-40 续园改造前场地现状

树林，这里新建了中水站，场地内过去经历商场—平地—断坎的历史变迁。场地内有比较野趣的自然环境，紧邻近春园，近春园即过去圆明园的熙春园。（图 6-39）

此外，场地北侧还有着清华园内独特的山林、野趣景象。（图 6-40）

（2）核心问题

综合现状和总图可以看出，续园设计地块位于熙春园、近春园等古典园林的余脉之中，现状中的"断坎"和"疏林草坪"将古典园林的"余脉"切断。（图 6-41）

6.5.2 空间叙事的策略

（1）山水精神和山水关系的接续

对山体、山水关系的接续，延续了近春园的山水地形（图 6-42），场地内对地形与水面的布局设计在某种程度上是对清华山水精神、山水文脉、山水文化的接续。（图 6-43）

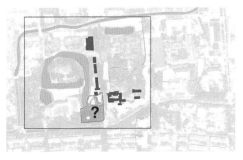
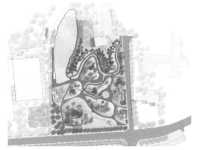

图 6-41 古典园林的"余脉"被切断   图 6-42 续园方案规划总平面图

（2）丰富的开放的路径系统

对路径关系的接续，实际上采用一种比较丰富和开放的路径系统，重点强调东西向道路的连续性，桥、栈道及人的视点的引入。（图 6-44）栈道控制人的视点，在路径上达到山水接续的目的。（图 6-45）续园北侧的木栈道在结构上形成小的叠落下去的关系，强调造型的特点。原设计方案中，近春园一侧有小场地，具有亲和力。改造后的场地内还有很多有寓意的景点设计，通过山水教化人。

（3）种植策略

续园施工过程中对现有植被进行了最大限度的保护。园内有一棵清华"银杏王"，在建设园路和地形时都对其进行了避让。园中同时也容纳了因校园其他区域建设而移植过来的三棵大树，这些树恰好与"银杏王"形成视觉平衡，也与地形相协调，使整体景观更加错落有致、古朴而厚重。

（4）材料的接续

续园对石材的运用也极具因地制宜的特点，将校园内废弃锅炉房的石材运用在该场地的景观铺地的石料之中。

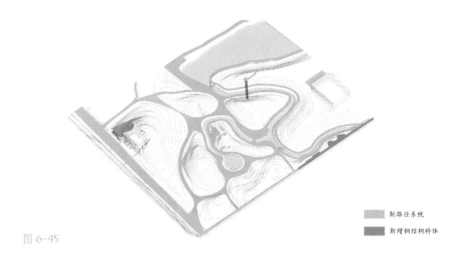

新路往系统

新增钢结构桥体

图 6-45

图 6-43

图 6-44

图 6-46

6.5.3 小结

该项目设计通过对山形水系进行梳理改造，形成全新的空间面貌：微地形起伏遍覆绿植，石径蜿蜒其间；小溪流水潺潺，缓缓汇入荷塘。（图6-46）

附：《续园记》

清华者，亦学府，亦林园。清季之末，学堂兴于旧园之址，华洋共谋，营建渐繁，而山形水系，约略尚存。钟灵毓秀，蔚育一地人文，终得盛名，诚非虚也。值建校百又八年之际，拾掇细微，完善体系，再上层楼。此地位泳池东，清华路北，建筑屡有兴废，留绿林平地，虽无碍，亦不得用，遂有改造之议。

举其策略，要在续字。首者起坡凿池，引水成溪，衔接山水气脉，续之一也；次者移旧炉房之烟囱石料，而围池壁、修溪岸，旧物而得新生，续之二也。再者路径宛然，景物绵延，续之三也。园中池名鉴池，溪称墨溪，岭谓梅岭，承文墨雅韵，续之四也。续者，承前启后，非为彰显，惟求补阙增益，以成天然之趣，因名之续园。文以记之，幸甚至哉。

图 6-43
续园中引入的河道

图 6-44
人站在新的栈桥上观看山水

图 6-45
改造后丰富且开放的路径体系

图 6-46
续园全新的空间面貌

▌注释

1　节选自《国立西南联合大学纪念碑文》。

2　同上。

*　本章图片由黄子舰、胡清淼、梅勇强、张晓婉参与拍摄绘制。

第七章　结语

本研究从探究中国古典园林与文学的亲缘关系出发，以叙事学为切入点，考察园林叙事与文学叙事的相似性和差异性，概括了中国古典园林以意境营造为立意目标和以山水关系为核心内容的叙事特征，建立起以山水作为底层逻辑的中国古典园林空间叙事理论框架。然后，笔者将山水作为解读园林的钥匙，对古典园林略窥堂奥，通过对园林遗存的逆向还原，分析其叙事概念和技巧，基于具体而微的叙事策略剖析，进一步论证和完善古典园林空间叙事的理论模型，提出了"对偶美学""以楼代山"等独具见地的园林叙事新观点。最后以山水叙事理论指导设计实践，通过若干实际方案作品验证理论的有效性和可行性，呈现其对于当今设计实践的价值。

　　关于山水的概念及其在园林中的重要性，前人研究虽多言及，但多未将山水精神视作园林设计的底层逻辑。笔者认为，中国传统文化中"山水"是一个基于"对偶"关系的概念，有山必有水，无水不成山。今人对其不解者，皆因对"山水"的概念理解有所狭隘，多从表象层面解读。事实上，山水不仅是物理层面的概念，更是一种精神文化层面的表达。中国园林之山水，一如中国文学与绘画，常介于具象与抽象、似与不似之间，从自然山水到叠石造山、凿池成水，再到"以楼代山"，从视觉可见之山水到行为感知之山水，再到意向构建之山水，"山水"早已超越人的尺度，时空概念和人的体验被纳入其中，空间格局、景观元素、装饰纹理等皆可通过对偶、互文等修辞手段形成山水意象。

　　对山水观念的重新认知有助于我们以新的视角审视晚清园林的价值。从山水关系发展来看，传统园林经历了从平地造园到以楼代山的自然演进。我们回溯晚清园林，"山的异化"似乎比比皆是，"山"的意象超越了"可看"的层次，登山路径从山的形象中抽离出来，以建筑关系模拟山水关系，人可在游走过程中感知"山"的意蕴。这一认知对以往进化论的线性史观主导下对晚清园林的批判提出了置疑。该理论对晚清岭南园林的解读尤为意义重大，用"以楼代山"的观念去解读可园和余荫山房，如拨云见日，豁然开朗,从中可见中国文化中山水观念的脉络传延,"以楼代山"的营园技巧将其发展到化境。

本研究基于设计学的立场,在对古代造园艺术和技术的全面理解和掌握的基础上,形成具有普适性的设计策略,构建中国传统园林空间叙事理论体系,最终目的是使中国传统园林中丰富的空间手法兼容于当代语境,为中国当下空间设计实践带来启发。笔者的一些设计实践正是在此基础上对古典园林设计理论的一次次验证与尝试。

中国传统园林类型丰富,现存实例分布较广。囿于条件,本书未能对国内所有类型与地域的园林实例逐一分析解读,研究不免偏颇不足之处,后续尚有更多任务待做。中国园林文化博大精深,研究工作任重而道远,吾辈责无旁贷。

插图索引

参考文献

[1]　（德）雷德侯著 . 万物 [M]. 北京：生活·读书·新知三联书店，2006.

[2]　（法）朱利安 . 山水之神 [A]// （美）吴欣主编 . 山水之境：中国文化中的风景园林 [M]. 北京：生活·读书·新知三联书店，2015.

[3]　（法）Georges Jean 原著，曹锦清，马振聘译 . 文字与书写：思想的符号 [M]. 上海：上海书店出版社，2001.

[4]　（梁）刘勰著，韩泉欣校注 . 文心雕龙 [M]. 杭州：浙江古籍出版社，2001.

[5]　（美）普林斯著 . 叙事学：叙事的形式与功能 [M]. 北京：中国人民大学出版社，2013.

[6]　（美）韦勒克（R.Wellek），沃伦（A.Warren）著，刘象愚，邢培明，陈圣生等译 . 文学理论 [M]. 北京：生活·读书·新知三联书店，1984.

[7]　（明）陈继儒 . 小窗幽记 [M]. 上海：上海古籍出版社，2000.

[8]　（明）黄省曾著 . 吴风录 [M]. 北京：中华书局，1991.

[9]　（明）计成著，陈植注释 . 园冶注释 [M]. 北京：中国建筑工业出版社，1981.

[10]　（明）计成著，赵农注释 . 园冶图说 [M]. 济南：山东画报出版社，2003.

[11]　（明）陆深撰 . 俨山集 [M]. 上海：上海古籍出版社，1993.

[12]　（明）唐志契著 . 绘事微言 [M]. 北京：人民美术出版社，2003.

[13]　陈从周，蒋启霆 . 园综 [M]. 上海：同济大学出版社，2004.

[14]　（明）文震亨撰 . 长物志 [M]. 重庆：重庆出版社，2017.

[15]　（明）谢肇淛撰 . 五杂俎 [M]. 上海：上海书店出版社，2001.

[16]　（明）叶子奇撰 . 草木子 [M]. 北京：中华书局，1959.

[17]　（明）张岱著 . 琅嬛文集 [M]. 长沙：岳麓书社，2016.

[18]　无锡市图书馆整理 . 锡山先哲丛刊 2[M]. 南京：凤凰出版社，2005.

[19]　（南朝宋）宗炳，王微著，陈传席译解 . 画山水序 [M]. 北京：人民美术出版社，1985.

[20]　（清）笪重光著，吴思雷注 . 画筌 [M]. 成都：四川人民出版社，1982.

[21]　（清）董诰等编 . 全唐文第 2 册 [M]. 上海：上海古籍出版社，1990.

[22]　（清）李渔著 . 闲情偶寄 [M]. 昆明：云南大学出版社，2003.

[23]　（清）李兆洛 . 骈体文钞 [M]. 上海：上海书局，1998.

[24]　（清）林枚 . 阳宅会心集，清嘉庆十六年（1811）刻本 .

[25]　（清）刘熙载撰 . 艺概 [M]. 上海：上海古籍出版社，1978.

[26] （清）钱泳 . 履园丛话 [M]. 北京：中华书局，1979.

[27] （清）吴楚材，吴调侯 . 古文观止 [M]. 西安：三秦出版社，2008.

[28] （清）徐沁著 . 明画录卷一宫室 [M]. 北京：中华书局，1985.

[29] （清）姚廷銮撰 . 阳宅集成 [M]. 台北：武陵出版有限公司，1999.

[30] （清）章仲山著 . 图注天元五歌阐义 [M].
     呼和浩特：内蒙古人民出版社，2010.

[31] 俞剑华 . 中国历代画论大观第 8 编清代画论 3[M].
     南京：江苏美术出版社，2017.

[32] （宋）郭若虚撰，邓白注 . 图画见闻志 [M]. 成都：四川美术出版社，1986.

[33] （宋）郭思编，杨无锐编著 . 林泉高致 [M]. 天津：天津人民出版社，2018.

[34] （宋）沈括著 . 梦溪笔谈 [M]. 南京：凤凰出版社，2009.

[35] （唐）白居易著，喻岳衡点校 . 白居易集 [M]. 长沙：岳麓书社，1992.

[36] （唐）康骈著 . 剧谈录 2 卷 [M]. 上海：古典文学出版社，1958.

[37] （唐）柳宗元著 . 柳河东集 [M]. 上海：上海古籍出版社，2008.

[38] （唐）张彦远撰 . 历代名画记 [M]. 沈阳：辽宁教育出版社，2001.

[39] （西汉）司马迁著，马松源主编 . 二十五史精华第 3 卷 [M].
     北京：线装书局，2011.

[40] （英）Tom Turner 著，林箐，南楠等译 . 世界园林史 [M].
     北京：中国林业出版社 .2011.

[41] （英）勃罗德彭特（Broadbent，G.）等著，乐民成等译 . 符号 · 象征与建筑 [M].
     北京：中国建筑工业出版社，1991.

[42] （英）霍克斯（Hawkes，T.）著，瞿铁鹏译 . 结构主义和符号学 [M].
     上海：上海译文出版社，1987.

[43] （英）李约瑟著，潘吉星主编，陈养正等译 . 李约瑟文集：李约瑟博士有关中
     国科学技术史的论文和演讲集 1944—1984[M].
     沈阳：辽宁科学技术出版社，1986.

[44] （德）莱辛著，朱光潜译 . 拉奥孔 [M]. 北京：人民文学出版社，1979.

[45] （美）凯文 · 林奇著，方益萍，何晓军译 . 城市意象 [M].
     北京：华夏出版社，2001.

[46] （清）张潮撰，王峰评注 . 幽梦影 [M]. 北京：中华书局，2008.

[47] 《魏晋南北朝诗观止》编委会编.中华传统文化观止丛书——魏晋南北朝诗观止[M].上海:学林出版社,2015.

[48] Henri Lefebvre,The Production of Space.Translted by Donald Nicholson-Smith. Oxford UK:Blackwell Ltd,1991.

[49] Roland Barthe. Introduction to the Structural Analysis of Narrative. Image-Music-Text[M]. Fontana. 1979.

[50] 包亚明主编.后现代性与地理学的政治[M].上海:上海教育出版社,2001.

[51] 伯纳德·屈米的作品与思想[M].北京:中国电力出版社,2006.

[52] 蔡友,柯欣.心旷神怡画中游(上)——中国园林欣赏[J].全国新书目,2009(15):76-77.

[53] 曹林娣.景因文而构,园赖文以传——苏州园林与中国古典文学[J].苏州大学学报(哲学社会科学版),1992(3):66.

[54] 曹林娣著.苏州园林匾额楹联鉴赏[M].北京:华夏出版社,2011.

[55] 曹林娣著,梅新林、陈玉兰主编.江南文化史研究丛书——江南园林史论[M].上海:上海古籍出版社,2015.

[56] 曹雪芹,高鹗.红楼梦[M].武汉:长江文艺出版社,2010.

[57] 中国建筑学会建筑历史学术委员会主编.建筑历史与理论第1辑[M].南京:江苏人民出版社,1981.

[58] 陈传席著.中国山水画史[M].天津:天津人民美术出版社,2001.

[59] 陈从周.园林谈丛[M].上海:上海人民出版社,2016.

[60] 陈从周.讲园林[M].长沙:湖南大学出版社,2010.

[61] 陈从周著.说园[M].上海:同济大学出版社,1984.

[62] 陈戍国点校.周礼·仪礼·礼记[M].长沙:岳麓书社,1989.

[63] 《建筑师》编辑部.建筑师69[M].北京:中国建筑工业出版社,1996.

[64] 陈寅恪.元白诗笺证稿[M].上海:上海古籍出版社,1978.

[65] 陈植.中国造园史[M].北京:中国建筑工业出版社,2006.

[66] 陈植.中国造园之史的发展[J].安徽建设月刊,1931,3(05).

[67] 陈植.中国造园家考[J].(日)造园研究,1936,16.

[68] 成玉宁著.中国园林史20世纪以前[M].北京:中国建筑工业出版社,2018.

[69] 程国政编注.中国古代建筑文献集要——先秦—五代[M].

上海：同济大学出版社，2013.

[70] 程国政编注，路秉杰主审.中国古代建筑文献集要——宋辽金元（上）修订本[M].
上海：同济大学出版社，2016.

[71] 中国美术家协会理论委员会，苏州市文学艺术界联合会编.首届中国美术苏州
圆桌会议论文集——生态山水与美丽家园[M].苏州：古吴轩出版社，2013.

[72] 方晓风.奇正之道.建筑风语[M].北京：水利水电出版社，2007.

[73] 方晓风.园林史中的生活史——评《北京私家园林志》[J].
装饰，2012（12）：56-57.

[74] 方晓风著.中国园林艺术——历史·技艺·名园赏析[M].
北京：中国青年出版社，2009.

[75] 冯纪忠.人与自然——从比较园林史看建筑发展趋势[J].
建筑学报，1990（05）：39-46.

[76] 冯纪忠著.建筑人生——冯纪忠自述[M].北京：东方出版社，2010.

[77] 冯纪忠著.意境与空间——论规划与设计[M].北京：东方出版社，2010.

[78] 冯仕达，慕晓东.中国园林史的期待与指归[J].建筑遗产，2017（02）：39-47.

[79] 傅佩韩.中国古典文学的对偶艺术[M].北京：光明日报出版社，1986.

[80] 高居翰，杨思梁.中国山水画的意义和功能[J].
新美术，1997（04）：25-36+80.

[81] 高志忠.唐宋八大家文集译注（精编本）[M].北京：商务印书馆，2016.

[82] 顾凯.陈从周中国园林研究的学术史情境初探：与刘敦桢、童寯的关联与比较[J].
建筑师，2019（01）：66-72.

[83] 顾凯.画意原则的确立与晚明造园的转折[J].建筑学报，2010（S1）：127-129.

[84] 顾凯.明代江南园林研究[M].南京：东南大学出版社，2010.

[85] 顾凯.童寯与刘敦桢的中国园林研究比较[J].建筑师，2015（01）：92-105.

[86] 顾凯.中国传统园林中的景境观念与营造[J].时代建筑，2018（04）：24-31.

[87] 顾凯.江南私家园林[M].北京：清华大学出版社，2013.

[88] 郭黛姮，张锦秋.苏州留园的建筑空间[J].建筑学报，1963（03）：19-23.

[89] 郭庆藩撰，王孝鱼点校.庄子集释[M].北京：中华书局，2012.

[90] 汉宝德主编.汉宝德作品系列物象与心境——中国的园林[M]
北京：生活·读书·新知.三联书店，2014.

[91] 何香久主编.中国历代名家散文大系——辽金元·明卷 [M].

北京：人民日报出版社，1999.

[92] 侯幼彬著，中国建筑美学 [M].北京：中国建筑工业出版社，2009.

[93] 黄勇主编.唐诗宋词全集第 3 册 [M].北京：北京燕山出版社，2007.

[94] 季水河编著.文学理论导引 [M].湘潭：湘潭大学出版社，2009.

[95] 金永译解.周易 [M].重庆：重庆出版社，2016.

[96] 赖德霖.20 世纪中国园林美学思想的发展与陈从周的贡献试探 [J].

建筑师，2018（05）：15-22.

[97] 赖德霖.童寯的职业认知、自我认同和现代性追求 [J].

建筑师，2012（01）：31-38+3901234.

[98] 李东阳撰.麓堂诗话 [M].北京：中华书局，1985.

[99] 李时人编著.中华山名水胜旅游文学大观（上）诗词卷 [M].

西安：三秦出版社，1998.

[100] 李坦.扬州历代名贤录［M］.南京：江苏人民出版社，2014.

[101] 李泽厚著.美的历程 [M].北京：生活·读书·新知三联书店，2009.

[102] 林语堂著；越裔译.生活的艺术（下）中英双语独家珍藏版 [M].

长沙：湖南文艺出版社，2017.

[103] 云告译注.宋人画评 [M].长沙：湖南美术出版社，1999.

[104] 童寯.江南园林志第 2 版 [M].北京：中国建筑工业出版社，1984.

[105] 刘敦桢.苏州古典园林 [M].北京：中国建筑工业出版社，1979.

[106] 刘洁著.美境玄心——魏晋南北朝山水审美之空间性研究 [M].

北京：中国社会科学出版社，2016.

[107] 刘兆元著.海州民俗志 [M].南京：江苏文艺出版社，1991.

[108] 龙迪勇.空间叙事学 [M].北京：生活·读书·新知三联书店，2015.

[109] （英）卡森斯，陈薇主编.建筑研究 1 词语·建筑物·图 [M].

北京：中国建筑工业出版社，2011.

[110] 陆邵明.分形叙事视野下江南传统园林的空间复杂性解析以醉白池为例 [J].

城市发展研究，2013，20（06）：24.

[111] 罗怀宇.中西叙事诗学比较研究——以西方经典叙事学和中国明清叙事思想为

对象 [M].广州：世界图书出版广东有限公司，2016.

[112] 美琪·凯瑟克，丁宁.中国园林与画家之眼 [J].创意与设计，2013（04）：60-69.

[113] 孟兆祯.孟兆祯文集——风景园林理论与实践 [M].天津：天津大学出版社，2011.

[114] 潘谷西.苏州园林的观赏点和观赏路线 [J].建筑学报，1963（06）：14-18.

[115] 彭一刚.庭园建筑艺术处理手法分析 [J].建筑学报，1963（03）：15-18.

[116] 彭一刚.中国古典园林分析 [M].北京：中国建筑工业出版社，1986.

[117] 皮埃尔·吉罗著，怀宇译.符号学概论 [M].成都：四川人民出版社，1998.

[118] 浦安迪.中国叙事学 [M].北京：北京大学出版社，1996.

[119] 任宪宝编著.中华民俗万年历 1930—2120[M].北京：中国商业出版社，2012.

[120] 田中淡，李树华.中国造园史研究的现状与课题（上）[J].
中国园林，1998（01）：10-12.

[121] 田中淡，李树华.中国造园史研究的现状与课题（下）[J].
中国园林，1998（02）：24-26.

[122] 邵丽鸥主编.中华古诗文——白居易 [M].
长春：北方妇女儿童出版社，吉林银声音像出版社，2013.

[123] 邵雍.伊川击壤集 [M].上海：学林出版社，2003.

[124] （唐）司空图.二十四诗品 [M].杭州：浙江古籍出版社，2013.

[125] 宋元人.四书五经·周易本义 [M].北京：北京市中国书店，1984.

[126] 俞剑华编著.中国画论类编 [M].北京：人民美术出版社，1957.

[127] （宋）苏轼撰，（明）王如锡编，吴文清，张志斌点校.东坡养生集 [M].
福州：福建科学技术出版社，2013.

[128] 苏州市园林和绿化管理局.耦园志.上海：文汇出版社，2013.

[129] 苏州市园林绿化和管理局.留园志.上海：文汇出版社，2012.

[130] 上海市美学研究会编.美学文集 [M].上海市美学研究会，1986.

[131] 童寯著.江南园林志 [M].北京：中国建筑工业出版社，1984.

[132] 童寯.东南园墅 [M].北京：中国建筑工业出版社，1997.

[133] 童寯.园论 [M].天津：百花文艺出版社，2006.

[134] 童寯著.童寯文集（中英文本）第 1 卷 [M].北京：中国建筑工业出版社，2000.

[135] 童书业著，童教英编校.童书业美术论集 [M].上海：上海古籍出版社，1989.

[136] 王舜著.承德名胜大观第 2 版修订本 [M].呼和浩特：远方出版社，2009.

[137] 王维撰，王森然译.山水诀——山水论 [M].北京：人民美术出版社，1962.

[138] 魏嘉瓒著 . 苏州古典园林史 [M]. 上海：上海三联书店，2005.

[139] 邬峻 . 第三自然——景观化城市设计理论与方法 [M].
南京：东南大学出版社，2015.

[140] 夏咸淳编注 . 明清闲情小品（二）[M]. 上海：东方出版中心，1997.

[141] 夏咸淳著 . 明代山水审美 [M]. 北京：人民出版社，2009.

[142] 肖鹰 . 意与境浑：意境论的百年演变与反思 [J]. 文艺研究，2015（11）：5

[143] 谢永芳编著 . 辛弃疾诗词全集汇校汇注汇评 [M]. 武汉：崇文书局，2016.

[144] 许少飞著 . 扬州园林 [M]. 苏州：苏州大学出版社，2001.

[145] 杨鸿勋著 . 江南园林论中国古典造园艺术研究 [M]. 上海：上海人民出版社，1994.

[146] 姚最撰 . 续画品 [M]. 北京：中华书局，1985.

[147] 余彦君注译 . 柳宗元文 [M]. 武汉：崇文书局，2017.

[148] 张春林编 . 白居易全集 [M]. 北京：中国文史出版社，1999.

[149] 张岱年著 . 中国哲学大纲 [M]. 北京：商务印书馆，2015.

[150] 张法著 . 中国美学史 [M]. 上海：上海人民出版社，2000.

[151] 张恒，李俐 . 明清小说叙事与江南园林空间经营互文性研究 [J].
华侨大学学报（哲学社会科版）.2018（2）：144

[152] 张恒、李俐、朱贺 . 明清文学园林植物构景的"阴阳"结构探微 [J].
华侨大学学报（哲学社会科学版）.2015（4）：114.

[153] 张世君 .《红楼梦》的空间叙事 [M]. 北京：中国社会科学出版社，1999.

[154] （宋）朱熹，（宋）吕祖谦撰 . 近思录 [M]. 济南：山东画报出版社，2014.

[155] 赵尔巽著 . 清史稿 11 卷 491-509[M]. 北京：大众文艺出版社，1999.

[156] 赵厚均，杨鉴生编注，刘伟配图 . 中国历代园林图文精选·第三辑 . 上海：同
济大学出版社，2005.

[157] 赵汀阳 . 二元性和二元论 . 社会科学战线 [J].2000（1）：66.

[158] 赵御龙主编 . 扬州古典园林［M］. 北京：中国建材工业出版社，2018.

[159] 中国环境科学学会，中国风水文化研究院主编 . 传统文化与生态文明——首
届传统文化与生态文明国际研讨会暨第二十二届国际易学大会北京年会 [M].
北京：中国环境科学出版社，2010.

[160] 中国营造学社编 . 中国营造学社汇刊第 2 卷第 1 册 [M].1931.

[161] 周绍良主编 . 全唐文新编第 3 部第 3 册 [M]. 长春：吉林文史出版社，2000.

[162]   周维权 . 中国古典园林史 [M].3 版 . 北京：清华大学出版社，2009.

[163]   周维权 . 周维权谈园林、风景、建筑 . 风景园林 [J].2006（1）：8.

[164]   周振甫 . 文心雕龙今译 [M]. 北京：中华书局出版社，1981.

[165]   朱建宁 . 西方园林史——19 世纪之前 [M].2 版 .

         北京：中国林业出版社，2008.

[166]   朱江著 . 扬州园林品赏录 [M]. 上海：上海文化出版社，1984.

[167]   宗白华 . 美学散步 [M]. 上海：上海人民出版社，2015.

[168]   宗白华著 . 宗白华全集第 2 卷 [M]. 合肥：安徽教育出版社，1994.

[169]   宗白华著 . 美从何处寻 [M]. 重庆：重庆大学出版社，2014.

[170]   宗白华著 . 中国园林艺术概观 [M]. 南京：江苏人民出版社，1987.